5G 先进技术丛书·测试认证系列

U0289888

5G 终端电磁兼容测试
技术与实践

周　镒　史锁兰　王　雪　等编著

清華大學出版社

北　京

内 容 简 介

本书是"5G 先进技术丛书·测试认证系列"之一，旨在全面介绍 5G 终端电磁兼容原理和符合性认证的要求、标准、评定方法等内容。

本书共 9 章，分别为绪论、移动通信发展历程、5G 系统架构与标准体系、电磁兼容原理、电磁兼容标准化组织及标准和法规、5G 终端的骚扰测试、5G 终端的抗扰度测试、测量不确定度评定和 5G 终端及电磁兼容测试技术展望。

本书介绍了与 5G 终端电磁兼容相关的各方面知识，可以作为通信测量工作的入门图书，也可为无线通信领域的广大科技工作者、管理人员提供有益的经验。

图书在版编目（CIP）数据

5G 终端电磁兼容测试技术与实践 ／ 周镒等编著. —北京：清华大学出版社，2023.5
（5G 先进技术丛书. 测试认证系列）
ISBN 978-7-302-63363-1

Ⅰ. ①5… Ⅱ. ①周… Ⅲ. ①第五代移动通信系统—终端设备—电磁兼容性—测试技术 Ⅳ. ①TN929.53 ②TN03

中国国家版本馆 CIP 数据核字（2023）第 064572 号

责任编辑：贾旭龙
封面设计：秦　丽
版式设计：文森时代
责任校对：马军令
责任印制：宋　林

出版发行：清华大学出版社
　　　网　　　址：http://www.tup.com.cn，http://www.wqbook.com
　　　地　　　址：北京清华大学学研大厦 A 座　　　　邮　　编：100084
　　　社 总 机：010-83470000　　　　邮　　购：010-62786544
　　　投稿与读者服务：010-62776969，c-service@tup.tsinghua.edu.cn
　　　质量反馈：010-62772015，zhiliang@tup.tsinghua.edu.cn
印 装 者：大厂回族自治县彩虹印刷有限公司
经　　销：全国新华书店
开　　本：170mm×240mm　　　印　　张：19.25　　　字　　数：364 千字
版　　次：2023 年 6 月第 1 版　　　印　　次：2023 年 6 月第 1 次印刷
定　　价：79.00 元

产品编号：096161-01

5G 先进技术丛书·测试认证系列

编写委员会

本书编写工作组

周　镒　史锁兰　王　雪
熊宇飞　臧　琦

丛书序 1

门捷列夫说:"科学是从测量开始的。"

2021 年国家市场监督管理总局、科技部、工业和信息化部、国务院国资委和国家知识产权局联合印发的《关于加强国家现代先进测量体系建设的指导意见》指出,测量是人类认识世界和改造世界的重要手段,是突破科学前沿、解决经济社会发展重大问题的技术基础。国家测量体系是国家战略科技力量的重要支撑,是国家核心竞争力的重要标志。

"十四五"时期是我国开启全面建设社会主义现代化国家新征程、向第二个百年奋斗目标进军的第一个五年。我国已转向高质量发展阶段,构建国家现代先进测量体系,是实现高质量发展、构建高水平社会主义市场经济体制的必然选择,也是构建新发展格局的基础支撑和内在要求。

5G 技术作为数字经济发展的关键支撑,正在加速影响和推动全球数字化转型进程。我国在全世界范围内率先推动 5G 的发展,并将其作为"新型基础设施建设"的一部分。近年来发展成效显著,呈现广阔应用前景。从产业发展看,我国 5G 标准必要专利声明量保持全球领先,完整的 5G 产业链进一步夯实了产业基础;从应用推广看,5G 典型场景融入国民经济 97 大类中的 40 个,5G 应用案例超过 2 万个,为促进数字技术和实体经济深度融合,构建新发展格局,推动高质量发展提供了有力支撑。

为实现增强型移动宽带、超可靠低时延通信以及海量机器类通信的目标,5G 采用了新的空口,更复杂、更密集的集成架构,大规模 MIMO 天线以及毫米波频段等技术。为实现万物互联的目标,5G 终端呈现多元化特点。新技术和新业务形态对测量工作提出了新的挑战。

该丛书作者团队来自中国信息通信研究院泰尔终端实验室。在国内,他们承担了电信终端进网政策的支撑和技术合格的检测工作;在国际上,他们和来自电信运营商、设备制造商和科研院所的同仁一起在国际标准组织中发出中国声音。通过多年的实践,他们掌握了先进的测量理念、测量技术和测量方法,为 5G 终端先进测量体系的构建贡献了卓越的思考。该丛书包含了与 5G 终端相关的认证、检验、检测的法规、标准、测量技术和实验室实践，可以作为有志从事通信测量工作的读者的入门图书，也可为无线通信领域的广大科技工作者、管理人员提供有益的经验。

　　谨此向各位感兴趣的读者推荐该丛书，并向奋战在测量第一线的科研工作者表达崇高的敬意！

中国工程院院士

2023 年 5 月 10 日

丛书序 2

　　2019 年 6 月 6 日，工业和信息化部正式向中国电信、中国移动、中国联通和中国广电发放 5G 商用牌照，标志着中国 5G 商用元年的开始。截至 2022 年 10 月，我国 5G 基站累计开通 185.4 万个，实现"县县通 5G、村村通宽带"。5G 应用加速向工业、医疗、教育、交通等领域推广落地，5G 应用案例超过 2 万个。

　　5G 终端类型呈现多元化的特点，手机、计算机、AR/VR/MR 产品、无人机、机器人、医疗设备、自动驾驶设备以及各种远程多媒体设备，不一而足。业务应用也更加丰富多彩，涵盖了人—人、人—物到物—物的多种场景，正式开启了万物互联的时代。5G 终端涉及的关键技术包括新空口、多模多频、毫米波、MIMO 天线等，对一致性测试、通信性能测试以及软件和信息安全测试都提出了新的挑战。

　　泰尔终端实验室隶属中国信息通信研究院，是集信息通信技术发展研究、信息通信产品标准和测试方法制定研究、通信计量标准和计量方法制定研究，以及国内外通信信息产品的测试、验证、技术评估，测试仪表的计量，通信软件的评估、验证等于一体的高科技组织，已成为我国面向国内外的综合性、规模化电子信息通信设备检验和试验的基地。实验室在 5G 终端的测试标准、测试方法研究以及测试环境构建方面拥有国内顶尖的团队和经验。以实验室核心业务为主体打造的"5G 先进技术丛书·测试认证系列"的多位作者均在各自的技术领域拥有超过二十年的工作经验，他们分别从全球认证、射频及协议、电磁兼容、电磁辐射、天线性能等技术方向全面系统地介绍了 5G 终端测试技术。

　　2019 年，我国成立了 IMT-2030（6G）推进组，开启了全面布局 6G 愿景需求、关键技术、频谱规划、标准以及国际合作研究的新征程。从移动互联，到万物互联，再到万物智联，6G 将实现从服务于人、人与物，到支撑智能体高效链接的跃迁，通过人—机—物智能互联、协同互生，满足经济社会高质量发展需求，服务智慧化生产与生活，推动构建普惠智能的人类社会。从 2G 跟随，3G 突破，4G 同步到 5G 引领，我国移动通信事业的跨越式发展离不开一代代通信人的努力奋斗。实验室将一如既往地冲锋在无线通信技术研发的第一线，踔厉奋发、笃行不怠，与大家携手共创 6G 辉煌时代！相信未来会有更丰硕的成果奉献给广大读者，并与广大读者共同见证和分享我国通信事业发展的新成就！

中国信息通信研究院　总工程师

2023 年 5 月 6 日

本书序

电磁兼容（electromagnetic compatibility，EMC）是一门以电磁场理论为基础，涉及信息、电工、电子、通信、材料、结构等学科的综合性学科，它的研究对象包括电子电气设备、各类复杂的电磁环境以及无线电频率的分配和管理等，涵盖内容丰富，在现代工业中有着广泛的应用。

电磁兼容学科的发展已有 60 多年的历史，在美国、日本和欧盟等国家和地区已形成相对完整的电磁兼容工作体系，包括电磁兼容标准和规范的制定、电磁兼容检测实验室和机构的管理、自动测试系统的研发等。

自 20 世纪 80 年代起，我国的电磁兼容研究从无到有、从弱到强，无论是电磁兼容理论研究还是标准及标准体系的制定，乃至电磁兼容工程应用及测试仪表研发都有了长足的进步，在部分领域已经站在世界领先的行列。同时，我国移动通信行业发展迅速。随着新一代通信技术的快速演进以及 5G 等先进通信技术的广泛应用，5G 终端正呈现形态多样化、技术集成化、交互方式多元化等新技术特征，使其面临的电磁兼容问题日益突出。因此，对电磁兼容问题的研究是提升 5G 终端设备性能、净化电磁环境的重要助力，而电磁兼容测试是研究电磁兼容问题的有效手段。

本书针对 5G 终端的技术特点，重点介绍了电磁兼容测试的理论方法、标准和关键问题处理，引导读者学习电磁兼容测试的底层逻辑，并进一步发现和处理电磁兼容问题。本书的多位作者都是长期从事电磁兼容测试工作的一线工程师，主持了多项电磁兼容国家标准和通信行业标准的制定工作，对电磁兼容学科有独到的见解和心得。本书对电磁兼容理论基础、国内外电磁兼容标准体系以及电磁兼容测试关键技术进行了深入浅出的介绍，内容丰富，脉络清晰，注重理论和实践相结合，旨在帮助读者在实践中体会和运用理论知识。

希望本书能为各位读者带来启发。

中国信息通信研究院 泰尔终端实验室　副主任　陆冰松

2023 年 4 月 15 日

前言

　　电磁兼容性指的是设备或系统在其电磁环境中能正常工作且不对该环境中任何事物构成不能承受的电磁骚扰的能力。电磁兼容学科涉及的理论基础包含数学、电磁场理论、天线与电波传播、电路理论、信号分析、通信理论、材料科学等。几乎所有的现代工业，包括通信、电力、航空航天、交通、医疗等都需要解决电磁兼容问题。所以，电磁兼容学科既是一门尖端的综合学科，又与工业生产、产品质量紧密关联。随着电子产品越来越深入人们的生活，电磁兼容问题也越来越受到人们的重视。产品的电磁兼容符合性认证是优化电磁环境、提高产品电磁兼容性的重要手段。

　　5G 终端类型包括手机、计算机、AR/VR/MR 产品、无人机、机器人、医疗设备、自动驾驶设备以及各种远程多媒体设备等，涉及的关键技术包括新空口、多模多频、毫米波、MIMO 天线等，丰富的应用场景、多模多频同时发射以及毫米波技术对电磁兼容符合性认证提出了新的挑战。

　　泰尔终端实验室于 1999 年建成了国内第一套民用 10m 法半电波暗室，自 2001 年起承担通信设备电磁兼容进网检测。经过逾 20 年的持久研究和不断深耕，实验室在电磁兼容领域已具备国际领先水平，是 ITU、IEC、CISPR、ANSI 等国际电磁兼容标准组的成员，同时也是国内通信行业标准组的主席单位，主持和参与了众多国际、国内通信产品电磁兼容技术要求和测试方法标准的制定工作。

　　本书结合作者在实验室开展的国内外标准化工作、技术实验、进网检测、CCC 检测、国际认证测试等方面的经验和经历，全面介绍和论述了电磁兼容原理和符合性认证的要求、标准、评估方法等内容。

　　本书首先概括介绍了电磁兼容技术在国内外的发展，然后以移动通信发展的历史为线索介绍了 5G 移动通信系统的关键技术、性能指标以及 5G 系统架构和标准体系。通过电磁场基础、电磁兼容基础和电磁干扰抑制技术 3 个方面，向读者介绍了电磁兼容原理。为了帮助读者深入理解电磁兼容标准，本书对电磁兼容标准化组织及标准和法规做了介绍，并详细介绍了 5G 终端的电磁骚扰和抗扰度的技术要求和测试方法，以辐射发射为例给出了测量不确定度的评定方法。最后对 5G 终端及电磁兼容测试技术发展进行了展望。

本书作者包括周镒、史锁兰、王雪、熊宇飞、臧琦等。参与撰写的人员和分工如下：熊宇飞撰写了第 1、3、9 章；王雪撰写了第 2、6 章；周镒、史锁兰、王雪、熊宇飞、臧琦撰写了第 4 章；臧琦撰写了第 5 章；周镒、史锁兰、臧琦撰写了第 7 章，史锁兰撰写了第 8 章。全书由周镒负责统稿。

由于作者水平有限，书中难免会有疏漏之处，恳请广大读者批评指正。

丛书涉及部分标准化组织和认证机构名称外文缩略语表

3GPP 3rd Generation Partnership Project，第三代合作伙伴计划

A2LA American Association for Laboratory Accreditation，美国实验室认可协会

ANATEL Agência Nacional de Telecomunicações，（巴西）国家电信司

ANSI American National Standard Institute，美国国家标准学会

ARIB Association of Radio Industries and Businesses，（日本）无线工业及商贸联合会

ATIS Alliance for Telecommunications Industry Solutions，（美国）电信行业解决方案联盟

CCSA China Communications Standards Association，中国通信标准化协会

CENELEC European Committee for Electrotechnical Standardization，欧洲电工标准化委员会

CISPR Comité International Special des Perturbations Radiophoniques (International Special Committee on Radio Interference)，国际无线电干扰特别委员会

CNAS China National Accreditation Service for Conformity Assessment，中国合格评定国家认可委员会

DAkkS Deutsche Akkreditierungsstelle GmbH，德国认证认可委员会

DOT Department of Telecommunication，（印度）电信部

ETSI European Telecommunications Standards Institute，欧洲电信标准组织

FCC Federal Communications Commission，（美国）联邦通信委员会

GCF Global Certification Forum，全球认证论坛

GSMA Global System for Mobile Communications Association，全球移动通信系统协会

ICES International Committee on Electromagnetic Safety，（IEEE 下属）国际电磁安全委员会

ICNIRP International Commission on Non Ionizing Radiation Protection，国际非电离辐射防护委员会

ICRP　International Commission on Radiological Protection，国际放射防护委员会

IEC　International Electrotechnical Commission，国际电工委员会

IEEE　Institute of Electrical and Electronics Engineers，电气与电子工程师 协会

INIRC　International Non Ionizing Radiation Committee，国际非电离辐射委员会

IRPA　International Radiation Protection Association，国际辐射防护协会

ISED　Innovation,Science and Economic Development Canada，加拿大创新、科学与经济发展部

ISO　International Organization for Standardization，国际标准化组织

ITU　International Telecommunication Union，国际电信联盟

MSIT Ministry of　Science and ICT，（韩国）科学信息通信部

NVLAP　National Voluntary Laboratory Accreditation Program，（美国）国家实验室自愿认可程序

OMA　Open Mobile Alliance，开放移动联盟

PTCRB　PCS Type Certification Review Boar，个人通信服务型号认证评估委员会

RRA　National Radio Research Agency，（韩国）国家无线电研究所

SAC　Standardization Administration of the People's Republic of China，中国国家标准化管理委员会

SSM　Swedish Radiation Safety Authority，瑞典辐射安全局

TSDSI　Telecommunications Standards Development Society，（印度）电信标准发展协会

TTA　Telecommunication Technology Association，（韩国）电信技术协会

TTC　Telecommunication Technology Commission，（日本）电信技术委员会

UKAS　United Kingdom Accreditation Service，英国皇家认可委员会

目录

第 1 章

绪　论

　　本章主要对电磁兼容的概念、测试原理和相关法律法规进行简要的介绍。同时介绍电磁兼容在国内外的发展历史与现状。最后，对全书架构进行总体性概括。

1.1　电磁兼容简介

　　简单地说，电磁兼容（EMC）是指电子设备正常工作时，不对周围环境中正常工作的其他电子设备产生电磁干扰和能够抵抗来自周围环境中电磁干扰的能力。随着电子技术的快速发展，电子设备的数量剧增，其数量早已是地球人口数量的许多倍，并还在持续快速地增长。这些电子设备拉近了人与人之间沟通的距离，缩短了通信需要的时间。与此同时，伴随着电子设备大规模应用，随之而来的电磁干扰问题日益增加。电子设备发射的电磁能量通过辐射和传导途径，以电磁场和电流（电压）的形式，入侵至携带敏感元件的其他电子设备，使其无法正常工作。电磁环境的污染也越来越严重。因此，如何保证大量电子设备能够实现相互间像无生态污染一样，干扰的共存是电子产业面临的主要问题之一。

　　为解决以上问题，电磁兼容已经发展成为衡量电子设备质量的重要指标。为了对其进行研究，国际无线电干扰特别委员会（International Special Committee on Radio Interference，CISPR）成立于 1934 年，该机构是国际电工委员会（International Electrotechnical Commission，IEC）下属的委员会，也是发布电磁兼容标准的权威机构。欧洲电工标准化委员会（European Committee for Electrotechnical Standardization，CENELEC）、欧洲电信标准协会（European Telecommunications Standards Institute，ETSI）、美国联邦通信委员会（Federal Communications Commission，FCC）、美国国家标准学会（American National Standard Institute，ANSI）、中国无线电干扰标准化委员会等其他委员会与 CISPR 相辅相成，针对含有电子元器件的产品制定了电磁兼容技术标准。这些非营利性公共服务组织的委员会吸引了广大市场参与者和国家指定机构委派的代表，其所发布的标准或建议通过法定决议之后具有了法律或市场效力。

作为电子设备的一大主流分支，电子通信设备的电磁干扰不容忽视。随着这些设备向高速度、高集成和多功能方向发展，通信系统已经成为由多种元器件和分系统组成的低压传输系统，高速会使电子通信设备辐射加重，低压会使系统抗扰度降低。因此，通信系统工作环境的电磁干扰与通信系统内部相互串扰，严重影响通信产品工作的稳定安全可靠性。由于电磁能量的污染，也会对人们的健康造成损害，例如手机等无线通信产品造成的电磁干扰可能会使医疗设备的功能发生变化，从而影响生命安全。为了避免设备或者系统由于受到外界电磁干扰而受到损害，就需要对其电磁兼容性进行测试。

电磁兼容测试主要分为电磁骚扰（electromagnetic interference，EMI）测试和抗扰度测试。电磁骚扰测试包括辐射骚扰、传导骚扰、谐波电流、电压波动和闪烁等测试项目。抗扰度测试包括静电放电抗扰度、辐射骚扰抗扰度、电快速瞬变脉冲群抗扰度、浪涌（冲击）抗扰度、射频场感应的传导骚扰抗扰度、工频磁场抗扰度、电压暂降和短时中断抗扰度等测试项目。

1.2　国外发展及现状

在电磁兼容检测和试验技术方面，欧美等西方国家处于领先地位。20 世纪 60 年代，随着电子设备的发展，其引发的电磁兼容问题逐渐受到了关注。20 世纪 70 年代中期，德国率先开展电磁兼容强制检测，如著名的汽车制造企业宝马、奥迪等，都建设了各自的电磁兼容实验室，对制造的产品开展电磁兼容检测和试验。其后，美国等西方国家也陆续开始进行电磁兼容检测试验。1996 年，欧共体发布了 89/336/EEC 电磁兼容指令，电磁兼容检测和试验开始逐渐得到各国关注。包括 IEC、CISPR、国际电信联盟（International Telecommunication Union，ITU）等国际标准组织和 ETSI、ANSI 等国家及地区标准化组织相继制定了电磁兼容系列标准。其中，欧洲制定的许多标准直接等效采用了 IEC/CISPR 制定的系列标准，并且在 IEC/CISPR 标准化组织中，欧洲地区的技术专家占据了很大比例，在标准制定方面具有较强话语权。在电磁兼容测量仪表方面，以罗德与施瓦茨、是德科技为代表的欧美仪表厂商也占据了大部分市场份额。

目前，各国对无线通信产品的工作频段发射的功率值都进行了规定，要求通信产品电磁兼容性能必须控制在规定的标准范围之中。然而需要格外注意的是，无线通信产品除主频发射信号的平稳性外，还需要考虑其他次要频率带来的干扰。所以通信设备电磁兼容的相关研究对于目前的市场而言是非常有必要进行的。

就目前国际主流的电磁兼容检测标准而言，主要可以分为基础标准、通用标准、产品族标准、产品标准和系统间标准 5 类。就各标准化组织制定的电磁兼容系列标准而言，主要有 IEC 61000 系列标准、CISPR 16 系列标准、欧盟的 EN 系列标准、美国的 C63 系列标准和我国的 GB/T 6113、GB/T 9254、GB/T 17626 系列标准。这些标准共同构成了目前全球的电磁兼容技术标准体系。

1.3　国内发展及现状

相较于美国、德国等起步早的国家，我国的电磁兼容试验技术在一段时间内都处于相对落后的状态。前期实验室条件简陋，测量仪表基本为自行开发的简易设备。直至改革开放后的 20 世纪 80 年代，国内部分国家科研单位和大学等研究机构开始研究电磁兼容相关试验技术。同时，随着开放政策的实施，欧美国家先进的电磁兼容测量仪器和设备大规模进入中国市场，国内的一些大型科研机构和高校相继建设了一批电磁兼容实验室，引进采用欧美成套的测量设备。国内初步具备了电磁兼容试验能力。

20 世纪 90 年代，随着电磁兼容日益得到世界各国的广泛关注和欧共体发布 89/336/EEC 电磁兼容指令，电磁兼容检测标准的法律效力开始得到承认。为了更好地维护国内消费者权益，1999 年，国家出入境检验检疫局会同外经贸部发布了《关于对六种进口商品实施电磁兼容强制检测的通知》，对个人计算机、显示器等 6 种进口商品实行电磁兼容强制检测。电磁兼容试验技术得到了进一步发展，逐步与国际接轨。

随着 2001 年我国加入世界贸易组织（WTO），电子设备的国际贸易联系越发频繁和紧密，检测市场需求剧增，国内的电磁兼容检测试验技术变得不可或缺并在这一时期得到了飞速的发展。同时，我国也依据 IEC、CISPR 等国际标准制定了一系列国家和行业标准，形成了一整套电磁兼容技术标准体系，规范了电子设备的电磁兼容要求和测量方法，促进了国内相关行业的快速健康发展，也为我国电子设备出海、打破国外的贸易壁垒提供了坚实的技术保障。

目前，随着国内电磁兼容试验技术的逐步成熟，国内相关企业、实验室和研究机构开始更为积极地参加 IEC、CISPR、ITU 等国际标准组织进行的标准制定工作，以提高我国在标准组织中的地位和话语权，在标准制定过程中逐步占据主导地位。

1.4 关 于 本 书

电磁兼容作为一项无线通信系统不可或缺的性能，其性能参数高低决定了无线通信系统能否在日益复杂的电磁环境中进行正常的工作。同时，鉴于 5G 通信技术的快速发展，各大主流通信厂商已开始推出 5G 通信产品。相较于 4G 终端设备类型的单一化，5G 终端设备的类型有了很大程度的丰富，尤其是在工业、能源、交通、医疗等垂直行业的终端应用，因此对于 5G 终端设备的电磁兼容测试将更加复杂化与精细化。综合这两方面因素考虑，出版一本可供行业工程师参考的关于 5G 通信终端电磁兼容测试的书籍，具有重要的理论和实际意义。本书是一本介绍 5G 通信终端设备电磁兼容测试技术的学术著作，着重介绍了 5G 通信终端设备的电磁兼容检测技术原理及工程实践。内容包括 5G 通信技术、系统架构、电磁兼容测试原理、标准体系、骚扰测试、抗扰度测试和不确定度评定等。全书在深入浅出地介绍电磁兼容测试原理的同时，更加注重对实用的电磁兼容测试技术进行介绍，以更好地使相关从业人员了解 5G 通信设备的电磁兼容测试技术。

本书是一部从全视角阐述 5G 通信设备电磁兼容测试技术的作品，其中：第 1 章为绪论，阐明全书主旨并对全书进行概括性介绍；第 2 章为移动通信发展历程，介绍了移动通信发展的历史并概述了 5G 技术系统；第 3 章为 5G 系统架构与标准体系，介绍了 5G 标准化发展历程、频谱划分和系统架构及产品类型；第 4 章为电磁兼容原理，介绍了电磁兼容的定义、范围、"三要素"等理论基础；第 5 章为电磁兼容法规和标准简介，介绍了标准体系、基础标准、通用标准和 5G 产品的电磁兼容标准；第 6 章为骚扰测试，介绍了电磁骚扰测试的目的、测试条件、试验方法、主要仪表、场地、限值等内容；第 7 章为抗扰度测试，介绍了电磁抗扰度测试的目的、测试条件、试验方法、主要仪表、场地、限值等内容；第 8 章为不确定度评定，介绍了不确定度评定的原理、方法和实验室比对等内容；第 9 章为电磁兼容测试技术展望，介绍了终端技术发展趋势和基础测量技术的发展演进。

第 2 章

移动通信发展历程

从第一代移动通信技术出现至今的短短几十年间，移动通信技术给社会经济和人们的生活带来了革命性的变化和深远的影响，可以说，移动通信已经成为人们生活不可或缺的一部分。随着通信网络覆盖范围的不断扩大、终端设备功能日益丰富，人们的听觉、视觉、触觉得到了延伸，交流的广度和沟通的深度进一步增加，人们的思维方式、工作方式和生活方式也发生了巨大的转变。本章以移动通信发展的历史进程作为切入点，向读者展示了移动通信技术的代际跃迁和其对产业升级和经济社会发展的重要影响，也方便读者理解第五代移动通信技术的革命性和创新性。本章还简要介绍了 5G 移动通信技术的性能指标和关键参数，这些背景知识可以帮助读者更好地理解 5G 终端测试中不同工作状态和配置间的差异和测试的意义。

2.1 从 1G 到 4G：移动通信发展回顾

2020 年 11 月，在中国移动全球合作伙伴大会上，回望通信发展历程的短片中有这样一句话："从前慢、车马稀，是一种不得已的慰藉。欲寄彩笺兼尺素的离情别绪，最终化作山高水阔知何处的一声叹息。"在几千年的历史中，通信技术的限制成为阻碍社会发展的一座大山，人类通过信件的形式跨过空间的阻碍搭建沟通的桥梁，但这种"从前慢"的通信手段是如此的漫长与艰辛，使得"等待"与"别离"成为文化创作亘古不变的主题。

而现代通信技术的发展改变了这一切。在过去 30 年的时间里，以地面蜂窝通信系统为代表的移动通信技术日新月异。从 1973 年第一次实现手机通话开始，蜂窝技术以大约 10 年为一个周期的规律进行演进，如今已经渗透到现代社会各行各业，给人类社会的政治、经济、文化都带来了巨大的影响。

从移动通信技术的发展来看，移动通信系统已经经历了 4 个时代，并逐步推进向第五代的转变。

2.1.1 1G——"大哥大"时代

1G（generation，代）是以模拟技术为基础的第一代移动通信技术。该技术采用模拟信号传输，即将电磁波进行频率调制后，将语音信号转换到载波电磁波上，通过天线发射到空间并由接收设备完成接收和解调。第一代移动通信系统突破了传统的大区制无线广播和无线电台的技术理念，提升了频谱利用率，基本实现了移动场景下的语音业务，为移动通信的普及和应用奠定了基础。

1976 年，美国摩托罗拉公司首先尝试将无线电应用于移动电话。在此后直至 20 世纪 80 年代中期，多个国家展开了基于频分复用（frequency division multiplexing，FDM）技术和模拟调制技术的第一代移动通信系统的建设。1978 年年底，美国贝尔实验室成功研制了全球第一个移动蜂窝电话系统——先进移动电话系统（advanced mobile phone system，AMPS）。该系统迅速在全美推广并获得了巨大的成功。随后，瑞典等国家在 1980 年成功研制了 NMT-450 移动通信系统，联邦德国在 1984 年建设了 C-Netz。英国于 1985 年开发了 900MHz 频段的全接入通信系统（total access communication system，TACS）。

中国的第一代模拟移动通信系统于 1987 年在广东第六届全运会上开通并正式商用，采用的是英国 TACS 制式。从 1987 年 11 月中国电信开始运营模拟移动电话业务到 2001 年年底中国移动关闭模拟移动通信网，1G 系统在中国的应用长达 14 年，是中国移动通信发展史上重要的里程碑。第一代移动通信系统有许多不足。首先在设计上，1G 设备只允许传输语音信号，业务种类单一；其次信号易受到干扰，传输质量差，且受网络容量限制。同时，1G 技术的应用以摩托罗拉"大哥大"为主，设备难以实现小型化，便携性差。

2.1.2 2G——打响移动通信标准争夺战

第二代移动通信系统是以时分多址（time division multiple access，TDMA）或码分多址（code division multiple access，CDMA）技术为基础的窄带数字蜂窝系统。第二代移动通信系统在容量和性能方面相比第一代系统有了显著提升，它克服了模拟移动通信系统易受干扰的弱点，极大提升了语音质量。

2G 时代是移动通信标准争夺的开始，主流标准有以摩托罗拉为代表的 CDMA 美国标准和以诺基亚为代表的全球移动通信系统（global system for mobile communication，GSM）欧洲标准。1989 年欧洲发布了以 GSM 为移动通信系统的统一标准并正式商业化，随着 GSM 标准在全球范围的大规模应用，诺基亚借着这股"东风"击败了摩托罗拉，仅仅 10 年的时间就成为了全球移动手机行业的霸主。

第二代移动通信系统加快了移动通信技术的普及，在商业方面取得巨大的成功。我国信息产业部 2007 年全国通信业发展统计公报显示，截至 2007 年年底，中国移动 GSM 交换机容量达到 6.76 亿户，GSM 基站达到 30.7 万个；中国联通 GSM 交换机容量达到 1.29 亿户。而在全球范围内，通过第二代移动通信系统接入的用户数超过 40 亿。

2.1.3　3G——追赶与突破

第三代移动通信技术是支持高速数据传输的蜂窝移动通信技术，它推动了移动通信业务由语音业务向数据业务的转变，将无线通信与互联网等多媒体通信有机结合，使得移动通信产业向高质量移动宽带迈出了关键的一步。

CDMA 是第三代移动通信系统的技术基础，具有系统容量大、频率复用系数高、抗多径能力强、通信质量好等巨大发展潜力。3G 的主流制式共有 3 种，分别是北美提出的 cdma2000、欧洲和日本提出的 WCDMA 和中国提出的 TD-SCDMA。其中，cdma2000 和 WCDMA 采用了直接序列扩频码分多址、频分双工 FDD 方式；TD-SCDMA 则采用时分双工 TDD 与 FDMA/TDMA/CDMA 相结合的方式。

1998 年，我国向 ITU 提出了第三代移动通信 TD-SCDMA 标准建议。该标准提案在 1999 年被写入第三代移动通信无线接口技术规范建议。2000 年 5 月，世界无线电行政大会正式批准接纳 TD-SCDMA 为第三代移动通信国际标准之一。这是我国通信技术的一项重大突破。

从 2011 年开始，TD-SCDMA 用户开始爆炸式增长。2013 年 2 月，用户数量突破 1 亿，占全国 3G 用户总数比例超 40%；2014 年，用户数量突破 2 亿，占全国 3G 用户数量比例超 47%。从通信设备、芯片到手机终端的全产业链发育成熟，众多国产设备和手机制造商趁机崛起。TD-SCDMA 的中国标准取得了巨大的成功。

3G 的传输速度可达 384kb/s，在室内稳定环境下可达 2Mb/s，是 2G 的 140 倍。由于采用了更宽的频段，3G 传输的速度和稳定性均有大幅提升，这使得移动通信有了更多样化的应用场景。2007 年，智能手机的浪潮席卷全球，人们开始在手机上直接浏览网页、收发邮件甚至进行视频通话。3G 开启了移动通信的新时代——移动多媒体时代。

2.1.4　4G——"＋"速时代

第四代无线蜂窝电话通信协议是集 3G 与 WLAN 于一体的移动通信技术，它包括宽带无线固定接入、宽带无线局域网、移动宽带系统和交互式广播网络。

该协议允许用户在任何地方接入互联网并提供定位、数据采集、远程控制等服务。4G 系统下载速度可达 100Mb/s，上传速度也达到了 20Mb/s，能够传输高质量视频图像，满足用户对于无线网络服务的需求，从而推动了短视频等新兴行业的发展（见图 2-1）。

图 2-1　4G 推动短视频行业发展

长期演进（long term evolution，LTE）系统以正交频分复用（orthogonal frequency division multiplexing，OFDM）技术和多入多出系统（multiple-input multiple-output，MIMO）为基础，是一套低时延、高速率、大容量的移动通信标准。OFDM 是一种无线环境下的高速传输技术，通过在频域内将信道分成多个正交子信道，并在子信道上利用子载波进行并行的调制与传输提高频谱利用率。MIMO 技术指的是多发多收天线技术，它采用分立式多天线设计，允许子信道并行传输，从而极大地提升了容量，同时具备较好的抗衰落和噪声性能。LTE/LTE-Advanced 标准分为 FDD 和 TDD 两种模式，其中我国主导的 TDD 模式是 TD-SCDMA 的演进。2018 年 7 月，工业和信息化部发布 2018 年上半年通信业经济运行情况统计数据，数据显示截至 6 月末，我国 4G 用户总数达到 11.1 亿户，占移动电话用户的 73.5%。

2.2　5G 发展概述

2.2.1　5G 是什么

5G 即为第五代移动通信技术的简称，在解释什么是 5G 之前，首先需要解释的是为什么我们需要 5G。

　　移动互联网的快速发展导致了用户数量和需求的爆发式增长，预计未来 10 年，移动通信网络将面对 1000 倍的数据容量增长、10～100 倍的用户速率以及万物互联及工业 4.0 等垂直行业的渗透需求。而 4G 网络的设计指标——端到端时延 30～50ms、下行 100Mb/s 和上行 50Mb/s 的峰值吞吐量已经无法满足未来通信的需求。4G 与 5G 通信参数对比如图 2-2 所示。

图 2-2　4G 与 5G 通信参数对比

　　5G 是 ITU 制定的第五代移动通信标准，它致力于在 eMBB（增强的移动宽带）、uRLLC（高可靠低时延）和 mMTC（大规模机器通信）3 个方面为用户提供服务。

　　首先，在"看家本领"——日常通信需求上，5G 的各项指标相较于 4G 有了质的飞跃。eMBB 将提供更高的系统容量和更快的无线接入速率，从而满足未来虚拟现实 VR/AR、超清视频等应用服务。5G 的理论网速可达 10Gb/s，而目前最快的 4G 网速也只能达到平均 63Mb/s。网速的大幅提升，意味着更快的下载速度、更高的视频质量、更先进的多媒体服务模式（如虚拟现实、增强现实等）、更多的同时在线用户数以及更低的用户时延。

　　增强的移动宽带是 5G 最重要也最基本的场景，但 5G 真正的野心体现在另外两个主要场景中：高可靠低时延（URLLC）和大规模机器通信（mMTC）。mMTC 展现了 5G 连接万物的维度和广度，其允许接入设备的数量是 4G 的 10 倍，在智能家电、城市管理、赛事直播等需求场景中将发挥巨大的作用。而高可靠低时延则展现了 5G 连接快、准、狠的能力，其技术优势在自动驾驶、工业控制、远程医疗等对时间和精度要求极高的通信场景下得到最大限度的发挥。

　　从更广义的角度出发，5G 与前四代移动通信的不同在于增强了人与物、物与物之间的通信，其应用场景被赋予了更丰富的内涵——万物互联。5G 应用场景设想如图 2-3 所示。

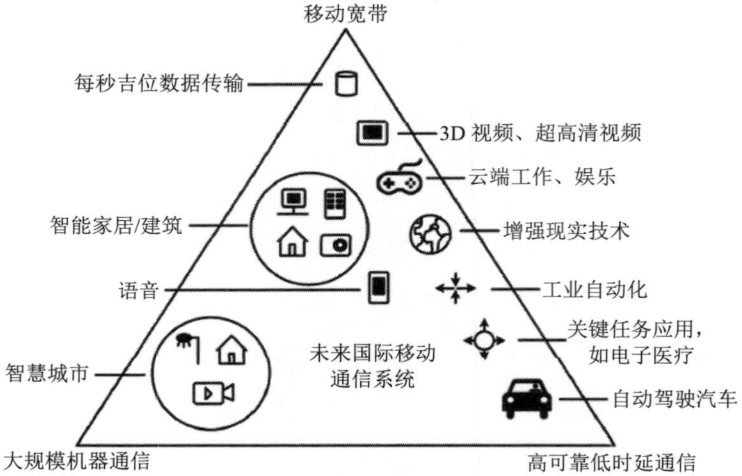

图 2-3　5G 应用场景设想

2.2.2　5G 发展现状与未来趋势

当前，在全球范围内，5G 正在快速发展。全球移动供应商协会（Global Mobile Suppliers Association，GSA）在 2021 年 8 月 26 日发布的最新报告显示，全球 5G 商用网络数量达到 176 个，72 个国家和地区已推出 5G 业务。

具体来看，截至 2021 年 8 月中旬，137 个国家/地区的 461 家运营商正在投资 5G，包括试验、获取许可证、规划、网络部署和启动，并且这一数字还将增长。已有 13 家运营商推出了商用公共 5G SA 网络，另外还有 45 家运营商正在计划和部署用于公共网络的 5G SA，23 家运营商正在参与测试和试验。商用的 5G 设备数量已经增长到 608 款，在近 6 个月内增长超过 66%。GSA 报告显示，目前已经有 938 款进入市场的 5G 设备，虽然 5G 设备种类不同，但手机是最受关注的 5G 设备，目前市场上已有 450 款 5G 手机。可用设备和实时网络的爆炸式持续增长表明，5G 有望在全球取得成功。

尽管众多移动通信运营商开展了 5G 网络的投资与商用，但在全球范围内，发展极不均衡。截至 2020 年 11 月，中国 5G 基站达 70 万个，全球占比 70%，连接超过 1.8 亿个终端。除中国外，全球范围内，仅韩国发展 1000 万左右 5G 用户，建设超过 12 万个 5G 基站，美国发展 500～600 万 5G 用户。由于基站建设尚有待提升，在全球范围内，5G 网络与 4G 网络对比，尚难体现出优势。根据 Opensignal 2021 年 7 月对 5G 速率的测试（见图 2-4 和图 2-5），使用 Verizon 的 mmWave 5G 的用户获得了最快平均下载速度（618.4Mb/s），几乎是 T-Mobile 平均下载速度的 2 倍，比 AT&T 平均下载速度快 2.5 倍以上。AT&T 的 mmWave 5G 用户的平均下载速度为 245.0Mb/s，T-Mobile 用户的平均下载速度为 312.0Mb/s。

此外，根据 SPEEDTEST 的同期测试结果，中国移动（China Mobile）为 303.44Mb/s、中国联通（China Unicom）为 292.04Mb/s、中国电信（China Telecom）为 304.55Mb/s（见图 2-6）。

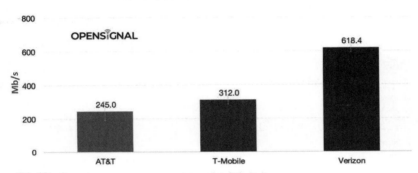

图 2-4　Opensignal 美国 mmWave 5G 平均下载速率

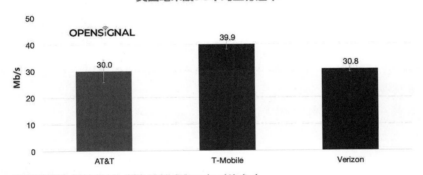

图 2-5　Opensignal 美国 mmWave 5G 平均上行速率

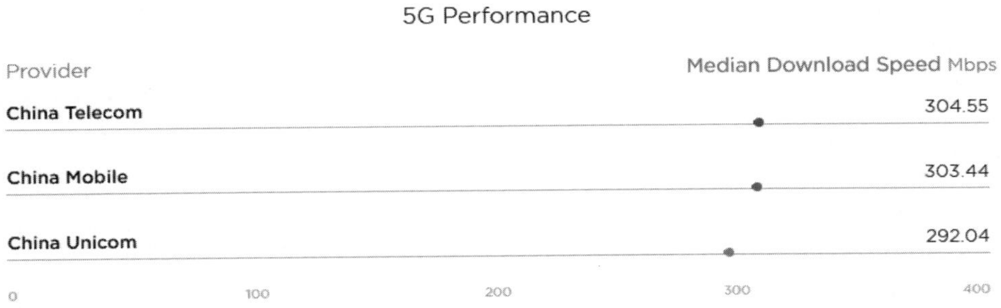

5G Performance

Provider	Median Download Speed Mbps
China Telecom	304.55
China Mobile	303.44
China Unicom	292.04

图 2-6　SPEEDTEST 2021 年 Q2 中国三大运营商 5G 下载速率比较

根据国际知名专利数据公司 IPLytics 最新发布的 *Who is leading the 5G patent race*（5G 专利竞赛的领跑者）报告显示，截至 2021 年 2 月，华为公司向欧洲电信标准化协会（ETSI）披露 5G 标准必要专利声明族位居全球第一，中兴通讯位居全球第三。报告指出，在下一次工业革命将看到越来越多的技术融合，通信技术将越来越多地集成到工厂、家居、医疗设备等传统行业产品中。

中国互联网络信息中心最新发布的第 50 次《中国互联网发展状况统计报告》中提到：2022 年上半年，我国 5G 网络规模持续扩大，已累计建成开通 5G 基站 185.4 万个；截至 2022 年 6 月，我国即时通信用户规模达 10.27 亿，较 2021 年 12 月增长 2042 万。我国 5G 应用工作成效显著，5G 和千兆光网融合应用加速向工业、医疗、教育、交通等领域推广落地，5G 应用案例超过 2 万个；"5G+工业互联网"在建项目超 3100 个，在 10 大重点行业形成 20 大典型场景。

国家知识产权局知识产权发展研究中心有关报告显示，当前全球声明的 5G 标准必要专利共 21 万余件，涉及 4.7 万项专利族。其中中国声明 1.8 万项专利族，全球占比 40%，排名第一。与以往注重产品制造不同，中国正在更多参与 5G 上游标准制定和生态培育，5G 标准支撑能力持续增强。近年来，《5G 移动通信网核心网总体技术要求》等 447 项行业标准陆续发布，为 5G 融合应用创新发展提供了重要的技术规范保障。

在应用创新上，中国 5G 应用案例已超过 1 万多个，覆盖了钢铁、电力、矿山等 22 个国民经济的重要行业和有关领域，形成了一大批丰富多彩的应用场景。5G 正快速融入各行各业、呈现千姿百态，已形成系统领先优势，成为引领高质量发展的新引擎。

基于对 5G 发展现状和影响因素的分析，未来 5G 网络全球发展趋势可能具有如下几个特点。

（1）整体产业规模持续扩大。根据全球移动通信系统协会（GSMA）的预测，到 2025 年，全球 5G 用户将达到 18 亿，占比为 20%。IHS 预测在 2020—2035 年，全球范围内 5G 对经济直接贡献约为每年 2000 亿美元左右，合计达到 3.5 万亿美元，提供总计 2200 万就业岗位。预计 5G 产业对中国 GDP 直接贡献从 2020 年的 0.1 万亿增长到 2030 年的 2.9 万亿；对 GDP 的间接贡献从 2020 年的 0.4 万亿增长到 2030 年的 3.6 万亿。

（2）网络建设速度差异化。现阶段，由于逆全球化的影响，全球 5G 设备商市场格局发生调整，导致建设速度放缓，预计 2～3 年内，新的市场格局将形成。各国和地区分批化发展的态势明显。第一，从国家和地区角度而言，东亚地区在 5G 网络建设方面会领先一步；中东等国家和地区将紧跟规模化发展；欧美地区则会逐步推进；而南亚、非洲、拉丁美洲则相对滞后。此外，韩国等人口相对密集均匀分布的国家，能够较快实现全面覆盖；而人口分布相对分散的国家和地区，预期将先实现集中覆盖。

（3）产品呈多样化趋势。目前市场上的 5G 终端产品依然以手机为主，但由于市场需求不断更新和技术进步，客户终端设备（customer premise equipment，CPE）、机器人、无人机等新型终端设备走入大众的视野。随着 5G 的商业化应用，其大带宽、低时延和大连接等技术优势将推动更多领域进行 5G 终端设备的定制化研发。通过 5G 技术与数字化驱动技术、实时大数据、云技术、人工智能等领域充分融合，可构建和优化多种通用技术，推动物联网创新并且促进数字经济发展，实现产业升级。5G 技术与交通、医疗、教育等行业相互融合，能够促进智慧城市、智能交通、数字课堂、远程医疗等新型智慧民生领域的应用发展，推动相关产业的蓬勃发展，同时实现现代化的城市管理方式，提高城市管理效率；5G 技术与新媒体融合能够进一步推动超高清视频技术的发展，为媒体传播、商业赋能、生活娱乐提供更加丰富的展现形式，推动技术进步、产业升级。

尽管面临逆全球化等障碍，但在新技术引领下，在日益成熟的产业链的推动下，全球 5G 网络将得到逐步建设，产业规模将逐步放大，成为数字经济的核心推动力量。

2.2.3　5G 终端业务需求与技术挑战

5G 终端旨在为用户提供更优质的网络服务，更好地满足用户的需求，其未来主要发展趋势包括：一是终端应用范围更大，如交通、穿戴、移动支付、医疗健康、远程控制等，为人们生产生活中的很多方面提供更便捷的服务；二是更加人性化，随着 5G 终端的引入，使之前很多受限于网络的功能得以开展，如智能自动驾驶、实时健康监控、智能家居等，更贴近人们的生活需求；三是适应 5G 通信技术，5G 通信技术在传输速率、连接密度、延时性等方面都有较大的进步，这对 5G 终端的硬件设计提出了更高的要求。

5G 终端具有如下特点。

1. 低时延性

网络的延时直接影响着用户体验，物联网等领域对低延时的要求更高，需要将时延降低到毫秒级别。未来 5G 终端将通过 D2D 直连和扁平化网络满足用户的需求，借助光纤网络和高频 WiFi，极大降低网络延时。同时，互联网也将对网络数据的质量进行优化，在保证数据有效性的同时，通过简化降低数据容量，从而确保低时延性。

2. 高速率

相较于 4G 通信系统，5G 具有更高的频谱效率，提升约 5～10 倍，传输速度将提升 10～100 倍，其峰值速率可达 10Gb/s，因此对 5G 终端的网络传输速度提出了较高要求。在当前国际标准化转入协议协调之下，3GPP 和 IEEE 等国际标准已经融入市场机制中，大规模天线阵列及多输入多输出技术大幅度提高了互联网容量。同时，同频全双工技术实现同频收发，极大提升了频谱效率，但引发了自干扰问题，需要通过多级干扰自消技术降低干扰对通信的影响。此外，部署超大规模的 3D-MIMO 技术天线阵列，能够发挥空分多址原理的优势，同时为更多的用户服务，从而确保每个用户的网络传输速率，并对用户波束进行智能调节，减少用户间的干扰。

3．低功耗

设备的续航能力严重影响用户的使用体验。随着 5G 终端功能的增加，也带来功耗问题，过度增大电池体积将影响设备的便携性，因此需要在加强终端的功耗管理上入手，积极采用构架先进、制成先进的芯片，在提升性能和效率的同时有效降低功耗，此外积极采用更先进的射频功放技术和屏幕显示技术也能有效降低功耗，提升用户的使用体验。

4．高移动性

部分 5G 移动终端需要布置在高速移动的物体如在飞机、高铁上为乘客提供网络服务，或者需要对移动物体进行实时远程监控、指挥等。高移动速度直接影响着网络信号的接收，在 5G 终端上需要考虑适应高移动性的需求，当前可行的技术有双连接技术、终端直连 D2D 技术、异频组网、波束赋形等措施，增强信号的范围、实现网络的无缝切换，这对保证高移动场景下信号的稳定性和持续性具有重要意义。

5．高密度通信

5G 容量的需求更大，组网密度将较之前更加密集，这种情况下虽然使用更多的基站确保了通信容量，但是引发了终端频繁切换和选择网络的问题，在一定程度上可能导致网络瞬时中断。在此情况下需要优化终端的信号选择逻辑，有效抑制和降低小区间的信号干扰，同时加强无线中继、用户面与控制面分离等技术，降低高密度通信带来的负面影响。

2.3 5G 系统发展概述

2.3.1 5G 系统的性能指标

总体来说，5G 系统具有高速率、低时延、大容量、高可靠、海量连接等性能要求。ITU-R 为 5G 系统定义了 8 个性能指标，如表 2-1 和图 2-7 所示。

表 2-1 ITU-R 定义的 5G 系统性能指标

名 称	指 标 要 求
流量密度	$10\text{Tb}/(\text{s}\cdot\text{km}^2)$
连接设备密度	10^6 设备$/\text{km}^2$
时延	1ms
移动性	500km/h
能效	100 倍（相较于 4G）
用户体验速率	100Mb/s
频谱效率	3 倍（相较于 4G）
峰值速率	20Gb/s

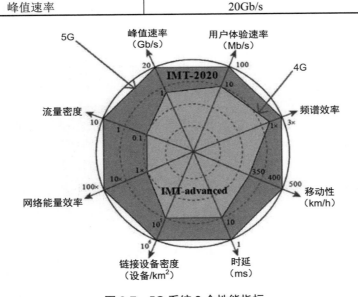

图 2-7 5G 系统 8 个性能指标

5G 系统面向移动宽带（eMBB）、低时延高可靠（URLLC）以及低功耗大连接（mMTC）等场景，因此其无线相关的性能指标要求因场景而不同，其含义和指标要求也受场景和网络部署等因素的影响。在 5G 网络建设和发展的过程中，应结合具体部署场景来合理设定目标值并进行优化。

2.3.2 5G 系统的无线传输关键技术

1. 非正交多址接入技术

历代移动通信系统都有标志性的多址接入技术作为其革新的代表。例如

1G 系统采用的模拟频分多址接入（FDMA）技术。2G 系统采用的时分多址接入（TDMA）技术和频分多址接入（FDMA）技术，3G 系统的码分多址接入（CDMA）技术，4G 的正交频分复用（OFDM）技术。但 1G 到 4G 采用的多址接入技术均为正交多址接入（orthogonal multiple access，OMA）技术。对于正交多址接入，系统容量受限于可分割的正交资源数目，从系统设计的角度来看，非正交多址接入（non-orthogonal multiple access，NOMA）技术可以增加有限资源下的用户连接数，在满足 5G 设计理念和技术要求方面具有明显优势。

NOMA 的基本思想是在发送端采用非正交发送，主动引入干扰信息，在接收端通过串行干扰删除技术实现正确解调。与正交传输相比，接收机复杂度有所提升，但可以获得更高的频谱效率。非正交传输的基本思想是利用复杂的接收机设计来换取更高的频谱效率。

目前，主流的 NOMA 技术方案包括基于 NOMA 的功率分配（power division based NOMA，PD-NOMA）、基于稀疏扩频的图样分割多址接入（pattern division multiple access，PDMA）、稀疏码多址接入（sparse code multiple access，SCMA）以及基于非稀疏扩频的多用户共享接入（multiple user sharing access，MUSA）等。此外，还包括基于交织器的交织分割多址接入（interleaving division multiple access，IDMA）和基于扰码的资源扩展多址接入（resource spread multiple access，RSMA）等 NOMA 方案。尽管不同的方案具有不同的特性和设计原理，但由于资源的非正交分配，NOMA 较传统的 OMA 具有更高的过载率，从而在不影响用户体验的前提下增加了网络总体吞吐量，实现 5G 的海量连接和高频谱效率的需求。

2. 同时同频全双工技术

同时同频全双工（co-time co-frequency full duplex，CCFD）技术是指设备的发射机和接收机占用相同的频率资源同时进行工作，使得通信双方在上、下行可以在相同时间使用相同的频率，突破了现有的频分双工和时分双工模式，是通信节点实现双向通信的关键之一。传统双工模式主要是频分双工和时分双工，用以避免发射机信号对接收机信号在频域或时域上的干扰，而新兴的同频同时全双工技术采用干扰消除的方法，减少传统双工模式中频率或时隙资源的开销，从而达到提高频谱效率的目的。与现有的频分双工或时分双工方式相比，同时同频全双工技术能够将无线资源的使用效率提升近一倍，从而显著提高系统吞吐量和容量。全双工最大限度地提升了网络和设备收发设计的自由度，可消除频分双工和时分双工的差异性，具备潜在的网络频谱效率提升能力，适合频谱紧缺和碎片化的多种通信场景。

3. 大规模多天线技术与波束赋形

大规模多天线技术是指在发射端和接收端分别使用多个发射天线和接收天

线，使信号通过发射端与接收端的多个天线传送和接收，从而改善通信质量。它能充分利用空间资源，通过多个天线实现多发多收，在不增加频谱资源和天线发射功率的情况下，可以成倍地提高系统信道容量，体现明显的优势，是 5G 移动通信的核心技术。

大规模天线技术作为 5G 的核心关键技术，在满足 5G 系统技术需求中发挥着至关重要的作用。例如，针对 eMBB 场景，其主要技术指标为频谱效率、峰值速率、能量效率、用户体验速率等。同时，随着天线规模的增加，用户间干扰和噪声的影响大幅降低。此外，大规模天线技术提供的赋形增益可以补偿高频段的路径损耗，使得高频段的移动通信应用部署成为可能。另外，大规模天线技术的波束赋形增益有助于满足 mMTC 场景的覆盖指标，也有利于连接数量的大幅提升。

采用波束赋形，基站可以选择更有效的传送通路将数据发送给特定用户，从而降低周围用户间的干扰。波束赋形可以帮助大规模 MIMO 阵列更有效地利用频谱。通过对数据包的移动和达到时间进行设计，波束赋形使得大规模 MIMO 阵列上的多个用户和天线可同时交换更多的信息。对于毫米波来说，波束赋形主要用于解决信号易于受物体阻挡和路径衰减较快的问题。在这种情况下，波束赋形有助于将信号集中在指向用户方向的波束上，而不是同时在多个方向上进行广播。这种方法可以增强信号完整到达的机会，降低其他方向上的干扰。

4．毫米波通信技术

现今的无线网络面临一个问题，即用户数量越来越多并且每个用户消耗的数据量远大于以往，但是移动运营商却仍然在使用之前的无线频谱。这意味着每个用户可获取的带宽越来越小。因此，运营商正在实验采用高频段的毫米波（mmWave）传送信号，其范围为 30～300GHz，大量可用的高频段频谱可提供极致数据传输速度和容量，将重塑移动体验。但毫米波频段的利用并非易事，使用毫米波传输更容易造成路径受阻与损耗。通常情况下，毫米波传输的信号甚至无法穿透墙体，此外，它还面临着波形和能量消耗等问题。

5．载波聚合技术

载波聚合（carrier aggregation，CA）技术是将两个或更多的载波单元（component carrier，CC）聚合在一起以支持更大的传输带宽（最大为 100MHz），进而实现数据速率和容量的大幅提升。载波聚合分为频段内连续、频段内不连续和频段间不连续三种组合方式，如图 2-8 所示，实现复杂度依次增加。

载波聚合技术不仅可以充分发挥频段间的协同优势，为用户提供更为优质的网络保障，而且基于 R16 的 5G 载波聚合技术还可以进一步助推 VR/AR、4K/8K 高清视频直播、工业数据采集等大上行场景的业务发展。载波聚合场景可以同时应用于 To C 和 To B 行业。针对 To C 行业，可以提升单用户体验，主要表现在上下行吞吐量的提升。针对 To B 行业，目前主要焦点在于针对远程遥控、视频监控、机器视觉、云化 AGV 等多个应用，需要满足上行覆盖和超大带宽需求，并且这些业务对单点、单小区的容量需求都远高于 To C。

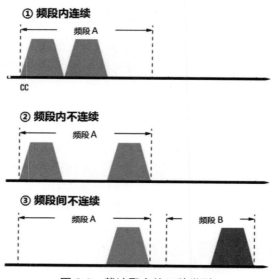

图 2-8 载波聚合的三种类型

2.3.3 5G 系统主要应用场景面临的挑战

5G 系统主要应用场景的关键性能指标如表 2-2 所示。每个应用场景面临的挑战如下。

表 2-2 5G 系统的应用场景与关键性能指标挑战

应 用 场 景	性 能 指 标
连续广域覆盖场景	100Mb/s 的用户体验速率
热点高容量场景	1Gb/s 的用户体验速率 10Gb/s 以上的峰值速率 10Tb/$(s \cdot km^2)$ 以上的流量密度
低功耗大连接场景	10^6 设备/km^2 的连接设备密度 低功耗、低成本
低时延高可靠场景	1ms 的空口时延 毫秒级的端到端时延 高可靠性

1．连续广域覆盖场景

该场景是移动通信最基本的覆盖方式，以保证用户的移动性和业务连续性为目标，为用户提供无缝的高速业务体验。受限于站址和频谱资源，为了满足100Mb/s 用户体验速率需求，除了需要尽可能多的低频段资源外，还要大幅提升系统频谱效率。大规模天线阵列是其中最主要的关键技术之一，新型多址技术可与大规模天线阵列相结合，进一步提升系统频谱效率和多用户接入能力。在网络架构方面，综合多种无线接入能力以及集中的网络资源协同与 QoS 控制技术，为用户提供稳定的体验速率保证。

2．热点高容量场景

该场景主要面向局部热点区域，为用户提供极高的数据传输速率，满足网络极高的流量密度需求。极高的用户体验速率和流量密度是该场景面临的主要挑战，超密集组网能够更有效地复用频率资源，极大提升单位面积内的频率复用效率；全频谱接入能够充分利用低频和高频的频率资源，实现更高的传输速率；大规模天线、新型多址等技术与前两种技术相结合，可实现频谱效率的进一步提升。

3．低功耗大连接场景

该场景主要面向智慧城市、环境监测、智能农业、森林防火等以传感和数据采集为目标的应用场景，具有小数据包、低功耗、海量连接等特点。海量的设备连接、超低的终端功耗与成本是该场景面临的主要挑战。新型多址技术通过多用户信息的叠加传输可成倍提升系统的设备连接能力，还可通过免调度传输有效降低信令开销和终端功耗；F-OFDM 和 FBMC 等新型多载波技术在灵活使用碎片频谱、支持窄带和小数据包、降低功耗与成本方面具有显著优势；此外，终端直接通信（D2D）可避免基站与终端间的长距离传输，可实现功耗的有效降低。

4．低时延高可靠场景

该场景主要面向车联网、工业控制等垂直行业的特殊应用需求。为了尽可能降低空口传输时延、网络转发时延及重传概率，以满足极高的时延和可靠性要求，需采用更短的帧结构和更优化的信令流程，引入支持免调度的新型多址和 D2D 等技术以减少信令交互和数据中转，并运用更先进的调制编码和重传机制以提升传输可靠性。此外，在网络架构方面，控制云通过优化数据传输路径，控制业务数据靠近转发云和接入云边缘，可有效降低网络传输时延。

参 考 文 献

[1] 王映民，孙韶辉. 5G 移动通信系统设计与标准详解[M]. 北京：人民邮电出版社，2020.

[2] 李晓鹏. 人工智能、5G 与物联网时代的中国产业革命[M]. 天津：天津科学技术出版社，2021.

[3] 杨永平. 5G 终端业务发展趋势及技术挑战研究[J]. 数字通信世界，2020（1）：2.

第3章　5G 系统架构与标准体系

本章分别从标准化历程、频谱划分、系统架构及产品类型 3 个部分介绍 5G 系统架构与标准体系。在标准化历程部分介绍了国际相关标准组织、5G 主要的应用场景和标准版本历程；在频谱划分部分介绍了中国、欧洲、美国等频谱划分；在系统架构及产品类型部分介绍了系统构成及 NG-RAN 协议体系。同时，对终端、基站等 5G 主要产品也进行了介绍。

3.1　5G 标准化发展历程

本节介绍了国际相关标准组织、5G 主要的应用场景和标准版本发展历程，目的在于厘清 5G 技术标准化的发展脉络，便于读者了解 5G 技术的发展和主要应用场景。

3.1.1　标准组织

在 5G 技术标准化的过程中，发挥主导作用的是国际电信联盟（ITU）和第三代合作伙伴计划（3GPP）两大国际标准组织，其中 ITU 主要为 5G 设定应用场景，3GPP 则承担具体技术标准的研制工作，下面分别进行介绍。

1. 3GPP

1998 年 12 月，多家电信标准组织签署了《第三代合作伙伴计划》，共同发起了 3GPP。设立 3GPP 的最初目的是为第三代移动通信系统提供全球适用的技术规范和技术标准。第三代移动通信系统（UMTS）是基于第二代移动通信系统（GSM）的核心网和所支持的无线接入网构成的。在第三代移动通信系统商用后，3GPP 继续制定第四代移动通信系统（UTRA），即长期演进系统（LTE）标准的研究与制定。

3GPP 的成员类型主要分为组织伙伴、独立成员和市场代表伙伴。组织伙伴主要由中国通信标准化协会、欧洲电信标准化协会（ETSI）、美国电信行业解决方案联盟（ATIS）、日本电信技术委员会、日本无线工业及商贸联合会（ARIB）、韩国电信技术协会、印度电信标准发展协会（TSDSI）组成。市场代表伙伴包括 TD-SCDMA 产业联盟（TDIA）、TD-SCDMA 论坛、CDMA 发展组织、GSM 协会、UMTS 论坛、IPv6 论坛、3G 美国、全球移动供应商协会等。此外，3GPP 的独立成员超过 550 个。

3GPP 的组织架构由项目协调组（project coordination group，PCG）和技术规范组（technology and standards group，TSG）构成。其中，项目协调组具有最高管理权限，负责代表组织伙伴协调如组织架构、时间计划、工作分配等事项。技术规范组主要承担具体的技术标准制定工作，分为无线接入网（TSG RAN）、业务与系统（TSG SA）和核心网与终端（TSG CT）3 个领域。每个领域下又分为若干工作组承担具体技术标准的制定工作，如无线接入网领域分为无线层 1、2 和 3、无线网络架构和接口、射频性能、终端一致性测试和 GERAN 无线协议 6 个工作组。

3GPP 每 1～2 年就会完成一个版本标准的制定，以 Release 的形式进行版本管理。最早的版本为 R99，目前已发展至 R18。标准制定的形式主要以项目为主，标准文本以系列形式管理，核心网为 22、23、24 系列，WCDMA 和 TD-SCDMA 为 25 系列，LTE 为 36 系列，5G 为 38 系列。

2. ITU

ITU 成立于 1934 年，但其历史可以溯源至 1865 年由法、德等 20 个欧洲国家为实现国家间电报通信而在巴黎签订的《国际电报公约》和成立的国际电报联盟。后续由于电话和无线电的应用，法、德等 27 个国家又在柏林签署了《国际无线电报公约》。1932 年，70 多个国家又将两份公约进行合并，签订了《国际电信公约》，后改为国际电信联盟。1947 年，国际电信联盟成为联合国的一个专门机构，但并非其附属机构，总部由伯尔尼迁至日内瓦。其决议和活动不受联合国管制，但需向联合国提交年度报告。

ITU 每年召开 1 次理事会，每 4 年召开 1 次全权代表大会、世界电信标准大会和世界电信发展大会，每 2 年召开 1 次世界无线电通信大会。组成部门主要有电信标准化部门（ITU-T）、无线电通信部门（ITU-R）和电信发展部门（ITU-D）。每个部门下属若干研究组，具体介绍如下。

1）电信标准化部门下辖研究组

SG2：业务提供和电信管理的运营问题；SG3：包括相关电信经济和政策问题在内的资费及结算原则；SG5：环境和气候变化；SG9：电视和声音传输及综合宽带有线网络；SG11：信令要求、协议和测试规范；SG12：性能、服务质量（QoS）和体验质量（QoE）；SG13：包括移动和下一代网络（NGN）

在内的未来网络；SG15：光传输网络及接入网基础设施；SG16：多媒体编码、系统和应用；SG17：安全 10 个研究组。

2）无线电通信部门下辖研究组

SG1：频谱管理；SG3：无线电波传播；SG4：卫星业务；SG5：地面业务；SG6：广播业务；SG7：科学业务 6 个研究组。

3）电信发展部门下辖研究组

SG1：电信发展政策和策略研究；SG2：电信业务、网络和 ICT 应用的发展和管理两个研究组。

电信标准化部门所制定的标准建议书具有全球范围的影响力，因此受到行业组织、产品制造商的关注和重视。

3.1.2　5G 应用场景

1．5G 三大应用场景

根据国际电信联盟的定义，5G 主要有 3 种典型的应用场景。

（1）增强型移动宽带（eMBB）：此场景主要为用户提供更宽频段、更大容量、更好体验的服务，如 4K 超高清视频和 VR/AR 视频。最高传输速率可达 10Gb/s，相比 4G 有巨大的提升。

（2）超可靠低时延通信（uRLLC）：在 5G 场景下，通信时延将被控制在 1ms 以下并具有高可靠性，主要应用于工业互联网、远程医疗、车联网等对于通信质量要求极高的领域。

（3）海量机器类通信（mMTC）：此场景通过大量使用传感器，构建了一张万物互联、万物智联的巨大网络，通过大数据分析等手段，使机器拥有了"智慧"。主要应用于智慧交通、智能家居、智慧农业等领域。

2．我国 5G 典型应用场景的经济价值

就典型的行业应用场景而言，5G 将在车联网领域、工业领域、医疗领域、能源领域产生极高的经济效益。在车联网领域，通过应用 5G 的超高可靠低时延场景，可以将人、车、路进行高效协同与智能化管理，显著提高通行效率。预计到 2030 年，车联网行业 5G 投入将达 120 亿元。在工业领域，通过工业物联网等 5G 超可靠低时延具体场景，可以实现智能制造，显著提升工业生产效率和管理水平。预计到 2030 年，5G 在工业领域规模将达到 2000 亿元。在医疗领域，5G 可以结合增强型移动宽带和高可靠低时延两大场景，为远程医疗服务提供无延迟高稳定的高清图像，预计到 2030 年，该领域 5G 规模将达 640 亿元。在能源领域，通过将 5G 的增强型移动宽带和海量机器类通信场景结合，可有效减速能源领域的节能减排和管理水平，预计到 2030 年，该领域 5G 规模将达

100 亿元。

就 5G 现阶段发展而言，据中国信息通信研究院的研究数据显示（2023 年 1 月 8 日），预计 2022 年 5G 将直接带动经济总产出 1.45 万亿元，直接带动经济增加值约 3000 亿元，间接带动总产出约 3.38 万亿元，间接带动经济增加值约 1.23 万亿元，同比 2020 年增长 33%、39%、31% 和 31%。在直接经济总产出中，主要份额为终端设备和通信服务。工业物联网、车联网等垂直行业应用贡献较小，主要的原因一是相关垂直行业对 5G 网络的规模应用还有疑虑，对于运营商提供网络可能产生的数据安全问题存在担忧；二是因网络需要针对特定场景进行定制化设计而产生的行业专网应用成本较高的问题；三是产业生态尚不成熟和完善，还未能形成产业体系。但随着 5G 标准技术的不断发展，相信上述问题都会得到完善和解决。

3.1.3　5G 标准版本发展历程

自 2016 年下半年开始，3GPP 开始进行 5G 标准制定工作，这些标准致力于支持 ITU 为 5G 定义的增强移动宽带、超高可靠低时延和海量机器类通信三大应用场景。

其第一个标准版本 R15 于 2019 年冻结，通过引入大规模天线阵列、灵活帧结构等技术，主要满足了增强移动宽带的应用场景，为用户提供了超高传输速率的通信服务。

第二个版本 R16 于 2018 年开始制定，2020 年冻结，其目标在于将 5G 能力通过工业物联网、专用网络等手段在如交通、能源、医疗等垂直行业应用领域进行扩展。满足超可靠低时延的应用场景。同时，对于 5G 前期应用过程中产生的能耗过高问题，采用大数据和远端基站干扰管理等技术进行了初步的分析和解决。

5G 标准的第三个版本 R17 于 2019 年启动，2021 年冻结。目标是使 5G 能力向更多行业拓展。其重点加强的功能一是对 5G 网络切片的支持，通过基于切片的小区选择/重选和业务连续性等技术手段，为实现 5G 端到端切片打下基础；二是对 5G 多播广播业务的支持，5G 减少了多播广播模式与单播模式在网络与流程上的差异，同时提升了空中接口的资源利用率，进而提升了用户体验；三是增强 5G 网络自动化水平，在 R16 版本基础上，通过随机接入优化、负载均衡等技术手段，优化了运营商的网络资源配置。

2021 年 4 月起，3GPP 开始进行 R18 的立项工作，作为 5G-Advanced 的第一个版本。其目标为提供更大容量、更好覆盖、更好体验的增强移动宽带服务，扩展车联网行业应用，同时探索毫米波等更高频段的频率使用。

3.2　5G 频谱划分

随着人们日常生活中的无线电应用逐渐增多，各种无线电业务间的干扰问题也随之出现。为了能够保证不同无线电业务不产生相互间的有害干扰，也为了更加合理和节约地使用有限的无线电频谱资源，国际电信联盟无线委员会颁布了国际无线电规则。对不同的无线电业务划分了特定的频谱。各无线电业务只能使用各自划定范围的频谱资源。5G 通信技术也不例外，本节将介绍其特定频谱划分。

1．中国频谱划分

2019 年 6 月，我国工业和信息化部向中国移动、中国联通、中国电信和中国广电 4 家基础电信运营商颁发了 5G 商用牌照，标志着 5G 正式进入商用阶段。其中，中国移动获准使用 2515～2615MHz 和 4800～4900MHz 进行 5G 部署；中国联通获准使用 3500～3600MHz 进行 5G 部署；中国电信获准使用 3400～3500MHz 进行 5G 部署；中国广电获准使用 4900～5000MHz 进行 5G 部署。

2．欧洲频谱划分

欧盟委员会无线频谱政策组于 2016 年 6 月制定 5G 频谱战略草案，并在欧盟范围内公开征求意见。同年 11 月，发布欧盟 5G 频谱战略。具体频段为：700MHz、3400～3800MHz、24.25～27.5GHz、31.8～33.4GHz、40.5～43.5GHz。可以看到，欧洲的频谱战略为低频的 sub-6GHz 频段和高频的毫米波频段搭配使用。

3．美国频谱划分

2016 年 7 月，美国联邦通信委员会投票决定通过分配 24GHz 以上 5G 频谱，成为世界上第一个为 5G 网络分配可用频谱的国家。具体频段为：27.5～28.35GHz、37～38.6GHz、38.6～40GHz。

3.3　5G 系统架构及产品类型

3.3.1　5G 系统架构概述

5G 系统架构继承了 4G 网络系统架构的设计思路，从结构上看，5G 网络包括核心网（如 5GC，含 AMF 和 UPF）和无线接入网（含 gNB 和 ng-eNB）两个部分，如图 3-1 所示。

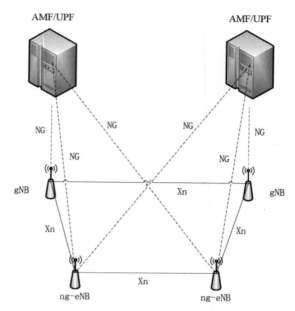

图 3-1　5G 系统架构

1. 总体网络架构

由图 3-1 可以看到，5G 网络系统的总体架构分为无线接入网（NG-RAN）和核心网两个主要部分。核心网中，AMF 主要负责网络的移动性管理职能，UPF 负责用户功能的处理，两者分别提供了核心网的控制平面和用户平面功能。在无线接入网侧，主要的逻辑节点有 gNB 和 ng-eNB 两种，以应对不同的组网方式间的连接。

5G 网络有独立组网和非独立组网两种方式，因此存在着与 4G LTE 网络的连接问题。具体的连接场景可以分为下列几种。

（1）无线接入网为 4G LTE 网络：此时无线接入网侧对应的逻辑节点为 4G 网络的 eNB 或 5G 网络的 ng-eNB，如果后续接入的核心网是 4G 网络的 EPC，则逻辑节点为 eNB，如果为 5G 网络的核心网 5GC，则逻辑节点为 ng-eNB。

（2）无线接入网为 5G NR 网络：此时无线接入网侧对应的逻辑节点为 en-gNB 或 gNB，如果后续接入的核心网是 4G 网络的 EPC，则逻辑节点为 en-gNB，如果为 5G 网络的核心网 5GC，则逻辑节点为 gNB。

综上所述，当采用非独立组网方式时，5G 网络可以通过 ng-eNB 和 en-gNB 与 4G 网络进行互联互通。当采用独立组网方式时，5G 网络可以使用 gNB 实现独立部署。

2．5G 网络节点主要功能

1）gNB

5G 网络无线接入网侧的 gNB 节点主要向用户设备提供 5GNR 网络接入协议并使其成功接入 5G 核心网。主要功能如表 3-1 所示。

表 3-1　gNB 主要功能

序　号	主 要 功 能
1	无线资源管理
2	连接建立与释放
3	传送和调度寻呼和广播消息
4	提供控制平面信息到 AMF 的路由
5	提供用户平面信息到 UPF 的路由
6	支持网络切片与双连接

2）ng-eNB

该类节点的主要作用是在 5G 非独立组网方式下，向用户设备提供 4G 无线网络接入协议并使其成功接入 5G 核心网。主要功能如表 3-2 所示。

表 3-2　ng-eNB 主要功能

序　号	主 要 功 能
1	无线资源管理
2	连接建立与释放
3	传送和调度寻呼和广播消息
4	提供控制平面信息到 AMF 的路由
5	提供用户平面信息到 UPF 的路由
6	支持网络切片与双连接

3）AMF

该类节点与 4G 网络核心网中的 MME 功能类似，主要承担网络系统中的控制平面功能。主要功能如表 3-3 所示。

表 3-3　AMF 主要功能

序　号	主 要 功 能
1	注册管理
2	连接管理
3	接入性管理
4	移动性管理
5	安全和访问管理授权

4）UPF

该类节点与 4G 网络核心网中的 S-GW/P-GW 功能类似，主要承担网络系统中的用户平面功能。主要功能如表 3-4 所示。

表 3-4　UPF 主要功能

序　号	主　要　功　能
1	数据分组路由和转发
2	合法拦截
3	流量使用报告
4	用户平面 QoS 管理
5	上行流量验证

3.　5G 网络主要接口

5G 网络的主要接口与 4G 网络类似，可以分为无线接入网侧逻辑节点间的交互接口和核心网与无线接入网间的交互接口两类。由于存在非独立组网方式，因此存在着 4G LTE 网络和 5G NR 网络间的交互问题，为此也设置了相应接口。接口类型主要分为以下几类。

（1）核心网为 5GC：当核心网为 5G 时，无线接入网侧逻辑节点间建立的连接接口为 Xn 接口，可以提供用户平面和控制平面功能，在无线节点间传输控制信令和用户数据。无线接入网和核心网间建立的连接接口为 NG 接口。其中 NG-C（N2）用于控制平面交互信令功能，NG-U（N3）提供用户平面交互数据功能。NG 接口类似于 4G LTE 网络中的 S1 接口。

（2）核心网为 EPC 时：当核心网为 4G EPC 时，无线接入网侧逻辑节点间建立的连接接口为 eX2 接口，其基本功能与 4G LTE 网络的 X2 接口相同，但增加了一些兼容 5G 网络的数据和信令传输功能。无线接入网和核心网之间的连接接口为 eS1 接口，与 eX2 接口类似，也兼容了 5G 相关功能的增强型 S1 接口，分为提供控制平面功能的 S1-C 接口和提供用户平面功能的 S1-U 接口。

3.3.2　NG-RAN 协议体系

5G 移动通信网络延续了 4G 网络协议体系的设计思路，采用分层设计。由下而上依次分成物理层、MAC 层、RLC 层、PDCP 层、SDAP 层和 RRC 层以承载不同的功能，下面分别进行介绍。

1.　物理层

物理层是 5G NR 网络协议体系中最底部的一层，主要职能是承接由上层协议送来的信令和数据并将其映射到实际的物理信道中进行传输。5G NR 的物理层采用 QPSK、256QAM 等调制技术，OFDM 技术，MIMO 技术，以及 LDPC、Polar 信道编码技术。在传输时频资源方面，5G NR 中 OFDM 的子载波间隔一般为 15kHz，也可以扩展至 120kHz 等更大间隔，其无线帧（Frame）时长与 LTE 相同，仍为 10ms，可以拆分为时长为 1ms 的 10 个子帧（Subframe），每个子帧包含时隙（Slot），每个时隙常规包含 14 个 OFDM 符号（Symbol）。依据 3GPP 的标准规范，5G NR 网络分为 Sub 6GHz 和毫米波两大频段范围，Sub 6GHz 频段又称为 FR1（Frequency Range 1），毫米波频段称为 FR2（Frequency Range 2）。在这两个不同频率范围中，通信信号的带宽不尽相同，在 FR1 频段，信号带宽最大为 100MHz，而在空闲频谱资源较为丰富的 FR2 频段，信号带宽可以达到 400MHz。表 3-5 和表 3-6 列举了 5G NR 物理层的信道和信号。

表 3-5　物理层信道

	名　　称	功 能 简 介
下行	物理广播信道（PBCH）	用于系统消息广播
	物理下行控制信道（PDCCH）	用于下行控制平面信令的传输
	物理下行共享信道（PDSCH）	用于传输下行用户平面数据
上行	物理上行控制信道（PUCCH）	用于上行控制平面信令的传输
	物理上行共享信道（PUSCH）	用于传输上行用户平面数据
	物理随机接入信道（PRACH）	用于用户设备建立连接，随机接入

表 3-6　物理层信号

	名　　称	功 能 简 介
下行	解调参考信号（DMRS）	用于解调和资源调度等
	相位跟踪参考信号（PTRS）	用于监测和补偿振荡器的相位噪声
	信道状态信息参考信号（CSIRS）	用于得出信道状态信息和功率控制等
	主同步信号（PSS）	用于无线帧同步和小区选择
	辅同步信号（SSS）	用于小区选择
上行	解调参考信号（DMRS）	用于解调和资源调度等
	相位跟踪参考信号（PTRS）	用于监测和补偿振荡器的相位噪声
	探测参考信号（SRS）	用于上行信号状态信息测量和调度与自适应

2. MAC 层

MAC 层位于物理层和 RLC 层之间，主要功能如表 3-7 所示，主要的 MAC 层逻辑信道如表 3-8 所示。

表 3-7 MAC 层主要功能

序　号	主　要　功　能
1	逻辑信道和传输信道之间的映射
2	MAC 层服务数据单元（SDU）的复用和解复用
3	调度信息报告
4	通过 HARQ 方式的错误修正
5	逻辑信道的优先级处理

表 3-8 MAC 层逻辑信道

	分　类	功　能　简　介
控制信道	广播控制信道（BCCH）	用于广播系统消息（下行）
	寻呼控制信（PCCH）	用于寻呼信息的传输等
	公共控制信道（CCCH）	用于没有建立 RRC 连接时的用户设备和网络间控制信令的传输
	专用控制信道（DCCH）	用于用户设备和网络间专用控制信令的传输
业务信道	专用业务信道（DTCH）	用于传输用户平面数据

3. RLC 层

RLC 层位于 MAC 层和 PDCP 层之间，主要负责数据的分组和错误检测等功能，主要有 3 种传输模式。

（1）透明模式（transparent mode，TM）：没有 RLC 报头，仅在发射机中进行缓存，没有数据分割或重组，无反馈信息（ACK/NACK）。

（2）未确认模式（unacknowledge mode，UM）：有 RLC 报头，在发射机和接收机中都进行缓存，有数据分割或重组，但无反馈信息。

（3）确认模式（acknowledge mode，AM）：有 RLC 报头，在发射机和接收机中都进行缓存，有数据分割和重组，具有反馈信息。

RLC 层的主要功能如表 3-9 所示。

表 3-9 RLC 层主要功能

序　号	主　要　功　能
1	上层 PDU 的传输
2	在 AM 模式下，通过 ARQ 方式的错误修正
3	在 UM 和 AM 模式下，RLCSDU 的分割与重组
4	在 AM 模式下，RLCSDU 的重分割
5	在 AM 模式下的重复性检测
6	在 AM 和 UM 模式下，RLCSDU 的丢弃
7	RLC 重建
8	在 AM 模式下的协议错误检测

4．PDCP 层

PDCP 层位于 RLC 层与 SDAP/RRC 层之间，主要功能如表 3-10 所示。在 PDCP 层，所有功能均需通过 PDCP 实体实现。除系统消息等数据不经过 PDCP 层，其余所有的无线承载业务均需通过 PDCP 实体，主要分为：AM 模式的信令无线承载业务、AM 模式和 UM 模式的数据无线承载业务。因 PDCP 层不支持 TM 模式的数据传输，因此 TM 模式数据不经过 PDCP 层。

表 3-10　PDCP 层主要功能

序　　号	主　要　功　能
1	PDCP 层序列号维护
2	用户平面数据报头压缩/解压缩
3	数据加密/解密
4	完整性保护
5	重新排序
6	包复制
7	不按序递交
8	重复包丢弃

5．SDAP 层

SDAP 层位于用户平面中的 PDCP 层之上，是 5G NR 协议中新增的协议层。其主要是为在 5G 中引入发射 QoS 后导致的核心网承载与无线承载不再一一对应的问题而建立的，可以说 SDAP 是专为 5GQoS 而生。SDAP 层的主要功能如表 3-11 所示。

表 3-11　SDAP 层主要功能

序　　号	主　要　功　能
1	QoS 流和数据无线承载间的映射
2	在上行和下行数据包中标注 QoS 流 ID

6．RRC 层

在 5G NR 标准协议体系中，RRC 层在控制平面中位于 PDCP 层和非接入层（NAS）之间，其主要职责为在用户设备和网络间建立通信连接和释放通信连接以及移动性管理。可以看到，RRC 层是整个无线接入网的大脑及控制中枢，其重要性不言而喻。RRC 层的主要功能如表 3-12 所示。

表 3-12　RRC 层主要功能

序　　号	主　要　功　能
1	系统消息广播
2	系统寻呼

序　号	主　要　功　能
3	RRC 连接的建立、维持与释放
4	密钥管理
5	用户设备小区的选择与重选
6	用户设备到 NAS 的信息传输

5G NR 网络中 RRC 的连接可以分成 RRC IDLE、RRCINACTIVE 和 RRCCONNECTED。其中，RRCINACTIVE 为 5G NR 中的新增状态，主要用来管理短时间内用户设备没有活动的情况，其可以将用户设备与网络间的连接恢复至 RCCCONNECTED 状态，这种设置可以在无数据传输时释放 RRC 连接，在重新有数据传输时快速切回 RRC 连接状态。

3.3.3　5G 产品类别

5G 通信技术的发展离不开相关通信设备的发展，随着通信系统逐步向基础设施化方向发展，可以将通信系统建设形象地称为"修路"，即修建信息高速公路。5G 产品包括蜂窝移动通信设备和其他设备。蜂窝移动通信设备主要包括基站和终端，其中，基站是这条信息高速公路上不可或缺的路基，终端则是路上疾驰的运输信息的车辆。本节将对 5G 蜂窝网络的主要产品进行介绍。

1．蜂窝移动通信设备

1）终端

在 4G 时代，蜂窝网络的终端类型较为单一，主要为手机、CPE、热点等设备。相较之下，5G 时代的终端类型丰富多彩。除去上述传统蜂窝通信终端外，还将增加 VR/AR 眼镜、车载终端、相机、工业用 CPE 等新型终端形态。据中国信息通信研究院的数据显示，截至 2021 年 10 月底，国内 5G 终端 603 款，其中手机 452 款，非手机终端 151 款。2021 年 1～10 月，国内 5G 终端发布新产品 293 款，同比增长 40.2%，非手机终端增速尤为明显，发布新产品 105 款，同比增长 275.0%。从非手机终端的应用场景来看，广泛涉及工业、交通、医疗、金融、教育等垂直行业领域。这些新形态终端主要针对 5G 三大应用场景，向工业制造、交通运输、医疗服务等垂直行业进行应用扩展。由于通信终端在这些行业场景中应用时常常扮演着不能出错的关键性角色，因此该类型终端相比手机等传统蜂窝移动终端，在时延和稳定性方面的技术要求更加苛刻。如 1ms 的时延在日常的通信使用中可能无足轻重，但在精密制造或交通领域就可能产生无法弥补的重大事故。这种苛刻的技术要求同时也对处于终端行业上游的芯片制造商提出了更高的要求。

就国内 5G 终端行业的发展而言，三大运营商无疑在其中起着举足轻重的巨大作用。目前，三大运营商对于 5G 终端未来的发展均表达出乐观积极的态度。到 2022 年年底，中国移动希望 5G 终端用户数量突破 4 亿，泛终端销售突破 6000 万部，其中手机占比 40%以上；中国联通希望销售包括行业应用终端在内的泛终端 1.5 亿部；中国电信希望销售超过 2 亿部泛终端。由此观之，5G 终端行业的未来拥有着巨大的市场潜力。

2）基站

无线通信基站是无线蜂窝网络中最为基本的网络单元，其本质是一种兼具移动通信网络和移动通信用户间通信管理功能的无线收发台站，主要有室外基站和室内分布系统两种类型，也可按照功能划分为宏基站、微基站及室内分布系统。

在 4G 时代，无线通信基站的设备架构基本为基带处理单元（BBU）、射频处理单元（RRU）、天馈系统、天线架构。而 5G 无线通信基站架构则在此基础上通过将 BBU 中的集中单元（CU）和分布单元（DU）进行分离，将 RRU 与天线和天馈系统整合为有源天线单元（AAU）并在其中使用多通道大功率和波束赋形等技术。使得 5G 无线通信基站能够更加适用于增强移动宽带、超高可靠低时延、海量机器类通信等应用场景。

在 5G 无线通信基站组网策略方面，目前国内拥有 5G 频率许可的 4 家电信运营商不约而同地采用了高中低频统筹协同的组网策略。此种组网策略将依据不同地域特点，将电磁频率特性优势利用到极致。例如在面积较小的城市中心区域，使用较高的频段，而在地域广阔的农村地区，则使用覆盖能力更强的较低频段。虽然已经采用此种经过优化的组网策略，但由于 5G 采用频率普遍较高，导致电磁波空间传播损耗大，穿透能力差，因此还需要采用宏基站和微基站结合组网的方式，增强网络覆盖能力。另外，针对 5G 在垂直行业的创新应用，将通过行业专网等方式，创建由场景驱动的行业组网模式。

2．其他设备

相较于 4G 终端设备类型的单一化，5G 终端设备的类型有了很大丰富。尤其是在工业、能源、交通、医疗等垂直行业的终端应用。下面重点介绍目前应用较为广泛的车载类设备和物联网设备。

1）车载类设备

现今，因为车载无线通信终端的发展，传统的汽车行业已经被深刻地改变。其已从人们之前普遍认为的机械交通运输工具变为某种程度上一种新的移动通信终端。诸如苹果、华为等移动通信厂商纷纷与汽车企业合作，进入该行业。在 5G 车联网技术的加持之下，搭载了车载无线通信终端的汽车可以通过 V2V 技术实现车辆间的通信，通过 V2P 技术实现汽车与行人间的通信，通过 V2I

技术实现车辆与交通基础设施间的通信,通过 V2N 技术实现车辆与云端间的通信。最终通过 V2X 技术实现车辆与道路上任何可通信物体的通信。从而能够为在道路上行驶的车辆提供一张完整的实时道路状态图,进而达成通行效率更高、更加安全的智慧交通场景。同时,由于无人驾驶技术的应用而解放了双手的驾驶人员,则可以通过车载终端的娱乐和办公功能,更加高效地工作或休闲,更加充分地利用时间。

此外,车载无线通信终端还可以应用于物流场景,目前京东已经建立了智慧物流示范园区。园区使用无人轻型与重型货车和机器人进行相关物流工作,并能够进行自动化的远程调度。在大幅降低管理成本的同时,大幅提升物流效率和工作有序化。

2)物联网设备

在 5G 应用场景中,mMTC 是其中一个很重要的场景,主要针对海量连接的物联网技术。目前,对于物联网设备,主要的应用领域有智慧家居、智慧物流和智能制造。下面分别进行介绍。

(1)智慧家居。舒适与便捷的家居生活一直是人们的美好向往之一。现今,由于 5G 技术的发展,智慧家居生活成为了可能。各种日常使用的家用电器可以依据室内环境的变化而自动开启或关闭。例如,空调利用自身搭载的温度传感器感知室内的温度与湿度,依据获得的数据判断是否开启制冷/制热/除湿功能。前期,智慧家居主要依赖 WiFi 技术,这限制了智能终端的应用距离和智能技术发展。而 5G 技术的出现极大地扩展了网络广度。同时因其无须路由等设备,降低了使用成本,具备很好的商业前景。人们可以在任意时间、任意地点控制家用电器定时开闭。例如,冬天可以在到家前开启空调或使空调定时提前开启,这样到家时就可以享受到阵阵暖意。

(2)智慧物流。以阿里巴巴、京东为代表的电子商务企业在近年来获得了令人瞩目的飞速发展,其特点是在互联网等虚拟平台上进行商品交易,从而相较于实体铺面在成本方面具有显而易见的优势,在电子商务企业的成本来源中,物流占据着主要位置。由于物流的条理性和排序性较强,使用人工方式极易出现错误,且大部分流程可以使用自动化方式进行替代,使得物联网智能化改造非常适用于该领域,在降低物流工作人员劳动强度的同时也减少了人力成本,提高了管理效率,进而降低了电子商务企业的整体成本,提高了利润,又进一步推动电子商务企业的发展。此外,5G 技术的加持能够让目前多数依靠人工分拣的物流环节更加高效,物流信息更加实时呈现,商品的物流周期缩短,从而使得用户体验得到提升。

(3)智能制造。长久以来,自动化水平一直是制造领域中的一项重要参考因素。较高的自动化水平代表着生产成本的降低与生产效率的提升。在这方面,智能制造具有极大的发展潜力和很好的应用前景。通过将 5G 技术应用场景中的海量机器类通信和超可靠低时延通信相结合，可以使制造管理智能化，生产流程自动化。工厂能够自动依据获得的订单信息安排生产任务，而生产人员可以应用超可靠低时延场景，通过远程操作精准指挥和控制生产流程，降低出错率。达到提升生产和管理效率、降低生产成本的目的。前期由于 4G 技术的时延和速率指标无法满足智能制造的需求，因此在一些对于时效性要求较高的生产流程无法得到应用。而 5G 技术 1ms 的时延指标，成功解决了以上问题，使得智能制造的发展迈上了一个崭新的台阶。

参 考 文 献

[1] 魏然，果敢，巫彤宁，等 . 5G 终端测试[M]. 北京：科学出版社，2021.

[2] 许晔 . 5G 发展前景与商用进程[D]. 北京：中国科学技术发展战略研究院，2020.

[3] 韩星宇 . 5G-Advanced 无线标准化发展趋势及热点方向解析[D]. 北京：中国移动通信有限公司研究院，2021.

[4] 王征 . 5G 车载终端应用与展望[D]. 北京：中国信息通信研究院泰尔终端实验室，2020.

[5] 陈文 . 5G 移动通信基站专项规划[D]. 福州：福建省邮电规划设计院有限公司，2021.

[6] 莫淑红 . 5G 移动通信技术下的物联网时代研究[D]. 平凉：中移铁通有限公司平凉分公司，2021.

[7] 安辉 . 5G 终端电磁兼容测试研究[D]. 北京：中国信息通信研究院泰尔终端实验室，2019.

第 4 章

电磁兼容原理

想要深刻理解电磁兼容测试技术，需要有一定的电磁兼容基础作为理论支撑。本章主要从电磁场基础、电磁干扰"三要素"出发，介绍电磁波的传播特性、电磁环境分类、电磁干扰的危害、电磁兼容常用测量场地和测量设备的特性，以及屏蔽、滤波、接地等电磁干扰抑制技术，讨论了 PCB 的电磁兼容设计，使读者对电磁兼容原理有一个较为全面的了解，为后面进一步研究电磁兼容测量技术打好坚实基础。

4.1　电磁场基础

4.1.1　电磁波的传播

1. 电磁波的基本概念

一般而言，电磁波是由物体的电磁辐射而产生的，电磁辐射的定义为"以电磁波形式发射和传输能量"。电磁频谱是电磁辐射按照能量、频率或波长的分布。电磁频谱可以根据辐射的来源、性质或应用划分为若干组，其范围从频率为 1Hz（波长为 $3×10^8$m）的电磁波到 10^{21}Hz（波长为 $3×10^{-13}$m）的宇宙射线（来自基本粒子、原子核和地球外的电磁辐射）。

电磁波的产生是由在导体中流动的电流产生垂直于电流流动方向的磁场。这个磁场会产生一个既垂直于电流，又垂直于磁场的电场。由此，该电流源将引起电磁（EM）辐射并将电磁能量进行传输。在电信领域，通常使用天线作为转换器将电磁波辐射到自由空间。电磁场可分为两种不同类型：恒定场和交流场。前者的极性不随时间变化，而后者的极性随时间依次反转。每秒振荡的次数决定了频率（Hz），而波长是空间中两个相邻周期点之间的距离。对于给定的介质，电磁波的传播速度可以通过波的频率和波长计算如下。

$$v=f\lambda \tag{4-1}$$

式中：v 为速度（m/s）；f 为震荡频率（Hz）；λ 为波长（m）。

2．电磁波的传播速度及特性

在自由空间中，电磁波的传播速度为 $2.998×10^8 m/s$。在空气中可近似为 $3×10^8 m/s$，在任意介质中电磁波的波速可由下式给出：

$$v = \frac{1}{\sqrt{\varepsilon\mu}} \qquad (4-2)$$

式中：ε 为介质的介电常数（F/m）；μ 为介质的磁导率（H/m）。

由上可知，电磁波的传播速度由介质的介电常数和磁导率共同决定。

试想一束从发射天线发射的电磁波，其波纹像池塘中的涟漪一样向四周扩展，且在各向同性介质中传播。此时，该束波的电场和磁场与其传播方向垂直。在这种情况下，它被称为平面波，在这种波中，电场和磁场处于时间同相。如前所述，因电场和磁场垂直于传播方向振动，这种波又被称为横电磁波（TEM波）。在空气中传播的电磁波通常是横电磁波。

对于线极化电磁波，随着波的传播，两个场分量振荡的平面保持不变。传统上认为电磁波的极化（场方向）由其电场的方向决定。极化平面是包含电场方向和传播方向的平面。电磁波不一定是线极化的；极化平面可以随着波的前进而旋转。这种电磁波被称为圆极化波，或者更一般地称为椭圆极化波。椭圆极化波可以分解为两个线极化波，其极化平面彼此成直角，相对相移为 90°。

在具有磁场强度 H 和电场强度 E 的 TEM 波在自由空间进行传播时，电场与磁场强度的关系为：

$$Z_0 = E/H \qquad (4-3)$$

式中：Z_0 为自由空间阻抗（Ω）；E 为电场强度（V/m）；H 为磁场强度（A/m）。

电磁波的功率密度可以表示为：

$$S = E^2/Z_0 = H^2/Z_0 \qquad (4-4)$$

式中：S 为功率密度（W/m^2）。

因此，在平面波条件下，只需测量电场或磁场强度即可计算电磁波的功率密度。实际上，目前没有直接测量功率密度的仪器。但在存在多个源或需要近场测量时，场的情况较为复杂，电场和磁场强度可能都需测量。

3．电磁场的划分

在实际工程中，天线并非在所有方向上均匀地辐射能量。辐射方向图通常以天线产生的相对远场功率或场强作为方向（方位角和俯仰角）和距离的函数给出。电场/磁场以及波阻抗是相对于辐射源距离的函数，通常可由 3 个区域定义。

1）感应近场区

这是直接围绕天线周围的空间区域。在感应场（如理想电感器）中，电磁能主要以存储场形式存在，不向外辐射。在此区域中测量场强/功率会导致源电路中的电压/电流发生变化。波阻抗由源电路和介质确定；高电压、低电流辐射器（如偶极子天线）将主要产生伴随高波阻抗的电场；而诸如环形天线的高电流、低电压辐射器主要产生具有低波阻抗的磁场。

感应近场区的范围可由下式表示：

$$R_{nf} = D^2 / 4\lambda \qquad (4\text{-}5)$$

式中：R_{nf} 为感应近场区范围（m）；D 为天线的最大口径（m）；λ 为源波长（m）。

2）辐射近场区

辐射近场区又称菲涅耳区或过渡区，是感应近场区和远场区之间的区域，是辐射场占主导地位的区域，其中场的角度分布取决于与发射天线的距离。过渡区的范围可由以下等式近似：

$$R_{ff} = 0.6D^2 / \lambda \qquad (4\text{-}6)$$

式中：R_{ff} 为远场区起始距离（m）。

如果与工作波长相比，天线的最大尺寸较小（$D < \lambda$），则过渡区可能根本不存在。

3）远场区（夫琅和费区）

天线远场区的定义为电磁场随角度的分布基本上与天线距离无关的天线场区。与源的特性无关，波阻抗 η_0 仅取决于传播介质（自由空间中的 $\eta_0 = 377\Omega$）。在该区域，波具有平面波的主要特征，即电场和磁场分布非常均匀、相互垂直且垂直于波的传播方向。远场区的边界不是固定不变的，其取决于天线的工作频率和尺寸。

远场区的功率密度与距离的平方成反比。在远场区中，功率密度和电场/磁场强度有以下关系：

$$S = |E|^2 / 377 = 377 |H|^2 \qquad (4\text{-}7)$$

式中：S 为功率密度（W/m²）；E 为电场强度（V/m）；H 为磁场强度（A/m）。

注意：式（4-5）～式（4-7）适用于电大尺寸天线（$D > \lambda$）。最大尺寸大于其工作频率波长的天线称为电大尺寸天线，典型示例有抛物面反射器、阵列和喇叭天线等。最大尺寸不大于其工作频率波长的天线通常被称为电小尺寸天线，典型示例有谐振偶极子、八木天线和对数周期天线等。

4.1.2 电磁环境分类

电信设备的电磁环境主要分为 1 类—大电信中心、2 类—小电信中心、3 类—室外环境和 4 类—用户环境，下面分别进行介绍。

（1）1 类—大电信中心。1 类环境适用于专用、独立建筑或网络运营商能够控制的部分建筑的大电信中心。此类电信中心通常位于城区且拥有从公共电网变压的自身供电网络。建筑内交流电网是 TN-S、TT 或 IT 类型之一。外部信号线可以是任何类型、尺寸和长度，通常通过地下管道进入。存在耦合高压电力线或电力牵引线的干挠风险。如果建筑内部结构元件充分搭接组成网络，建筑结构的屏蔽效能大约为 10dB。

（2）2 类—小电信中心。2 类环境适用于专用、独立建筑或网络运营商能够控制的部分建筑的小电信中心。典型地，此类电信中心位于乡村，通常无人值守。小电信中心的供电可以通过专用变压器或共享变压器从公共电网获得。建筑内交流电网是 TN-S、TN-C、TT 或 IT 类型之一。外部电缆可以是高架电缆。耦合高压电力线或电力牵引线的干扰风险高。假定建筑物无屏蔽效能。

（3）3 类—室外环境。3 类环境适用于无人值守的电信场所和电信设备，如电话盒、中继器、干线放大器、集线器、分线器以及安装在电线杆、塔上或建筑物屋顶或外侧的设备。此类环境可适用于埋于地下的设备。海底电缆放大器不属于此类型。外部信号线可以是任何类型、尺寸和长度。耦合高压电力线或电力牵引线的干扰风险高。信号线路上远供电源被认为是系统的固有部分，不作为环境参数考虑。农村地区的远程中继器配备过压保护装置，但不是所有设备都配备本地接地。其他室外位置可能不受保护，且未使用外部雷击保护系统。当距供电变压器较近时，可能受到工频磁场影响。在室外环境下，静电充放电可能性较低。假定与大功率广播发射机一定距离。而离业余发射机可能较近，离移动或便携无线电发射机可能非常近。为免受天气影响，设备应密封于天气保护机架内。并假定天气保护机架对电磁场无屏蔽效果。

（4）4 类—用户环境。包括住宅、商业和轻工业环境 3 种使用场景。用户环境的电磁特性如表 4-1 所示。

表 4-1　用户环境属性

媒　介	属　性
辐射	100m 范围内没有业余无线电； 20m 范围内没有民用波段（CB）无线电； 1km 范围内没有广播发射机； 200m 范围内没有远程基站的蜂窝通信系统（如 GSM、LTE 等）； 5km 范围内没有航空雷达； 密集的 ITE 设备； 可能接近低功率 ISM 设备； 可能存在医疗设备； 可能存在助听器系统
交流电源	相对高的网络阻抗； 电缆或架空线； 高谐波电平； 屋顶悬挂设备

媒　介	属　性
直流电源	不适用（不存在延长的直流电源线）
信号/控制	架空电缆或电信线； 电缆或短架空线； 信号系统与开关电源系统紧密耦合； 雷击高发区； 控制线长度通常小于 10m
参考	丰富的金属结构，可能进行了搭接、接地处理； 电源和电信（包括本地）系统丰富的接口； 缺少本地接地，或处于高阻态； 可能没有处于等电位的多个本地接地
额外注释	与客户系统的接口； 建筑上空可能有高压线

在 YD/T 1482-2006《电信设备电磁环境的分类》中，依据电信设备的电磁环境分类，规定了不同严酷程度的环境参数。

4.2　电磁兼容基础

4.2.1　电磁兼容的定义和术语

电磁兼容（EMC）是一门综合性的学科，主要研究电磁干扰和抗干扰的问题，即在同一电磁环境下，各类用电设备（电子器件、电路、设备或系统）怎样能互不影响，不至引起降级，实现共存，达到兼容的状态。

随着 EMC 学科领域的日益扩大，电磁环境的日益复杂严峻，电磁兼容性问题更显突出。本节给出 EMC 相关术语和定义，便于读者进一步深刻理解。

1．电磁发射（electromagnetic emission）

从源向外发出电磁能量的现象。

注意：与通信中所指的发射不同，此处所指的发射是无意发射，包括传导发射和辐射发射。即通过传导和辐射的方式对周围环境产生的无意发射。

2．电磁骚扰（electromagnetic disturbance）

任何可能引起装置、设备或系统性能降低或对有生命或无生命物质产生损害作用的电磁现象。电磁骚扰可能是电磁噪声、无用信号或传播媒介自身的变化（如空气中雨、雾对微波通信的影响）。

从传播方面可分为：辐射骚扰（从机壳）与传导骚扰（电源线、地线、信号控制线缆等）。

3．电磁干扰（electromagnetic interference，EMI）

电磁骚扰引起的设备、转输通道或系统性能的下降。

电磁骚扰是一种客观存在的电磁现象，它可能引起降级或损害，但不一定已形成后果。而电磁干扰是由电磁骚扰引起的后果。

4．抗扰度（immunity）

装置、设备或系统面临电磁骚扰不降低运行性能的能力。

5．（电磁）敏感度（electromagnetic susceptibility，EMS）

在存在电磁骚扰的情况下，装置、设备或系统不能避免性能降低的能力。敏感度高意味着抗扰度低。

抗扰度和敏感度从不同角度反应装置、设备或系统的抗干扰能力。民用标准体系中常用抗扰度，而军用系统中更习惯用敏感度，本书均用 EMS 表示。

6．发射电平（emission level）

用规定的方法测得的由特定装置、设备或系统发射的某给定电磁骚扰电平。

7．发射限值（emission limit）

规定电磁骚扰源的最大发射电平。

8．骚扰限值（limit of disturbance）

对应于规定测量方法的最大许可电磁骚扰电平。

9．抗扰度电平（immunity level）

将某给定的电磁骚扰施加于某一装置、设备或系统而其仍能正常工作并保持所需性能等级时的最大骚扰电平。

10．抗扰度限值（immunity limit）

规定的最小抗扰度电平。

11．发射裕度（emission margin）

装置、设备或系统的电磁兼容电平与发射限值之间的差。

12．抗扰度裕度（immunity margin）

装置、设备或系统的抗扰度限值与电磁兼容电平之间的差。

13．兼容性电平（compatibility level）

预期加在工作于指定条件的装置、设备或系统上规定的最大电磁骚扰电平。

14．兼容裕度（compatibility margin）

装置、设备或系统的抗扰度限值与骚扰源的发射限值之间的差。

图 4-1 为以上术语之间的关系示意图。

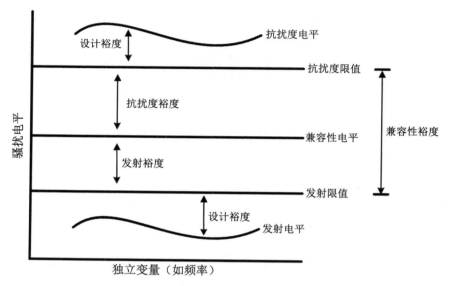

图 4-1　术语之间关系示意图

4.2.2　电磁干扰的危害

大家都知道，电磁波频谱与地球上其他资源一样，是一种有限资源。但不同的是，电磁波频谱这一资源不是消耗型的，如果不能有效利用就是一种资源浪费，关键在于有效利用电磁能量时，如何防止电磁骚扰源对周围环境及设备的污染和危害。除核电磁脉冲以外，电磁骚扰的传播距离相对较近，不会造成区域性乃至全球性的污染，但也不应忽视由于电磁骚扰可能引起严重电磁干扰的后果。在信息网络融合的智能化时代，电子电气设备已广泛应用于国民经济生产的各个方面，并且还在迅速扩大和发展。相应地，电磁干扰问题也日趋严重，不仅影响设备的正常运行，而且也给人类的生产、生活带来不容忽视的危害，甚至可能威胁人类的健康和生命安全。

1．电磁干扰的"三要素"

构成电磁干扰必须具备的"三要素"为电磁干扰源、对电磁干扰敏感的设备和将电磁干扰传输到敏感设备端的传输媒介（也称为传输或耦合途径），示例如图 4-2 所示。任何电子设备都可能是干扰源，也可能是敏感设备。电磁干扰的危害与"三要素"息息相关。

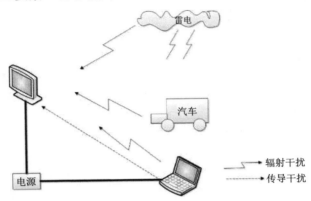

图 4-2 构成电磁干扰的"三要素"

2．电磁干扰的分类

从干扰源的来源分，电磁干扰可分为自然干扰源和人为干扰源。自然干扰源主要来源于大气层的天电噪声（如雷电）及地球外层空间的宇宙噪声（如太阳黑子活动产生的噪声），它们是地球电磁环境的基本组成部分，同时也是无线电和空间通信技术的干扰源；人为干扰源是由机电或其他人工装置产生的电磁干扰，又分为有意发射干扰源和无意发射干扰源。有意发射干扰主要由专门用来发射电磁能量的装置产生，如广播、电视、通信、雷达和导航等无线电设备；无意发射主要是设备在完成其自身功能的同时无意产生的电磁发射，如高压输电线、铁路电力牵引系统、交通工具、射频设备、照明器具、电动机械、家用电气、多媒体设备（包括 5G 终端）等。

从干扰的传输媒介或耦合途径分，电磁干扰可分为传导耦合干扰和辐射耦合干扰。传导耦合干扰主要是通过干扰源和敏感设备之间的连接电路传输到敏感设备，进而发生干扰现象。这个传输电路可能是供电电源、连接导线、设备的导电构件、接地平板等。辐射耦合干扰主要通过空间传播作用到敏感设备上。在近场区或感应场区，干扰源一般通过电容或电感耦合的方式对敏感设备产生干扰；在远场区，主要以电磁波的形式通过空间传播对敏感设备产生干扰。

3．电磁干扰的危害

电磁干扰的危害首先表现在对人类健康的危害方面。人类长期处于电磁辐射环境中，一旦高于一定限值，就会对人的健康产生不同程度的损害，如失眠、嗜睡等神经功能紊乱，脱发、视力模糊、眼球晶体混浊、心电图改变或诱发免疫缺陷性疾病等。如果处于强电磁场中，金属物体会产生感应电压，人体触及可能会被灼伤或有触电感觉；如果装有心脏起搏器的病人处于高电磁辐射的环境，会影响心脏起搏器的正常运行，甚至危及生命。所以，特殊情况下，有必要采取一定的防护措施。日常生活中也应注意远离强辐射源。

电磁干扰的危害还表现在对电子设备、系统的危害方面，具体如下。

1）水、陆、空交通领域

汽车、轮船、飞机等交通工具均装有各类车载、机载电子设备，且一般有金属外壳和对地搭接，容易受到浪涌冲击、高压击穿、雷击瞬态干扰，导致设备存储、通信故障，元器件损坏等，关系到交通安全。同时，交通工具内部各电子设备之间也会产生相互干扰的问题，如沿电源线的传导干扰、人体静电放电对电子部件的干扰，电磁辐射干扰等。

除以上共性问题外，航空领域的电磁兼容问题更加突出，如民用航空所用的无线电频谱很宽，容易受到无线电设备的影响，导致机上或地面设备不能正常接收或无法正常通信，无法保障飞机的飞行安全。1996 年广州白云国际机场由于雷击导致指挥系统故障被迫关闭就是航空系统受电磁干扰危害的典型案例。

2）航空航天领域

航天设备受自然干扰源的影响相对更大。航空航天电子系统的主要干扰源有：航天电子设备之间的相互干扰；来自太阳系、银河系的自然干扰源；雷电现象产生的干扰；航天设备飞行过程中与大气层中质点间的摩擦导致的静电充电现象使充电体表面放电产生尖脉冲电流及射频电场干扰等。如 1969 年美国土星 V 火箭发射阿波罗 12 号飞船时，火箭连续两次遭到雷击。

3）医疗领域

对医疗器械常见的电磁干扰源有：手机等无线通信系统、静电放电、医疗电子设备、呼吸机、输液泵、高频电刀等。可植入医疗设备、助听器、便携式诊断仪器、医疗监测系统等都是对电磁干扰比较敏感的医用设备。CT、核磁、超声诊断设备的图像显示系统，容易在电磁干扰的作用下变得模糊或出现差错；电磁干扰可以使电动轮椅工作失控，也可能影响到生物电控假肢的正常工作。

4）军事领域

现代化的军事作战可以说是电子战，电磁波是作战的信息纽带，各种电子侦察、探测系统无不依靠电磁波来实现其功能，通信系统广泛应用于各类武器、作战平台，它们之间容易相互干扰，出现传递数据中断、协同效能下降等情况。同时，信息化武器辐射的电磁信号，容易被敌方获取并监视，引来"杀身之祸"，也容易被敌方的电磁干扰影响，无法正常工作。利用电磁攻击敌方的信息系统已成为现代化战争的主要手段之一，可见防电磁干扰对军事作战的重要性。

5）传统通信领域

众所周知，移动通信已经进入 5G 时代，应用领域非常广泛，但要达到 5G 通信系统的高速率、低时延、高可靠性和高容量等性能目标，需要解决很多电

磁兼容问题，而天线系统中的电磁兼容问题表现就非常突出。首先，无论是 5G
终端天线还是基站天线系统，都不可避免地受到带外杂散信号的干扰，大大影
响天线的工作性能；另一方面，天线模块对通信系统中其他模块也会产生同频、
邻频的电磁干扰。

芯片作为 5G 通信系统的"大脑"，芯片中的集成电路通常通过电场耦合、
磁场耦合、传导耦合和辐射场耦合等方式对芯片产生干扰，同时集成电路本身
也最容易受到电磁干扰。因此，面对电磁干扰的问题，需要从电磁干扰的"三
要素"出发，清楚地了解电磁干扰的来源，干扰噪声耦合进或耦合出敏感设备
的具体途径，进一步寻找保护易感设备的解决方案。但应注意，改善电磁兼容
问题是一项系统工程，不能片面强调某个因素或某种措施的重要性。

4.2.3 电磁兼容常用测量单位

在电磁兼容领域，常用线性和对数表示两种方式来表示物理量。相对线性
量纲，对数表示可压缩数字的变化范围，获得更大的相对幅度变化，而且将乘/
除法运算转变为相对简单的加/减法运算，所以，对数表示的应用更为广泛。

分贝（dB）是以对数方式确定电平的相对值，也可以通过与某个单位的参
考量（也称为基准）相比来表示绝对值，如以 1W 为基准，分贝表示单位为 dBW，
以 1mW 为基准，分贝表示单位为 dBmW（简写为 dBm）。

分贝定义为两个计量功率的比，等于两个功率比以 10 为底取对数的 10 倍：

$$\alpha = 10\lg\left(\frac{P_1}{P_2}\right) \quad (\text{dB}) \tag{4-8}$$

而功率的对数表示，是通过与一个固定的参考功率作比，以 10 为底取对数，
再乘以 10 得到的。通常用 dBm 表示功率的单位，则有：

$$P = 10\lg\left(\frac{P_1}{1\text{mW}}\right) \quad (\text{dBm}) \tag{4-9}$$

此处的参考功率为 1mW。如参考功率为 1W，那么功率的对数表示量纲为
dBW。同样可推导电压、电流的对数表示。

在已经阻抗（通常为 50Ω）的情况下，

$$P_1 = \frac{U_1^2}{R_1}, \quad P_2 = \frac{U_2^2}{R_2} \tag{4-10}$$

且一般情况下两个功率电平对应的阻抗是相等的，即 $R_1 = R_2$。则式（4-8）
可转换为：

$$\alpha = 10\lg\left(\frac{P_1}{P_2}\right) = 10\lg\left(\frac{U_1^2}{R_1} \times \frac{R_2}{U_2^2}\right) = 20\lg\left(\frac{U_1}{U_2}\right) \quad (\text{dB}) \tag{4-11}$$

由此，可以推出电压、电流的对数表示为：

$$U = 20\lg\left(\frac{U_1}{1\mu V}\right) \text{ (dB}\mu A) \tag{4-12}$$

$$U = 20\lg\left(\frac{I_1}{1\mu A}\right) \text{ (dB}\mu A) \tag{4-13}$$

由此可知，功率比和电压、电流比的对数表示（dB）是不同的，应特别注意。表 4-2 为常见的对数值和线性值换算表。

表 4-2 对数值和线性值换算表

电压、电流线性倍数	功率线性倍数	对数值/dB
1.4	2	3
2	4	6
2.82	8	9
3.16	10	10
4	16	12
10	100	20
$10^{n/2}$	10^n	$n \times 10$

当对功率电平进行叠加计算时，不能将对数表示的功率直接相加，应先将对数值转换为线性值后再相加，然后将计算的线性值转换为对数值。如 33dBm 和 33dBm 的信号功率相加不等于 66dBm，而应是 2W+2W=4W，转换为对数值后为 36dBm。

为便于理解常用数值的数量级及各测量单位相互之间的关系，表 4-3 以 50Ω 特性阻抗为例，列举了一些实用例子。

表 4-3 对数值和线性值换算实例

W	dBW	dBm	dBμV	dBμA
0.001	−30	0	107	73
1	0	30	137	103
2	3	33	140	106
10	10	40	147	113

注：dBμV=dBm+107；dBμA=dBm+73；dBμV=dBμA+34。

此外，还有其他一些重要测量单位，如电场强度的单位 dBμV/m，磁场强度的单位 dBμA/m，天线系数的单位 dB/m、dBS/m，天线增益的单位 dBi、dBd。

用测量天线和测量接收机组合测量辐射骚扰场强的大小，测量接收机测得天线输出端口的电压（dBμV），则测得的场强表示为：

$$E = V + AF + L \tag{4-14}$$

式中：E 为电场强度（dBμV/m）；V 为接收机的接收电压（dBμV）；AF 为电场天线系数（dB/m）；L 为天线和接收机之间测量电缆的损耗（dB）。

$$H=V+AF+L \tag{4-15}$$

式中：H 为磁场强度（dBμA/m）；AF 为磁场天线系数（dBS/m）。

同样，用测量天线和测量接收机/频谱分析仪组合测量辐射功率的大小，测量接收机测得天线输出端口的电压，则测得的辐射功率表示为：

$$P=V-107-Gain+Airloss+L \tag{4-16}$$

式中：P 为辐射功率（dBm）；$Gain$ 为测量天线的增益（dBi）；$Airloss$ 为 EUT 到测量天线之间的空间损耗（dB）。

dBi 和 dBd 都是功率增益的单位，是相对值，但两者的参考基准不同。dBi 的参考基准是全向天线，指的是相对全向天线增益的比；dBd 的参考基准是偶极子天线，指的是相对偶极子天线的比。两者之间的关系为：

$$G_{dBd}=G_{dBi}-2.15 \tag{4-17}$$

如 GSM900 天线的增益可以为 13dBd（15.15dBi）。

4.2.4　电磁兼容测试场地

为评估各设备或系统的电磁兼容性能，需要在专业的测试场地完成相关测试。常用测试场地有电磁屏蔽室、开阔试验场、半电波暗室、全电波暗室、混波室、TEM、GTEM、紧缩场等。以下就各测试场地的基本结构、性能要求及相应的测量方法展开介绍。

1．电磁屏蔽室

电磁屏蔽室是最基本的电磁兼容测试环境，主要用于隔离外界电磁噪声，也可以阻止屏蔽室内的干扰信号影响屏蔽室外部设备。传导骚扰、射频场感应的传导骚扰抗扰度等外界电磁环境有可能影响到测试结果的项目一般在屏蔽室内进行。

屏蔽室是完全由金属壳体包围起来的一个独立的电磁空间，主要利用电磁波在金属体表面产生反射和涡流而起到屏蔽作用。冷轧钢板是其主体屏蔽材料，铜、铝或金属纺织物等也可作为屏蔽材料用作屏蔽室建设。常见的屏蔽室建造方法有单层屏蔽、双层屏蔽、焊接式、拼接式、直贴式、铜网式等。焊接式对焊接工艺要求较高，但屏蔽效能高，适用于各种规格尺寸的建设要求，是电磁屏蔽室的主要形式；拼接式生产、安装工艺简单，方便拆移，但应特别注意接缝处要保证良好的电气连接，否则直接影响屏蔽性能；直贴式和铜网式主要用于屏蔽效能要求相对较低的项目。建设时，应首先明确屏蔽室的用途，再考虑以上分类及其优劣势，最终选择合适的建造方式。

用于电磁兼容测量的屏蔽室除了有良好导电连续性的屏蔽壳体外，屏蔽门、通风波导窗、电源滤波器、信号滤波器及接地等辅助设施均影响屏蔽室的总体性能，在建设和性能评价时都应重点考虑。

按照 CNAS-CL01-A008：2018《检测和校准实验室能力认可准则在电磁兼容检测领域的应用说明》中的要求，电磁兼容测量用屏蔽室的主要特性要求如下。

（1）屏蔽效能应达到表 4-4 的要求。且至少应每 3～5 年进行一次测量验证。考虑到屏蔽室的总体性能及应用的广泛性，一般情况下，建设方会对屏蔽效能提出更高的要求：考虑到屏蔽效能随屏蔽室的使用时间增加会出现不同程度的下降，要求 1～1000MHz 范围内，屏蔽效能应优于 100dB；或考虑到扩展屏蔽室的使用范围，想同时兼顾高频段的射频测试，则会对 1～18GHz 频率范围甚至更高频段提出相应的屏蔽效能要求。

表 4-4　屏蔽室屏蔽效能要求

频率范围/MHz	屏蔽效能/dB
0.014～1	>60
1～1000	>90

（2）电源进线对屏蔽室金属壁的绝缘电阻及导线与导线之间的绝缘电阻应大于 2MΩ。

（3）接地电阻应小于 4Ω。

GB/T 12190-2021《电磁屏蔽室屏蔽效能的测量方法》针对尺寸不小于 2.0m 的电磁屏蔽室，给出了详细的屏蔽效能测量方法，频率范围覆盖 9kHz～18GHz。如果屏蔽室用于军用设备的测量，则需满足并按照 GJB 5792-2006《军用涉密信息系统电磁屏蔽体等级划分和测量方法》进行测试。下面就屏蔽效能测量方法的核心内容及注意事项展开介绍。

屏蔽效能反映屏蔽材料和屏蔽装置的屏蔽效果，定义为空间同一点处屏蔽前后接收到的场强的比值。计算公式如下：

低频频段，50Hz～20MHz

$$S_H = H_1 - H_2 \tag{4-18}$$

或

$$S_H = V_1 - V_2 \tag{4-19}$$

谐振频段，20～300MHz

$$S_E = E_1 - E_2 \tag{4-20}$$

或

$$S_E = P_1 - P_2 \tag{4-21}$$

高频频段，300MHz 以上，S_E 可直接用式（4-19）～式（4-21）计算。

式（4-18）～式（4-21）中：S_H、S_E 为屏蔽效能（dB）；H_1、H_2 分别为无屏蔽室时的磁场强度和屏蔽室内的磁场强度（dBμA/m）；V_1、V_2 分别为无屏蔽室时的电压读数和屏蔽室内的电压读数（dBμV）；E_1、E_2 分别为无屏蔽室时的电场强度和屏蔽室内的电场强度（dBμV/m）；P_1、P_2 分别为无屏蔽室时的功率和屏蔽室内的功率（dBm）。

屏蔽效能测量时，不同频段上需要使用不同的测量天线，推荐的典型测量频率及天线类型具体如表 4-5 所示。

表 4-5　推荐的典型测量频率及天线类型

典 型 频 率		天 线 类 型
低频频段[①]	9～16kHz	环天线
	140～160kHz	
	14～16MHz	
谐振频段[①]	20～100MHz	双锥天线
	100～300MHz	
高频频段[②]	0.3～0.6GHz	偶极子天线
	0.6～1.0GHz	
	1.0～2.0GHz	喇叭天线
	2.0～4.0GHz	
	4.0～8.0GHz	
	8.0～18GHz	

① 实际测量频点以测试计划为准。
② 宜在每一频段选择一个频点，但实际测量频点以试验计划为准。

主要测量步骤及要点如下。

1）确定测试计划

根据屏蔽室的建设特点、所处位置以及建设方的需求，制订试验计划，确定测试频点、测试部位、判定准则（即 SE 限值）和需使用的测试设备。

屏蔽体不同部分的结合处、屏蔽门等可能影响屏蔽体表面的导电连续性的装置，通风波导窗、波导管、电源滤波器、信号滤波器等直接穿透屏蔽体的导体，都会影响屏蔽室的屏蔽效能。因此，这些装置处是重点选择的测量位置。其他位置的选择按照测量天线的覆盖范围来确定。

2）测量动态范围（DR）

每个测试布置均应有合适的 DR，DR 应至少比被测屏蔽室的 SE 大 6dB。具体使用合适的信号发射源，证明接收设备在所有可能遇到的各种发射情况下，仍能保持线性状态（其他条件不变，接收设备输入端接入衰减器前后，两次接收电平的差与接入衰减器的衰减相同）。

动态范围与信号发生器的输出功率、发射和接收天线性能、电缆损耗、测试设备的本底噪声有关。所以，通常情况下，为了满足动态范围的要求，信号发生器的输出功率应足够大，接收设备的本底噪声越小越好，必要时可在测量系统中加入预放大器。

3）开始测试程序

以 9kHz～20MHz 频率范围内的低频频段测量为例。

（1）测量参考电平。每个频点测试前均应测量参考电平，测试布置改变时（如相同测试频点，因现场环境的限制等改变测试距离时）也应重新确定参考电平。在没有屏蔽室时测得的电平即为参考电平，记为 V_1，单位为 dBμV，测试布置如图 4-3 所示，收发天线之间的距离为 0.6m 与屏蔽室壁厚之和，且两个天线处于同一平面。

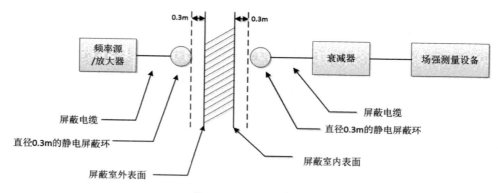

图 4-3 磁场测量布置

（2）正式测量。按照图 4-3，发射设备置于屏蔽室外，接收设备置于屏蔽室内，收发天线共面并垂直于待测平面。在每一个频点和测量位置，信号发生器的输出应与对应参考电平测量时的输出一致。测量过程中，通常保持发射天线不同，接收天线沿着缝隙方向移动（至少在共平面上移动接缝总长的 1/4），以测得最大电平值，即最坏情况。在寻找最坏情况时允许收发天线近似共面，但最终测量时应保证两者共面。记录最坏情况下的接收电平值为 V_2，单位为 dBμV。

（3）根据式（4-19）计算 S_E。

2．开阔试验场

开阔试验场是一个平坦、空旷、电导率均匀良好、无任何反射物的椭圆形或圆形户外试验场地，是 CISPR 标准规定用于辐射发射测试的标准测量场地。该场地周围很少有明显的反射物或电磁信号（除非试验场地必须），应避免周围有建筑物、树木、电力线、通信装置等。因开阔试验场对户外电磁环境的要求比较高，一般在远离市区的地方建造，但建设、试验、管理、维护成本高，一般使用电波暗室代替符合性试验场地。目前国内建有的开阔试验场主要用于天线校准，或作为参考场地来使用。

对于配备转台的试验场地，通常建议使用椭圆形的无障碍区域，接收天线和被测设备（equipment under test，EUT）分别放在椭圆形的两个焦点上，长轴的长度为测量距离的 2 倍，短轴的长度为测量距离的 $\sqrt{3}$ 倍，如图 4-4 所示。无障碍区应足够大，并且远离电磁场散射体，以减小无障碍区以外的散射对天线测量的场强产生影响。对于 10m 测试距离，典型的场地尺寸为 20m 长、18m 宽。

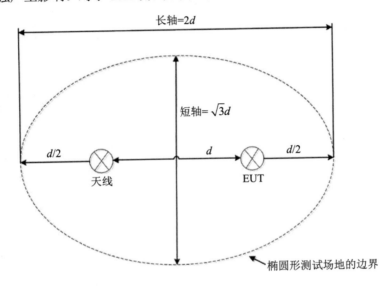

图 4-4　试验场地的无障碍区域示意图

对于辐射发射测试用开阔试验场地，应满足如下条件。

（1）接地平板建议使用金属材料，一般由钢板、镀锌薄钢板、金属丝网等构成，接地平板上不应有线性尺寸达到最高测试频率所对应波长的几分之一的缝隙和空洞。如果接地平板采用金属板材等拼接而成，那么所有接缝处应保证良好的焊接，绝不能有大于十分之一波长的间隙。

（2）接地平板的粗糙度（又称平坦度）应满足表 4-6 的要求。

表 4-6　不同测试距离时的最大粗糙度

测试距离/m	发射源高度/m	接收天线最大高度/m	最大均方根粗糙度/cm
3	1	4	4.5
10	1	4	8.4
30	2	6	14.7

（3）试验场地最好应配备气候保护罩，以保护 EUT 和场强测量天线在内的整个试验场地免受气候环境的影响。保护罩材料应具有射频透明性，所有结

构组件均需无反射，以避免造成不需要的反射和对待测辐射场强的衰减，且形状应易于排水、雪或冰。

（4）具备转台、测试桌、非金属天线塔等常用设备。

（5）周围的射频电平与被测电平相比应足够低，试验场地的质量按如下四级给予评估：第一级，周围环境电平比被测电平低 6dB；第二级，周围环境电平中有些发射比被测电平低，但其差值小于 6dB；第三级，周围环境电平中有些发射在被测电平之上，这些干扰可能是非周期的（即相对测试来说这些发射之间的间隔足够长），也可能是连续的，但只在有限的可识别频率上；第四级，周围的环境电平在大部分测试频率范围内都在被测电平之上，且连续出现。评估为第四级场地时不符合要求。符合性检测时，上述被测电平可取标准规定限值。

（6）归一化场地衰减（normalized site attenuation，NSA）应在±4dB 以内，且应每年进行一次测量验证。

接地平面（如存在缝隙或不平整）、地面表层物质（如碎沙石土、雪或积水等）、天线和地面的互耦、收发天线间互耦、测试距离等都是开阔试验场地确认的影响因素，在归一化场地衰减测量时应尤为注意。

3．电波暗室

电波暗室完美解决了开阔试验场受气候和周围环境影响的问题，分为半电波暗室和全电波暗室。

半电波暗室是除了地面以外，其余 5 个内表面都装有吸波材料的屏蔽室，用于模拟开阔试验场地的传播条件，是户外开阔试验场的替代环境。半电波暗室主要用于 1GHz 以下频段辐射发射测试，同时可通过在地面上部分或满铺吸波材料的方式，实现向全电波暗室的转换。

全电波暗室是 6 个内表面均装有射频吸波材料（即射频吸收体）的屏蔽室，用来模拟自由空间的传播条件，使得所有来自发射天线或 EUT 的直射波到达接收天线，而非直射波和反射波减小到最小。全电波暗室主要用于 1GHz 以上频段辐射发射、辐射杂散骚扰、射频电磁场辐射抗扰度测试。

1）暗室尺寸

对于半电波暗室，暗室尺寸应以开阔试验场的要求为依据，测试距离 R 一般为 3m、10m，测试空间的长度为 $2R$，宽度为 $\sqrt{3}R$，高度应考虑：EUT、发射源的高度（场地性能评定时，要求发射天线最高为 2m），测量天线的高度升降范围，以及天线垂直极化时天线上半部尺寸和天线端到暗室顶部吸波材料间的距离要求等因素。一般 3m 法暗室的典型尺寸为 9m×6m×6m，10m 法暗室为 21m×12m×9m。10m 法暗室的宽度之所以小于 $\sqrt{3}R$，因考虑了实际应用时吸波材料的入射角及其对吸波性能的影响，认为宽度减小可接受，暗室性能可满足要求。

2）吸波材料性能

除屏蔽室的故有组成部分外，电波暗室的关键组成材料为吸波材料。它可通过对电磁波的吸收、反射、干涉作用，达到吸收电磁波使其能量衰减的作用。一般有铁氧体材料、尖劈型材料和复合型材料（泡沫类复合铁氧体、海绵类复合铁氧体、导电纤维类复合铁氧体）。吸波材料性能的好坏直接影响电波暗室的性能。通常用反射损耗来评价吸波材料的电磁波吸收性能。反射损耗也叫反射率，是在相对于吸波材料的某一空间参考点处，平面波反射功率密度与入射功率密度之比，通常用分贝表示。反射率越小，吸波性能越好。用公式表示为：

$$r = 20\lg\left|\frac{E_\mathrm{r}}{E_\mathrm{i}}\right| = 20\lg\left|\frac{P_\mathrm{r}}{P_\mathrm{i}}\right| \tag{4-22}$$

式中：r 为反射率（dB）；E_i 为入射到吸波材料上的平面波的电场强度（V/m）；E_r 为吸波材料反射回来的电场强度（V/m）；P_i 为入射波的功率密度；P_r 为反射波的功率密度。

吸波材料的反射率与入射波的角度、极化方式、频率有关。电波垂直入射时性能最好，随着入射角度的增加，反射损耗增大。而电波暗室的结构和尺寸会直接影响电波到达主反射区吸波材料的入射角，所以，同样的吸波材料，在不同尺寸的电波暗室中会有不同的反射效果。如有条件，可对所选吸波材料的吸波性能进行抽测或送第三方检测。对于泡沫介质的吸波材料，还应考虑安全性能，进行防火阻燃性能试验。

3）主要性能要求

（1）屏蔽效能应满足屏蔽室屏蔽效能的要求，并在 1～18GHz 频率范围内满足屏蔽效能＞80dB。

（2）半电波暗室用于 1GHz 以下辐射发射测量时，归一化场地衰减（NSA）应在±4dB 以内。

（3）全电波暗室用于 1GHz 以下辐射发射测量时，归一化场地衰减（FNSA）应在±4dB 以内。

（4）全电波暗室用于 1GHz 以上辐射发射测量时，在 30MHz～40GHz 频率范围内，场地电压驻波比（voltage standing wave ratio，VSWR）不大于 6dB。

（5）全电波暗室用于辐射杂散测试时，在 30MHz～40GHz 频率范围内，场地的归一化场地衰减应在±4dB 以内。

（6）全电波暗室用于射频电磁场辐射抗扰度测试时，80MHz～6GHz 频率范围内，电波暗室内的测试平面场分布均匀性应满足以下要求：75%的点测得的场强幅值为标称值-0～+6dB 范围内；1GHz 以上，容差允许大于+6dB，达到+10dB，但是不能小于-0dB，允许调整容差的频率点数量不得超过整个测试频率点的 3%。

如暗室的接地平面、吸波材料及其铺设方式、测试轴线、测试距离、暗室内布置、关键测量设备等可能影响场地性能的因素没有变化，建议至少每3~5年对以上场地性能参数进行一次测量验证，以保证场地在可接受范围内。

4. 电磁混波室

电磁混波室是一个电大尺寸、高导电率的腔体，主要由金属外壳、调谐器/搅拌器（一般为机械搅拌器或源搅拌器）和其他测试设备组成。当用射频信号激励混波室时，通过搅拌器的不断旋转以及电磁波在腔体内的不断反射，在屏蔽腔内某一区域范围内获得统计均匀、各向同性和统计随机极化的可控均匀场强，以更好地模拟实际电磁环境。图4-5是混波室的结构示意图。

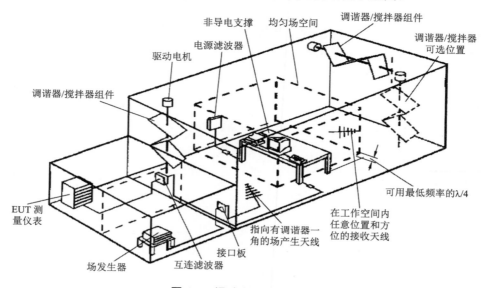

图4-5　混波室结构示意图

混波室主要用于电子设备的电磁辐射发射、电磁辐射抗扰度、天线效率以及屏蔽效能等测试，GB/T 17626.21-2014《电磁兼容 试验和测量技术 混波室试验方法》给出了详细的试验方法。由于需要频繁校准且耗时较长，目前，混波室在辐射发射测试方面应用较少，主要用于电磁辐射抗扰度测试。

与电波暗室相比，混波室由于不需要吸波材料，建设成本更低；电磁波在混波室内不断反射，能量损耗小，所以能够以较低的发射功率产生很高的场强，从而减小功率放大器的成本。混波室的主要性能参数如下。

1）最低可用频率（lowest usable frequency，LUF）

LUF 一般是混波室满足工作要求的最低频率，主要由混波室的尺寸、结构、品质因素以及调谐器/搅拌器改变空间场模式的效率决定。对于混波室的形状和大小理论上没有限制，然而，在给定工作频率获得好的混波性能有最小尺寸的要求。例如，体积在 75～100m³ 的混波室，工作频率一般在 200MHz～18GHz 范围内。

2）品质因素（Q 值）

Q 值表征小室或腔相对耗能的储能能力，混波室的储能能力由频率、体积（至少是大小和形状）和混波室中的电磁损耗决定。没有 EUT 的混波室的主要损耗来自室壁、天线、无意的孔缝泄漏等。室壁的导电率越高、孔缝越小，损耗就越小。然而由于 EUT、必需的支撑结构及存在的任何吸波材料都可能对混波室加载，导致 Q 值下降。因此，应监测加载混波室中的场强，必要时，通过增加输入功率的方式来补偿因此产生的加载效应。

3）场均匀性

需要通过确认程序表明混波室能够在可接受不确定度内产生所需的均匀场。一般需要各向同性探头（可以读取探头各个轴）进行确认。混波室投入使用前或经过重大改造后都应进行确认。满足表 4-7 场均匀性要求的频率及以上的频率范围内，可用混波室进行试验。

表 4-7　混波室场均匀性要求

频率范围/MHz	标准差限值要求
80～100	4dB
100～400	100MHz 时为 4dB，线性减小至 400MHz 时为 3dB
400 以上	3dB

注：每 8 个频点最多可有 3 个频点超过允许的标准差，但不能超过限值要求 1dB。

5. 横电磁波（TEM）小室和吉赫兹横电磁波（GTEM）室

TEM 小室是封闭的 TEM 波导，是一个矩形双导体传输线结构，实质上是一个放大版的同轴线缆，小室内的内外导体间产生一横向电磁波，电磁波在其中以 TEM 模传输来产生满足试验要求的特定场。既可以用于辐射发射测试（测量结果通常需要换算为 OATS 和 SAC 的等效数据），也可用于电磁场的抗扰度测试。因其可建立标准场，所以还可以用于校准电磁场探头、天线等。

受 TEM 小室尺寸和截止频率的限制，对于 5G 终端的电磁兼容测量，一般推荐使用电波暗室。TEM 小室更多用在零部件或者集成电路的电磁兼容测量中。GB/T 17626.20-2014《电磁兼容　试验和测量技术　横电磁波（TEM）波导中的发射和抗扰度试验》给出了在 TEM 小室中的发射和抗扰度试验方法。

1）结构

TEM 小室的结构如图 4-6 所示，由同轴接头、横截面为矩形的主传输段和左右两端的锥形过渡段构成。同轴接头的内外导体分别与 TEM 小室的内外导体相连。内、外导体一般采用优良导电材料，如铝板或铜板。

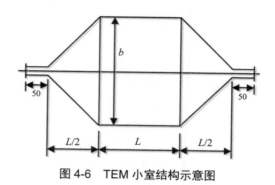

图 4-6 TEM 小室结构示意图

TEM 小室各部分的尺寸、结构设计以及安装等均需考虑阻抗匹配问题，确保 TEM 小室整体的阻抗匹配。

2）上限频率

对于特定的 TEM 小室，一般要求给出工作频率的上限。当频率高于第一高次模截止频率时，两端的锥形过渡段会对高次模产生反射，形成驻波和谐振，影响 TEM 模的正常传输，进而影响 TEM 小室内的场分布，对测量准确度产生影响。

TEM 小室的尺寸越大，越容易产生驻波和谐振。一般 TEM 小室中间主传输段的长度 L 为上限频率所对应波长 λ 的一半，两边过渡段的长度分别为 $\lambda/4$，如图 4-6 所示。

表 4-8 列出了车载零部件用 TEM 小室针对不同上限频率的结构尺寸。对于集成电路试验，可以使用更小尺寸的 TEM 小室以提高上限频率至 1GHz 以上。

表 4-8 车载零部件用 TEM 小室针对不同上限频率的结构尺寸

上限频率/MHz	TEM 小室 宽高比	TEM 小室 长宽比	TEM 小室 高度/m	隔板（内导体） 宽度/m
100	1.00	1.00	1.20	1.00
200	1.69	0.66	0.56	0.70
	1.00	1.00	0.60	0.50
300	1.67	1.00	0.30	0.36
500	1.50	1.00	0.20	0.23

3）EUT 的最大尺寸

EUT 的最大尺寸应满足"1/3"法则，即 EUT 的尺寸应与 TEM 小室场均匀的大小相适应，EUT 和附属导线的布置，不能超过芯板和外导体之间的 1/3，否则会影响 TEM 小室内的场分布，造成阻抗失配严重。

4）端口驻波比

TEM 小室端口的电压驻波比应≤1.5。

5）特性阻抗

TEM 小室的特性阻抗应为 50Ω。

GTEM 室相对 TEM 小室，具有更宽的频率范围（可达 18GHz 甚至更高），更大的有效测试空间，更小的端口驻波比，同样应用于通信、电子、医疗等各个领域的辐射发射和电磁场的抗扰度测试以及场探头、天线等的检测和校准中。

GTEM 室的总体设计采用尖锥形，终端装有匹配负载和高性能吸波材料组合的负载结构，如图 4-7 所示。整个结构需满足 50Ω 的特性阻抗匹配、测试区域大小要求以及场均匀性要求（±4dB 或更小）。

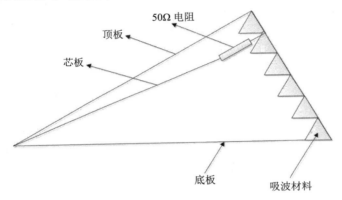

50Ω 电阻
顶板
芯板
底板
吸波材料

图 4-7　GTEM 结构示意图

4.2.5　电磁兼容测试仪表

电磁兼容测试常用的测量仪表主要有信号发生器、频谱分析仪、测量接收机、测量天线、无线通信综合测试仪、网络分析仪。本节逐一介绍这些仪表的特性及使用建议。

1. 信号发生器

信号发生器主要用于产生具有一定特性的电信号，根据所产生信号的类型，分为基带信号发生器、模拟信号发生器和矢量信号发生器。基带信号发生器主要用于产生通信中的基带信号，模拟信号发生器主要用于生成连续波、AM、FM、PM 等模拟调制信号，矢量信号发生器还可以产生各种数字调制信号，如通信中常用的 QPSK、16QAM 等信号。5G 终端的电磁兼容测试主要使用模拟信号发生器产生 AM 调制信号，也使用矢量信号发生器产生特定的数字调制信号作为抗扰度测量中的干扰信号。随着终端产品的智能化，5G 终端可能同时具有 BT、WiFi、GPS 等功能，那么在实际测试中除了需要无线通信综合测试仪模拟 5G 基站、监测通信质量外，还需要具备相应功能的矢量信号发生器与终端产品建立通信链路，同时监测特定的通信质量。

以模拟信号发生器为例，虽然只能生成连续波、AM、FM、PM 信号，但相对矢量信号发生器，它往往能够提供频率和电平都更加精确稳定的模拟信号。频率合成单元是信号发生器的核心部件，主要采用的频率合成技术有晶体震荡器、锁相环（PLL）和直接数字频率合成器（DDS），或几种合成技术结合使用，以达到频率范围、频率稳定性、分辨率、电平准确度、香味噪声、信号频谱纯度等指标的折中和优化。模拟信号发生器的主要指标如下。

1）频率准确度、频率稳定度

频率准确度是指频率实际值与标称值的相对偏差。频率稳定度是指在一定时间间隔内频率准确度的变化，它表征信号发生器维持工作在恒定频率的能力，频率不稳定性体现在随时间、电源稳定性、温度变化等的变化。

2）幅度准确度、幅度稳定度

幅度准确度是指信号发生器实际输出功率值与设置值之间的一致性；稳定度是指信号源的功率输出随时间、电源稳定性、温度变化等的变化特性。在电磁兼容测试中，一旦功率随时间显著变化，将直接影响测试结果的一致性。模拟信号发生器的幅度稳定度随频率有所不同，一般情况下，在 40GHz 以下，常见模拟信号发生器的幅度准确度在±1dB 以内。

3）频谱纯度

频谱纯度是除频率、幅度准确度外，非常值得关注的参数。信号发生器的输出频谱逼近理想频谱的程度即为频谱纯度，是某个信号的固有频率稳定度。影响频谱纯度的主要因素有单边带相位噪声、谐波失真、非谐波失真、驻留调频和杂波。图 4-8 直观表述了这些非理想因素。

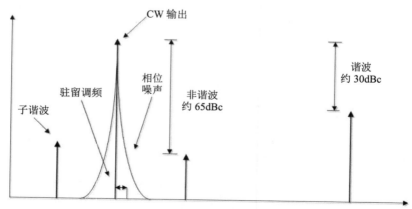

图 4-8 影响频谱纯度的非理想因素

表示信号发生器频谱纯度最通用的方法是信号的相位噪声。相位噪声在时域中无法分辨，在频域中表现为载频处的噪声边带，距离载波越近，相位噪声的功率谱密度越大，相位噪声太大，即意味着引入了新的干扰，而这种干扰因离载波较近，无法通过滤波的方式消除或降低影响。常见模拟信号发生器的相位噪声指标一般表示为距离载波一定频偏（10/20kHz）处的相位噪声指标，如10GHz 频率时，10kHz 频偏处，相位噪声＜-132dBc/Hz。一般随着频率增加，相位噪声也有增加的趋势。

4）调制性能

通信设备的电磁兼容测量中，一般使用 80%正弦波 AM 调制信号作为干扰信号来评估设备抵抗外界射频辐射的能力，其他领域，如汽车电子的电磁兼容测量中使用脉冲（PM）调制信号作为干扰信号。所以一般模拟信号发生器一般具备 AM、PM、FM 等调制功能。对于 AM 调制，相关的参量有调幅频率、调幅深度。一个理想的载波频率为 f_c、调幅频率为 f_a，调幅深度为 D 的 AM 信号的表达式是：

$$S(t) = (1+D\cos 2\pi f_a t)\cos 2\pi f_c t \qquad （4-23）$$

2. 频谱分析仪

频谱分析仪主要用于进行频域信号的检测，其频率范围可达 85GHz，使用外部混频器可扩展至 200GHz 甚至更高。除频域测量外，目前新型的频谱分析仪均具备 FFT 时域测量功能，能够更快地在频率跨度内捕获和分析信号，配置相应选件后，还可进行包括 GSM、WCDMA、LTE、5G NR、WiMAX、WLAN 等数字调制信号的分析。频谱仪主要有超外差式分析仪和 FFT 分析仪，以下分别介绍。

图 4-9 所示为超外差式分析仪的原理框图。输入信号通过衰减器，限制输入到混频器的信号幅度，然后通过低通滤波器滤除不需要的频率，而后通过混频器和本地振荡器将输入信号转为中频。随着本地振荡器频率的改变，混频器的输出信号由分辨率带宽滤波器过滤，并以对数标度放大或压缩，最后用检波器对通过中频滤波器的信号进行整流，从而得到驱动显示垂直部分的直流电压。

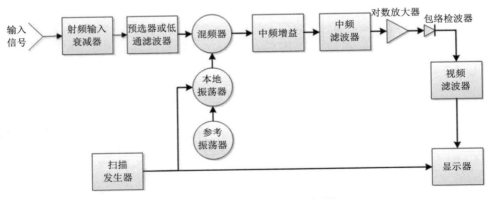

图 4-9　超外差式分析仪原理框图

FFT 频谱分析仪对输入信号进行采样，计算其正弦和余弦分量的大小，并显示这些测量到的频率分量的频谱。如图 4-10 所示为 FFT 分析的基本原理。输入信号通过低通滤波器限制其带宽后完成 A/D 转换，然后将采集到的数据保存在存储器 RAM 中，而后用来计算频谱信号，并将频谱结果发送到显示器中。FFT 的性能用取样点数和取样率来表征，最高输入频率取决于取样率，分辨率取决于取样点数。其最大的优点就是扫描速度快，极快的时域扫描可非常迅速地得到结果，从而可以轻松处理仅能在短时间内操作或测量时的情况。

图 4-10　FFT 频谱分析仪原理框图

频谱分析仪的典型指标如下。

1）相位噪声

相位噪声是频谱分析仪本振短期稳定性的度量指标，噪声源来自振荡器输出信号相位、频率和幅度的变化，通过混频过程将本振的不稳定性变换为混频分量。

相位噪声通常以载波的幅度为参考。单边带相位噪声，是指偏离载波某个频偏处的单位带宽内相位噪声功率相对载波功率的大小，一般用相对载波 1Hz 带宽内的相对噪声电平来表示，单位为 dBc/Hz，c 指载波。相位噪声主要影响频谱分析仪的分辨率和动态范围，具体如图 4-11 所示，相位噪声边带降低了对不等幅信号的分辨率，如图 4-12 所示，动态范围依赖于到载波的间距，相位噪声减小了动态范围。

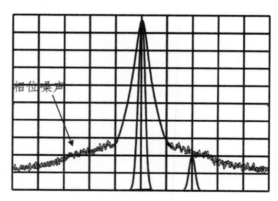

图 4-11　相位噪声对分辨率的影响

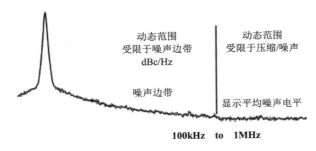

图 4-12 相位噪声对动态范围的影响

2）显示平均噪声电平（DANL）

显示平均噪声电平可以理解为频谱分析仪固有热噪声的衡量指标，也是频谱分析仪灵敏度的度量指标，决定了频谱分析仪最小可检测到的信号电平。一般仪表指标中写的 DANL 值是在特定分辨率带宽和衰减设置下给出的，所以在实际测量中，可以根据测量需要调整分辨率带宽和衰减值，获得合适的 DANL。衰减器每增加 10dB，显示的噪声电平将提高 10dB。因此，当我们分析信噪比或小信号时，尤需注意衰减器和分辨率带宽的设置。

3）1dB 压缩点

频谱分析仪的 1dB 压缩点是指由于器件饱和的影响增益降低 1dB 的点，一般指输入电平的 1dB 压缩点。当频谱分析仪的输入衰减器设置为 0 时，1dB 压缩点决定了其最大输入电平，如果输入信号超过最大输入电平指标，可能引起设备损坏。另外，频谱仪内部的预放大器也影响 1dB 压缩点，预放大器打开后，1dB 压缩点会随之减小。

4）动态范围

动态范围是频谱分析仪同时处理不同电平信号的能力。动态范围的下限是由自然噪声或相位噪声决定的，动态范围的上限是由 1dB 压缩点或由频谱仪过载而造成的失真决定的。动态范围可以以不同的方式定义，它和我们平时所说的显示范围是不一样的概念。显示范围指的是从平均噪声电平到最大输入的电平。频谱仪为了显示最大输入电平的信号，可将衰减器设置到足够大，这时频谱仪显示的噪声就不可能是最小值。

所以，最大动态范围通常是在最小分辨率带宽情况下，以显示的噪声电平作为下限，1dB 压缩点作为上限的范围。

3．测量接收机

测量接收机是电磁兼容测试的主要设备。从原理上看，与频谱分析仪最大的不同是，接收机前端采用对宽带信号有较强抗扰能力的预选器，完成对信号的预选，提高测量选择性。此外，在本振信号的调节、中频滤波器、检波器、精度方面，也有区别。从扫频模式上看，频谱分析仪为扫频设备，通过不断地调谐本地振荡器的频率以覆盖所选择的频率范围；而测量接收机是进行步进式的扫频，即以规定的频率步长，通过调谐到固定的频率以覆盖所选择的频率范围，对每一个调频频率的幅度进行测量并保持。

目前市面上比较出色的测量接收机除传统的扫频模式外，还集成了基于 FFT 的时域扫描功能和带瀑布图的实时频谱分析功能。基于 FFT 的时域扫描功能可快速捕获干扰频谱并进行加权，同时进行标准要求的准峰值和 CISPR 平均值（CAV）加权，这样便无须使用峰值检波进行预扫描，从而大大缩短测量时间。而实时频谱分析功能可用于详细分析偶发干扰或短暂发射信号，可在任何时长内无缝测量频域内的这些信号。

例如，罗德与施瓦茨公司最新的 ESW 系列测量接收机，除了具备卓越的射频特性，满足民用、航空、军用等标准的严苛要求之外，具备以上介绍的所有功能，还可在单个画面上显示多个操作模式的结果，方便比较分析。ESW 系列测量接收机余辉模式下的实时频谱和瀑布图如图 4-13 所示。上方为余辉模式下的实时频谱，在显示设备中常见信号显示为红色，偶发信号显示为蓝色。如果信号不再以特定幅度出现在某个频率，相应像素会在用户定义的余晖周期后消失，这样可以清晰区分脉冲干扰（只在很短时间内出现）和连续干扰，也可轻松区分不同的脉冲干扰。下方为瀑布图，每条频谱以水平显示线表示，其中不同颜色分别对应不同的电平，可在所有操作模式下分析时域内的干扰信号特性。

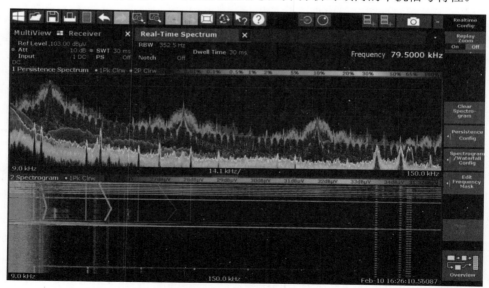

图 4-13　余辉模式下的实时频谱及瀑布图

GB/T 6113.101（详见 5.3 节）对测量接收机的基本特性以及电磁兼容测试常用准峰值、峰值、平均值测量接收机的特性提出严格要求，使用时应验证表 4-9 中给出的基本参数集满足要求。

表 4-9　验证参数汇总

参　　数	推荐的频率
驻波比	在以下调谐频率，输入衰减在 0dB 和≥10dB 时确定驻波比：100kHz，15MHz，475MHz，8.5GHz
正弦波电压允差	在以下调谐频率进行验证：CISPR A/B/C 和 D/E 频段的起始频率、终止频率和中心频率
脉冲响应	
选择性	

1）驻波比

测量接收机的输入阻抗额定值应为 50Ω，其电压驻波比（VSWR）不应超过表 4-10 给出的规定值。该值为骚扰测量不确定度的影响量之一。

表 4-10　测量接收机输入阻抗的 VSWR 要求

频率范围	衰减/dB	VSWR
9kHz～1GHz	0	2.0
9kHz～1GHz	≥10	1.2
1～18GHz	0	3.0
1～18GHz	≥10	2.0

2）正弦波电压允差

当施加 50Ω 阻性源阻抗的正弦波信号时，正弦波电压的测量允差应优于±2dB（1GHz 以上优于±2.5dB）。该值为骚扰测量不确定度的影响量之一。

3）脉冲响应

接收机的脉冲响应参数如下。

（1）接收机的脉冲幅度响应（绝对）：接收机接收脉冲信号和接收正弦信号的差异。接收机的脉冲幅度响应应在±1.5dB 允差范围内。

（2）接收机脉冲响应随重复频率的变化（相对）：接收机接收不同重复频率的脉冲信号，不同脉冲频率下接收机的读数与已定义基准频率下接收机读数的差异。接收机对脉冲重复频率响应的允差随重复频率和检波类型而变化，限值如表 4-11 所示。

以上均为骚扰测量不确定度的影响量。

表 4-11 测量接收机脉冲响应

重复频率/Hz	规定的不同频段脉冲的相对等效电平/dB			
	A 频段 9～150kHz	B 频段 0.15～30MHz	C 频段 30～300MHz	D 频段 300～1000MHz
1000	见注 1	-4.5±1.0	-8.0±1.0	-8.0±1.0
100	-4.0±1.0	0（参考）	0（参考）	0（参考）
60	-3.0±1.0	—	—	—
25	0（参考）	—	—	—
20	—	+6.5±1.0	+9.0±1.0	+9.0±1.0
10	+4.0±1.0	+10.0±1.5	+14.0±1.5	+14.0±1.5
5	+7.5±1.5	—	—	—
2	+13.0±2.0	+20.5±2.0	+26.5±2.0	+26.5±2.0*
1	+17.0±2.0	+22.5±2.0	+28.5±2.0	+28.5±2.0*
孤立脉冲	+19.0±2.0	+23.5±2.0	+31.5±2.0	+31.5±2.0*

注：1. 频率在 9～150kHz 内，重复频率高于 100Hz 时，由于中频放大器出现脉冲重叠现象，所以不能对该频段的响应做出明确规定。

2. 当频率高于 300MHz 时，由于测量接收机的输入过载，脉冲响应受到限制。表中标有*的数值是任选的，不做硬性要求。

3. 在过渡频率点，应按照高频段技术要求。例如 0.15MHz 频率点应按照 0.15～30MHz 频段的技术要求。

4）选择性

选择性应由测量接收机产生相同指示时输入的正弦波电压幅度随频率变化的曲线进行描述。实际接收机设计的整体选择性最终由最后一个中频滤波器决定。图 4-14 为某测量接收机 A 频段总选择性的典型数据。

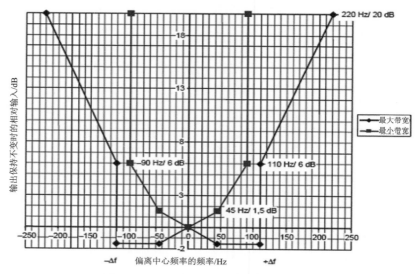

图 4-14 总选择性典型数据（A 频段）

4．测量天线

天线是发射或接收系统中用来辐射或接收电磁波的设备，是一种空间辐射电磁波和馈线导行电磁波之间的能量转换器。具备如下两个功能。

（1）能量转换。作为发射天线，接收导行波能量，有效辐射至介质（通常为自由空间）；作为接收天线，从介质（通常为自由空间）获得能量，并有效传输至传输线。

（2）定向辐射（接收）。具有一定的方向性，即空间中的能量分布不同，可以最大限度地在选定方向上分配能量以增强该方向的信号，并尽量减小在其他方向上的能量分布以避免干扰或噪声影响。

按工作波长，天线可分为长波天线、中波天线、短波天线、超短波天线和微波天线等；按宽带类型，天线可分为窄带、宽带、超宽带天线；按辐射元类型，天线可分为线天线和面天线。其中，线天线是由半径远小于波长的金属导线构成，主要用于长波、中波和短波波段；面天线通常由一个平面或曲面上的口径构成，主要用于微波波段，超短波波段则两者兼用。电磁辐射骚扰测量主要将天线用作接收天线来使用，天线应为线极化天线，极化方向可改变，以便能够测量入射辐射场的所有极化分量。线天线主要有偶极子天线、单极天线、螺旋天线、八木天线、对数周期天线等。

9kHz～150MHz 频率范围观测到的干扰现象主要是磁分量起主要作用，为了测量辐射的磁场分量，既可以使用电屏蔽的环天线，也可以使用铁氧体磁棒天线。150kHz～30MHz 频率范围一般用电屏蔽环天线测量辐射的磁场分量，用对称或者不对称的天线测量辐射的电场分量。30MHz～1GHz 频率范围内测量的是电场，可使用的天线类型包括：调谐偶极子天线，其振子为直杆或锥形；偶极子阵列，如对数周期偶极子阵列天线，由一系列交错的直杆振子组成；复合天线。1GHz 以上辐射骚扰测量可使用对数周期偶极子阵列天线、双脊喇叭天线和标准增益喇叭天线。任意类型的线天线作为接收天线时，它的极化、方向性、阻抗等参数均与它作为发射天线时相同，发射天线的主要电参数如下。

1）方向性

天线向各方向辐射或接收的强度不同，天线的辐射电磁场在固定距离上随空间角坐标分布的图形，称为辐射方向图或辐射波瓣图。用电场大小表示辐射强度的方向性图为场强方向性图。用功率大小表示辐射强度的方向性图称为功率方向性图。

天线方向图只能表示同一类天线在不同方向上辐射能力的相对大小，而天线方向性系数可以定量表征不同天线在空间辐射能量的集中程度。在最大辐射方向上的方向性系数是指在相同辐射功率、相同距离下，天线在该方向的辐射功率密度与无方向性天线在该方向的辐射功率密度之比，如果天线在各方向均匀辐射，则它的方向性系数为 1。辐射骚扰测量用接收天线均为方向性天线，CISPR 要求复杂天线在直射方向与在地面反射方向的响应之差应在 1dB 以内，否则，天线的视轴需要向下倾斜，以使直射方向和反射方向上的波束都处于接收天线 3dB 波瓣范围内。

2）天线增益

天线增益是指在相同输入功率、相同距离下，天线在最大辐射方向的功率密度与无方向性天线在该方向的功率密度比，常用 dB 表示，用来衡量天线朝一个特定方向收发信号的能力。以无方向性天线增益作为比较标准时，天线增益的单位是 dBi（或简称 dB），以半波振子的增益作为比较标准时，天线增益的单位是 dBd，0dBi=2.15dBd。

3）输入阻抗、驻波比

天线馈电端输入电压与输入电流的比值，称为输入阻抗。天线与馈线的连接，最佳情形是天线输入阻抗是纯电阻且等于馈线的特性阻抗，这时馈线终端没有功率反射，馈线上没有驻波，天线的输入阻抗随频率的变化比较平缓；天线输入阻抗与馈线特性阻抗不一致时，产生的反射波和入射波在馈线上叠加形成驻波，其相邻电压最大值和最小值之比就是电压驻波比。电压驻波比反映了端口的匹配特性。

一般要求在天线的工作频带内保证尽可能小的驻波比，辐射骚扰测量用接收天线的端口驻波比一般在 1.2～1.8，无法达到理想的 1。实际使用中，信号从接收天线传输到接收机，天线、馈线、接收机端口之间均存在阻抗不匹配情况，传输信号的反射导致接收场强减小，引入测量不确定度。

4）天线的极化

天线的极化是指天线在给定空间方向远区无线电波的极化，通常是指天线在其最大辐射方向波的极化。所谓波的极化，就是在空间某一固定位置电场矢量端点随时间运动轨迹的形状、取向和旋转方向。按其轨迹的形状可分为线极化、圆极化和椭圆极化，其中圆极化还可以根据其旋转方向分为右旋圆极化和左旋圆极化。

5）频带宽度

天线的电参数，包括方向图、方向性系数（或增益系数）、输入阻抗和极化特性等都和工作频率有关，当工作频率偏离中心工作频率时，天线的上述性能将变坏。天线电参数保持在规定的技术要求范围之内的工作频率范围称为天线的频带宽度。由于天线的结构形式不一样，不同设备对天线提出的要求不同，所以天线的频带宽度没有一个统一的、确定的意义。根据所关心的天线电参数随频率的变化，可分为方向图带宽、方向性（或增益）带宽、阻抗带宽和极化带宽。

5．无线通信综合测试仪

无线通信综合测试仪在 5G 终端的电磁兼容测试中主要用于模拟 5G 通信基站，与 5G 终端建立数据交互链路，同时可实时监测两者间的通信质量。5G 无线通信综合测试仪一般由控制单元、基带处理单元、射频处理单元、数据处理单元组成，具有高性能的运算能力、高速交换处理能力和超高密度的射频模块设计，可以构建各种复杂的网络环境，除基站模拟功能外，还可更加快速、准确以及高效地验证 5G 终端的发射（如发射功率、频谱参数测量）、接收（如误块率（BLER）测量）特性，同时可提供 5G 音频和视频测试应用。

市面上典型的 5G 无线通信综合测试仪大多具备以下特性。

1）支持 5G 独立模式（SA）/非独立模式（NSA）网络构架

主要有两种设计方案，一种方案是通过与 4G 无线通信综合测试仪配合实现 NSA 网络模拟和测量功能，可向下兼容 2G、3G、4G 通信；另一种方案是通过单台仪表实现 SA、NSA 双模式。

2）支持各种测试功能

支持非信令/信令射频发射、接收测量以及协议测试，除支持高速大容量通信的 MIMO（4×4MIMO）和载波聚合（8CA）外，还采用模块化架构，具有高度灵活性和可扩展性，以应对高速稳定低延迟和多连接等 5G 测试新要求。

3）支持 5G 毫米波

通过频率扩展单元，可扩展 5G 毫米波功能，支持 28GHz、39GHz 等频段，主要评估毫米波基于 TRP/EIRP 特性的射频发射、接收性能测量。

例如，安立公司推出的 MT8000A 型 5G 无线综合测试仪。该设备是安立公司研发的一款用于射频、协议、波束测试及波束赋形评估的一体化测试平台，主要用于 5G 终端芯片及 5G 移动终端的射频测试、EMC 测试、OTA 测试、协议测试、功能应用测试等。该设备除了支持模拟开发 5G 芯片和终端所需的 SA 与 NSA 模式的基站功能之外，还支持用于增加 Sub-6GHz 频段数据传输速度的 2CC+4×4MIMO，以及用于实现宽带毫米波的 8CC+2×2MIMO 等最新技术。此外，该设备还支持目前 5G 商用部署使用的关键频段，例如 600MHz、2.5GHz、3.5GHz、4.5GHz 等 FR1 频段频率和 28GHz、39GHz 等毫米波频段（FR2）频率等。基于易于使用的 GUI 和用于灵活设置各种测试参数的软件，以及安利中国开发的 UCTS 自动化控制工具，有助于灵活快速地配置测试环境，带来高效的成本效益。

综合测试仪是由参考振荡器、数字调制信号源、功率分析仪、数字解调测试分析仪、音频信号发生器、音频分析仪、频谱分析仪等构成的综合性测试仪器，应满足各测试单元模块的主要性能指标。对于 5G 信号发生和调制分析单元，主要指标如下（仅供参考）。

（1）5G 信号发生器指标为：均方根值误差矢量幅度<8%；占用带宽 5～400MHz；邻道泄漏比<-45dB。

（2）5G 调制分析仪指标为：频率误差测量范围为±100kHz，最大允许误差±(f×10ppm)Hz；误差矢量幅度测量范围为 0%～17.5%，最大允许误差±2%。

6．网络分析仪

网络分析仪是以极高的精度和效率进行电路测量和分析的仪器，通过对电路进行频率扫描和功率扫描，测试信号的幅度和相位响应，并换算出各散射参数，来表征电路的特性。网络分析仪可以分析各种射频微波电路（或者网络）。在电磁兼容测试中，主要使用网络分析仪对简单器件如滤波器、放大器、射频线路进行插入损耗、端口驻波比的测量，也用于替代信号发生器和频谱分析仪对电磁兼容测量场地的性能进行验证，可大大提高测量准确度和测量效率。

网络分析仪的基本结构如图 4-15 所示，主要由激励源、信号分离装置、各路信号的接收机和显示/处理单元组成。

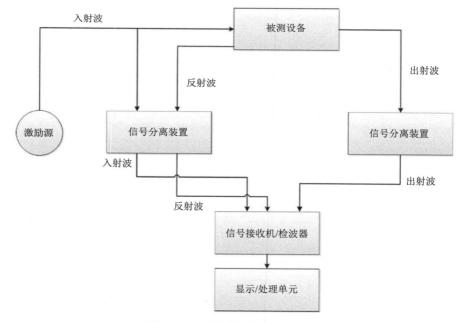

图 4-15　网络分析仪结构示意图

1）激励源

激励源主要为测试系统提供激励信号，具有频率和功率扫描功能，以满足网络分析仪测量元器件的传输/反射特性。

2）信号分离装置

信号分离装置的主要作用如下。

（1）测量入射信号作为参考信号。由功分器完成入射信号的测量。激励源的输出信号经过功分器，一路信号输入到信号分离装置，作为参考信号进行测量，另一路信号输入到被测设备，作为被测信号的入射波。

（2）将被测元器件的反射信号从入射信号中分离。由定向耦合器完成反射信号的分离。定向耦合器是一个三端口器件，包括输入端、输出端和耦合端。利用定向耦合器的定向传输特性，通过耦合端测量反射信号。方向性是定向耦合器的一个关键指标，对反射信号的测量影响很大。

3）信号接收机

接收机用于测量入射信号、反射信号和出射信号的幅度和相位参数。

网络分析仪是激励源和接收机组成的闭环测试系统，信号源产生激励信号，接收机在相同的频率对被测元器件的响应信号进行处理，激励源和接收机工作频率的变化同步。

4）显示/处理单元

显示/处理单元完成对测量结果的管理，按照相应的方式显示测量结果，并可完成时域转换、嵌入/去嵌入、阻抗转换等。

4.3　电磁干扰抑制技术

4.3.1　PCB 设计

通常来说，通信设备 70% 以上的电磁兼容问题都来自板级设计。结合高频信号的特性，PCB 的电磁骚扰主要由以下几个原因引起。

（1）封装措施不当，如应使用金属封装的器件在实际工程中使用了塑料封装。

（2）PCB 设计有缺陷，存在接地不良等问题。

（3）不当的 PCB 布局布线，如时钟和周期信号走线不符合设计要求、PCB 的分层排列及信号布线层设置不当、滤波考虑不足、旁路和去耦不足等。

要实现 PCB 的电磁兼容设计，通常需要采用以下技术：旁路和去耦、接地控制、传输线效应及终端匹配以及电源电路处理等。

1. 旁路与去耦

去耦是指去除器件切换时从高频器件进入配电网络中的射频能量，而旁路则是从元件或电缆中转移不想要的共模射频能量。在电子电路中，去耦电容与旁路电容都能起到抗干扰作用，但电容所处的位置不同。对于同一个电路而言，旁路电容是把输入信号中的高频噪声作为滤除对象，滤除前级电路携带的高频杂波；而去耦电容滤除输出信号的干扰，防止干扰反射回电路。

选择旁路和去耦电容时，可通过逻辑系列和所使用的时钟速度来计算所需电容器的自谐振频率，根据频率及电路中的容抗来选择电容值。在选择封装尺度时尽可能选择引线更短的电容，如 SMT 电容器，而非通孔式电容器。此外，并联去耦电容也可以提供更大的工作频段、减少接地不平衡。

2．接地控制

PCB 的接地主要表现为模拟与数字电路直接提供参考连接以及在 PCB 地层和金属外壳间提供高频连接。PCB 中地线或地平面的实质是信号回流源的低阻抗路径，因此地线中往往可能存在大电流，进而导致了电位差的形成，造成电路的误动作并影响系统正常工作。

PCB 设计中常用的接地方法包括单点接地、多点接地、混合接地等。单点接地是指接地线路与单独一个参考点相连，这种接地方式的目的是防止来自两个参考电平不同子系统中电流与射频电流经过同样的返回路径而导致共阻抗耦合，适合在低频 PCB 电路中使用，可以有效减少分布传输阻抗的影响。而对于高频 PCB 电路，返回路径的电感在高频下成为线路阻抗的主要组成部分，因此为减少接地阻抗，通常采用多点接地法，同时减少引线长度。而当 PCB 中存在高低混合频率时可以采用混合接地结构，它是单点接地和多点接地的复合。

3．传输线效应及终端匹配

传输线是两个或多个终端间有效传播信号的传输系统，金属导线、波导、同轴线缆和 PCB 走线都属于传输线。当传输线终端不匹配时，信号发生反射，就会引发电磁干扰问题。

针对传输线效应，通常采用控制走线长度和调节走线宽度的方法来改变特性阻抗，进而抑制传输线效应。同时可以选择更优的布线路径和终端拓扑结构。当使用高速逻辑器件时，边沿快速变化的信号很容易被信号主干走线的分支走线扭曲。因此通常优先对关键信号进行布局，以使其靠近地回路，然后再对其他线路布线。这样将回路面积降低到最小，能够有效地抑制辐射干扰发生。

同时，信号线的串扰对相邻平行走线的长度和间距非常敏感，因此高速信号线应与其他平行信号线间距尽可能大，同时平行长度尽可能小。

4．电源电路处理

一般而言，除了直接由电磁辐射引起的干扰外，经由电源线引起的电磁干扰最为常见，因此电源电路的布局对于 PCB 电磁干扰的抑制非常重要。电源系统引起的干扰主要分为两类：一类是电源噪声，即 CPU 电路、动态存储器件和其他数字逻辑电路在工作过程中逻辑状态高速变换，造成系统电流、电压变化而产生的噪声；另一类是地线噪声，即系统内各个子系统地线间出现电位差而引起的接地噪声。

PCB 上的电源电压波动和地电平波动会导致信号波形产生尖峰过冲或衰减振荡，造成数字 IC 电路的噪声容限，进而引起误操作。其主要原因是数字 IC 的开关电流和电源线、地线的电阻所产生的压降，以及元器件引脚分布电感产生的感应压降。因此 PCB 设计时，电源布线应根据电流大小尽量加大电源线线宽，以减少环路阻抗。在多层 PCB 中可以采用电源层和地层的设计，模拟电源和数字电源应分隔开，避免相互干扰。电源线应尽可能靠近地线以减小电源环路面积，从而抑制差模辐射，减少电路交扰。不同电源的供电环路也不应重叠。

4.3.2　屏蔽

电子、电气设备的电磁兼容性的优劣，主要是指电子、电气设备向外界发射的骚扰信号足够低，且能够经受同一环境内的其他设备对其的干扰。这其中就包含标准 GB/T 9254.1（详见 5.2 节）中要求的辐射骚扰和 GB/T 17626.3（详见 5.4 节）的辐射抗扰度等试验。屏蔽是一种较常采用的电磁干扰抑制方式。

具体而言，屏蔽是利用电磁波不易穿透金属材料的特性，使用金属材料将设备包裹在其中，以减小在金属材料内的电子、电气设备对外的辐射骚扰，防止对外部设备产生干扰，同时减小同一环境内其他设备对在金属材料内的电子、电气设备的干扰，提高自身的抗干扰能力。可以看出，屏蔽的目的有两个，一是限制内部能量泄漏（主动屏蔽），二是防止外来干扰能量进入内部区域（被动屏蔽）。

屏蔽效能是屏蔽效果的具体表示。它的定义是在电子电气设备的附件放置一个辐射源，在不增加屏蔽层的情况下电子电气设备表面收到的电磁场强度和增加屏蔽层后电子电气设备表面收到的电磁场强度之间的比值，通常用 dB（分贝）表示。

电（磁）场屏蔽效能是指不存在屏蔽体时某处的电（磁）场强度 E_0（H_0）与存在屏蔽体时同一处的电场强度 E_1（H_1）之比：

$$S_E = \frac{E_0}{E_1} \text{ 或 } S_E(\text{dB}) = 20\lg\frac{E_0}{E_1} \tag{4-24}$$

$$S_H = \frac{H_0}{H_1} \text{ 或 } S_H(\text{dB}) = 20\lg\frac{H_0}{H_1} \tag{4-25}$$

在电磁兼容学科领域内，屏蔽可分为电场屏蔽、磁场屏蔽和电磁场屏蔽。电场屏蔽又可细分为静电场屏蔽和交变电场屏蔽。

对于静电场屏蔽，两个基本要点是必须的：完整的屏蔽导体和良好的接地。在满足两个基本要点的前提下，可以认为屏蔽体是静电平衡的，即：① 屏蔽体内部任何一点的电场为零；② 屏蔽体表面任何一点电场强度矢量的方向与该点的表面垂直；③ 屏蔽体为等位体；④ 屏蔽体内部没有静电荷，静电荷全部分布在屏蔽体表面。

对于低频交变电场，其骚扰源与接收器之间的电场感应耦合可以用耦合电容描述，因此低频交变电场的屏蔽可以用电路理论解释。其等效电路如图 4-16 所示。

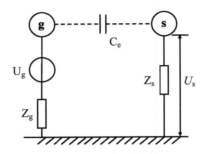

图 4-16　交变电场骚扰的等效电路模型

其中，C_e 为骚扰源与接收器之间的耦合电容，干扰电压 $U_s = \dfrac{j\omega C_e Z_s}{1 + j\omega C_e(Z_s + Z_g)} U_g$，与耦合电容成正比。因此，减少耦合电容是屏蔽低频交变电场的关键。可采用的方法包括增加骚扰源与接收器的距离，或利用金属板接地抑制干扰。

对于静电场和交变电场的屏蔽而言，屏蔽体或金属接地是必要的条件。

对于磁场屏蔽，高频和低频磁场采用的屏蔽原理有所区别。100kHz 以下的低频磁场，多利用高磁导率的铁磁材料（如铁、硅钢片等）对骚扰磁场进行分路，汇集磁力线在其内部通过，限制磁场在空气中发散，如图 4-17 所示。材料的磁导率越高、截面积越大，磁路的磁阻就越小，磁通集中在磁路中，大大减少空气中的漏磁通；同时，作为屏蔽罩的铁磁材料在垂直磁力线方向不应存在开口或缝隙，否则会切断磁力线，增大磁阻，使屏蔽效果变差。

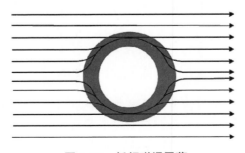

图 4-17　低频磁场屏蔽

　　高频磁场的屏蔽多采用的是低电阻率的导体（如铜、铝等），利用电磁感应现象在屏蔽体表面产生的涡流实现屏蔽的目的，涡流产生的反向磁场能够抑制或抵消屏蔽体外的磁场，将磁能转换为热损耗。由于铁磁材料在高频磁场中磁性损耗较大，导致磁导率下降，因此铁磁材料不适用于高频磁场屏蔽。

　　在时变电磁场中，电场和磁场总是同时存在的，因此屏蔽需要同时抑制电场和磁场。一般的交变电磁场的频率范围为 10kHz～40GHz。在频率较低时，高压小电流的骚扰以电场为主，磁场骚扰较小；低压大电流骚扰以磁场骚扰为主，电场骚扰较小。但随着频率增加，电磁波辐射能力增强，产生了辐射电磁场，向远场区域产生骚扰，此时电场骚扰和磁场骚扰均无法忽略，需要同时对电磁场进行屏蔽。电磁屏蔽体的作用可以简单分为 3 种：① 入射波的一部分在屏蔽体的前表面被反射，另一部分被吸收；② 切断辐射骚扰的传播路径，抑制电磁骚扰沿空间的传播；③ 反射并引导场源产生的电磁能流，使其不进入防护区，达到保护关键电路或元器件的目的。

　　对于需要进行 EMI 和 EMS 测试的通信设备，其机箱外壳的屏蔽效能往往在设备的辐射骚扰与电磁场辐射骚扰抗扰度测试中起到关键作用。在实际应用中，设备出于使用需要，不可能拥有一个完整的屏蔽体，而是存在不同部分结合处的缝隙、通风口、显示窗、按键、线缆接口等多处泄漏源。因此，一个良好的屏蔽设计，需要首先确定内部辐射源，明确频率范围，再根据典型泄漏结构确定控制要素，选择恰当的屏蔽材料、设计屏蔽壳体，并借助屏蔽辅助材料提升整体屏蔽效能，进而提升设备的 EMC 表现。

　　在选择屏蔽材料时，需要考虑材料的电磁特性，高磁导率与高电导率同样重要。一些通用的屏蔽材料选择原则如下。

　　（1）在近场区设计屏蔽时，要分别考虑电场波和磁场波的情况。

　　（2）屏蔽电场波时，使用导电性好的材料；屏蔽磁场波时，使用导磁性好的材料。

　　（3）屏蔽电场波时，屏蔽体尽量靠近辐射源；屏蔽磁场源时，屏蔽体尽量远离磁场源。

　　（4）同一种屏蔽材料，对于不同的电磁波其屏蔽效能是不同的，通常电场波更容易屏蔽，而磁场波较为困难。

　　（5）一般情况下，材料的导电性和导磁性越好，屏蔽效能越高。

　　此外，材料的厚度和接地的方式都对屏蔽效果有着直接的影响。在对屏蔽材料进行选择时，需要针对设备的总体结构、工作环境及工作频率等情况综合考虑。在实际实施过程中，通常选择铝、铜等良导体材料作为高频电子设备的电磁屏蔽体；选择硅铜片、钢等磁性良好的材料作为低频设备的电磁屏蔽体。

　　对通信设备机箱进行屏蔽能够有效地减小电磁干扰。对于一些有密封要求的通信设备，通常选择导电密封衬垫对其缝隙进行密封；没有特殊要求的机箱在对其箱体搭接缝隙、侧板及盖板进行密封时可选择镀铜簧片。在实际工程中，不管机箱有没有密封要求，都需要利用环氧树胶导电胶对导电簧片和导电密封衬垫进行涂抹，并确保涂抹的均匀性，从而提升电磁屏蔽效果。对于无法利用密封衬垫及簧片进行密封的缝隙，则需要利用铜屏蔽胶带进行黏合。

对于非金属的机箱材料，需要采用涂层技术为其增加导电涂层。用于导电涂层的主要材料包括银和镍等，主流的涂层技术主要包括导电漆、化学镀、火焰喷涂、金属化等。除涂层外，也可采用导电填充塑料、表面黏贴导电胶箔或胶带和丝网衬垫等方法提升屏蔽效能。

对于盖板带孔的设备，如果盖板是金属材料的，通常采用弹性导电衬垫；对于非金属盖板，则可以采用导电填充塑料对孔进行处理。设备的通风可以采用蜂窝状通风孔和线网通风孔。对于缝隙，则可以采用机械加工手段增加接触面的平整度和紧固件的密度，或加大金属板间重叠面积，或使用电磁密封衬垫来增加其导电连续性。

在屏蔽过程中，对于连接线的处理，要使其与孔洞和缝隙最大限度地远离，信号线与地线需分开进行布设，应尽量避免连接线从屏蔽机箱内穿过。若无法避免连接线穿过屏蔽体导体，则对于传输信号频率较低的电缆，可以在电缆的端口处使用低通滤波器，滤除线缆上不必要的高频频率成分，减少电缆产生的电磁辐射，同时防止电缆感应的环境噪声从电缆传进设备内部。对于高频线缆，低通滤波器可能导致信号失真，此时只能对线缆采用屏蔽的方法进行保护，屏蔽线缆的屏蔽层应360°搭接，且具有良好的接地。屏蔽电缆示意图如图4-18所示。

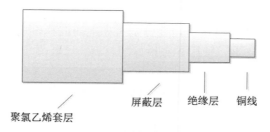

聚氯乙烯套层　　屏蔽层　绝缘层　铜线

图 4-18　屏蔽电缆示意图

对于需要使用显示器的设备，可以选择具有较好屏蔽性的屏蔽玻璃作为设备的显示窗，并在面板与屏蔽玻璃压板之间设置导电橡胶条，有效地保持屏蔽玻璃的稳定性。

4.3.3　滤波

在实际工程中，单纯采用屏蔽往往无法为设备提供完整的电磁干扰防护，这是因为设备上总是存在输入输出的线缆，这些线缆起到了发射和接收天线的作用。针对这类问题，滤波是一种比较常用的解决手段。滤波的定义是从混有噪声或干扰的信号中提取有用信号分量的方法或技术，通常以滤波器的方式实现。滤波器是由集总参数的电阻、电感和电容或分布参数的电阻、电感或电容构成的一种网络，它对一些频率范围的传输能力衰减很小，使其很容易通过，而对另一些频率范围的传输能量衰减很大，使其被抑制。滤波器可以切断电磁干扰沿信号线或电源线传播的路径，与屏蔽技术共同构成完善的电磁干扰防护。滤波技术在抑制干扰源、消除耦合以及提高接收电路的抗扰能力方面都有着广泛的应用。

根据滤波原理，滤波器可分为反射式滤波器与吸收式滤波器；根据工作条件可分为有源滤波器与无源滤波器；根据网络传输特性一般分为低通滤波器、高通滤波器、带通滤波器和带阻滤波器；根据用途可分为信号选择滤波器与电磁干扰滤波器；根据使用环境，可分为电源滤波器、信号滤波器、控制线滤波器、防电磁脉冲滤波器、防电磁信息泄漏滤波器与 PCB 用微型滤波器等。

线上的干扰电流按照其流动路径可以分为两类：差模干扰电流和共模干扰电流。差模干扰电流是在火线和零线间流动的干扰电流；共模干扰电流是在火线、零线与地线间流动的干扰电流。由于两种干扰的抑制方式不同，正确辨认干扰电流的类型是实施正确滤波方法的前提。差模和共模干扰如图 4-19 所示。

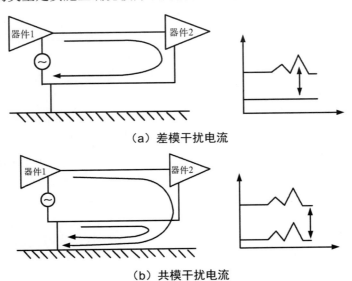

（a）差模干扰电流

（b）共模干扰电流

图 4-19　差模和共模干扰

共模干扰一般是由来自外界或电路其他部分的干扰电磁波在电缆与"地"的回路中感应产生的，有时由于电缆两端的接地电位不同，也会产生共模干扰。

它对电磁兼容的危害很大，一方面，共模干扰使电缆线向外发射强烈的电磁辐射，干扰电路的其他部分或周边电子设备；另一方面，如果电路不平衡，在电缆中不同导线上的共模干扰电流的幅度、相位发生差异时，共模干扰则转变成差模干扰，严重影响正常信号的质量。

差模干扰主要是电路中其他部分产生的电磁干扰经过传导或耦合的途径进入信号线回路，如高次谐波、自激振荡、电网干扰等。由于差模干扰电流与正常的信号电流同时、同方向地在回路中流动，所以它对信号的干扰是十分严重的。

滤波器对两种干扰信号的衰减作用，其主要的工作原理分为如下三类。

（1）利用电容通高频隔低频的特性，对于共模干扰，可将火线、零线高频干扰导入地线；对于差模干扰，可将火线高频干扰电流导入零线。

（2）利用电感线圈的阻抗特性，将高频干扰电流反射回干扰源。

（3）利用干扰抑制铁氧体可将一定频段的干扰信号吸收转为热能。

在防范电磁干扰方面，低通滤波器是应用最多的滤波器，主要应用在干扰信号频率高于工作信号频率的场合。如在数字设备中，脉冲信号具有丰富的高次谐波，它们并不是电路工作所必需的，却是很强的干扰源。因此在数字电路中，常用低通滤波器将脉冲信号中的高次谐波滤除。此外，电源线滤波器也是低通滤波器，它仅允许 50Hz 的电流通过，对高频干扰信号有很大的衰减。

高通滤波器用于干扰频率比信号频率低的场合，例如在一些靠近电源线的敏感信号线上可用于滤除电源谐波造成的干扰。

带通滤波器用于信号频率带宽较窄的场合，如安装在接收机的天线端口上，可以允许通信信号通过，同时滤除其他频率上的无用信号。

解决电磁兼容问题最常用的滤波器是电磁干扰滤波器（EMI 滤波器），它属于低通滤波器，包括电源线滤波器、信号线滤波器等。EMI 滤波器的工作原理与普通滤波器相同，它能允许有用信号的频率分量通过，同时又阻止其他干扰频率分量通过。其工作方式主要有两种：一种是把干扰信号能力在滤波器里消耗掉，这种滤波器中含有损耗性器件，如电阻或铁氧体；另一种是将无用信号反射回信号源，在系统内的其他地方消耗掉。

描述滤波器的重要参量是其插入损耗及频率特性。

1）插入损耗

插入损耗是滤波器最重要的特性，描述了其对干扰的衰减作用，其定义为：

$$IL = 20\lg\left|\frac{U_2}{U_1}\right| \tag{4-26}$$

式中：U_1 为信号源通过滤波器在负载阻抗上建立的电压（V）；U_2 为不接滤波器时，信号源在同一负载阻抗上建立的电压（V）；IL 为插入损耗（dB）。

在某一频段内，插入损耗越大，滤波效果就越好。

2）频率特性

频率特性是指插入损耗随频率变化的曲线，低通、高通、带通、带阻滤波器的典型频率特性示意图如图 4-20 所示。其中，$H(e^{j\Omega})$ 为滤波器的响应函数，Ω 为角频率。

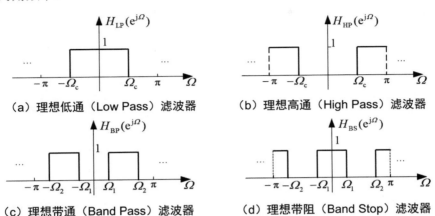

（a）理想低通（Low Pass）滤波器　（b）理想高通（High Pass）滤波器

（c）理想带通（Band Pass）滤波器　（d）理想带阻（Band Stop）滤波器

图 4-20　滤波器频率特性示意图

尽管在通信设备的电磁兼容标准中，传导发射的限值仅规定到 30MHz，但不应忽略高频干扰信号在传导发射中的风险。这是因为线上的高频传导电流有向外辐射干扰信号的能力，会导致设备的辐射骚扰超出限值要求。此外，许多抗扰度试验中的试验波形往往包含了高频成分，如果设备不能滤除这些高频成分，将很难通过抗扰度试验。

在实际应用中，应根据干扰源的特性、频率、电压和阻抗等参数选择适当的滤波器。在选择滤波器时应遵循以下几点原则。

（1）滤波器在相应工作频段范围内，要能够满足负载要求的衰减特性。若某一种滤波器衰减量不能满足要求时，则可以级联多个滤波器，以获取良好的衰减特性。

（2）要满足负载电路工作频率和抑制频率的要求。当有用信号与干扰信号频率接近时，需要特别关注滤波器的频率特性曲线。

（3）在所要求的频率上，滤波器的阻抗必须与它连接的干扰源阻抗和负载阻抗相匹配。如果负载为高阻抗，则滤波器的输出阻抗应为低阻；如果电源或干扰源阻抗是低阻抗，则滤波器的输出阻抗应为高阻；如果电源或干扰源阻抗是未知的或在一个较大范围内变化，难以得到稳定的滤波特性，则可以考虑在滤波器输入和输出端同时并接固定电阻。

（4）滤波器的耐压能力应满足电源和干扰源的额定电压要求。

（5）滤波器应允许通过电流与电路额定电流尽可能一致。

（6）在信号源内阻和负载电阻都比较小（≤50Ω）时，T 型滤波器更适合；信号源阻抗较低而负载阻抗较高时，可选用反 Γ 型滤波器；信号源阻抗较高而负载阻抗较低时，可选用 C 型滤波器。滤波器类型选择如表 4-12 所示。

表 4-12 滤波器类型选择

源阻抗特性	负载阻抗特性	建议的滤波电路
高阻抗	高阻抗	C、π、多级 π
高阻抗	低阻抗	T、多级 T
低阻抗	高阻抗	反 Γ、多级反 Γ
低阻抗	低阻抗	L、Γ、多级 T

出于滤波器的散热和滤波效果考虑，滤波器要安装在设备的机壳上，滤波器的接地点应和设备机壳的接地点相连，且接地线应尽可能短。若滤波器的接地点与设备机壳的接地点不在一起，那么滤波器的泄漏电流和噪声电流在流经两接地点的线路时，可能将噪声引入设备内的其他部分；同时，滤波器的接地线会引入感抗，导致滤波器高频衰减特性恶化。因此，金属外壳的滤波器要直接与设备机壳连接。若机壳有喷漆，则需刮去漆皮；若滤波器不能直接接地或滤波器外壳为塑料材质，那它与设备机壳的接地线应尽可能短。

滤波器应安装在设备电源线输入端，连线应尽可能短；设备内部电源要安装在滤波器的输出端。应确保滤波器输入输出线分离，它们不应捆扎在一起或距离过近。若输入输出线无法避免相互接近，则应采用双绞线或屏蔽线。

滤波器应正确连接到设备内部的每一个单元。带有电源的每一个单元都应被视为独立的部分，且必须连接各自的滤波器。

4.3.4 接地

不同的人员对于接地有不同的理解：对于非专业人事而言，接地应该就是家庭内热水器等产品的保护接地；对于线路工程师，接地通常是指将线路接至电压的参考点；对于系统设计工程师，接地通常是指将地与机柜或机架连通。

接地是电磁兼容设计的重要措施，是保证产品安全可靠工作的必要条件。一个好的接地能够减小内部干扰信号的产生，将内外部的干扰信号顺利地导入大地，即保证设备功能正常地运行，也保证同一环境内的其他设备不受其干扰。一个差的接地设计，内部和外部的信号可以通过地线产生电压和电流等骚扰信号耦合进电路，从而使系统的功能受到影响。

接地的种类主要可以分为 4 类：一是模拟地，为单板内的模拟电路正常运行或工作设置的低阻抗回流通道或等电位平面；二是数字地，为单板内的数字电路正常运行或工作设置的低阻抗回流通道或等电位平面；三是功率地，为单板内的大功率电路和电力变换电路专门设置的低阻抗回流通道或等电位平面；四是安全地，为保护人员和设备的安全设置的等电位平面。

接地的目的主要有 3 点：一是为电子电路中的信号提供零电位基准；二是为电噪声流入大地提供低阻抗通道；三是保护人员和设备安全，防止电源电压、雷电、静电或其他高能瞬态信号对人员、设备的电机伤害。

接地是电路返回其源的低阻抗通道。模拟电流要返回模拟地（模拟低阻抗通道），数字电流要返回数字地（数字低阻抗通道）。所以要认识信号从哪里来，这个信号到哪里去。如静电是参考大地，是人体对大地的参考电压，首选外壳地。内部干扰要出去，首选接内部地。所以要创造适合干扰信号的低阻抗信号通道，以保证干扰信号能够顺利导入大地。

随着电子产品信号速率不断提高，设备的信号回流也被列入"地"的概念当中。

接地线是如何引起电路内部的传导干扰的呢？当大电流注入、射频场感应的传导骚扰和电快速瞬变脉冲群等共模干扰施加在如图 4-21 所示的电路中，电路中的滤波电路将干扰信号导入地线，干扰电流从 A 点流经 B 点会产生电流 I_{AB}，因为导线 AB 必定存在一定的阻抗 R_{AB}，从而使模块 A 和模块 B 之间产生一个共模干扰电压 U_{AB}。U_{AB} 干扰模块 A 和模块 B，严重时会使模块 A 和模块 B 无法正常工作。

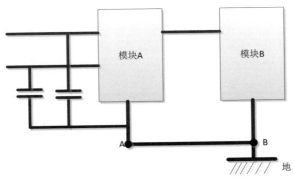

图 4-21　接地引起的传导干扰示意图

明白了接地线是如何引起电路的传导干扰，那么怎么抑制这个干扰呢？可以通过减小阻抗 R_{AB} 的值，以实现降低共模干扰电压 U_{AB} 的目的。

导体的阻抗是由电阻部分和感抗部分组成的。在频率较低时，导体阻抗的主要贡献来自电阻部分。在频率较高时，导体阻抗的主要贡献来自感抗部分。

电阻由直流电阻和交流电阻两部分组成。直流电阻值的计算公式为：

$$R_{DC}=\rho L/S \tag{4-27}$$

式中：ρ 为导体材料的电阻率（$\Omega \times mm^2/m$）；L 为电流流过导体的长度（m）；S 为电流流过导体的截面积（mm^2）。

常见的导体材料电阻率如表 4-13 所示。

表 4-13 常见导体材料电阻率

序　　号	材　料　名　称	电阻率/（Ω×mm²/m）
1	银	$1.6×10^{-3}$
2	铜	$1.7×10^{-3}$
3	铝	$2.9×10^{-3}$
4	钨	$5.3×10^{-3}$
5	铂	$1.0×10^{-2}$
6	铁	$1.0×10^{-2}$
7	锰铜	$4.4×10^{-2}$
8	汞	$9.6×10^{-2}$
9	康铜	$5.0×10^{-2}$
10	镍铬合金	$1.0×10^{-1}$
11	铁铬铝合金	$1.4×10^{-1}$
12	铝镍铁合金	$1.6×10^{-1}$

交流电阻与直流电阻存在特定的换算关系，即：

$$R_{AC} = K_j R_{DC} = \frac{r}{10} \times \left(\frac{\pi f}{\rho} \right)^{\frac{1}{2}} \times R_{DC} \tag{4-28}$$

以铜为例，将 $\rho = 1.7×10^{-3} \, \Omega×mm^2/m$ 带入公式计算，推出铜导体的交流电阻

$$R_{AC} = 4.29 r f^{\frac{1}{2}} \times R_{DC} = 4.29 r f^{\frac{1}{2}} \times \frac{\rho L}{S} = 4.29 r f^{\frac{1}{2}} \times \frac{\rho L}{\pi r^2} = 4.29 f^{\frac{1}{2}} \times \frac{\rho L}{\pi r}$$

式中：K_j 为集肤效应损耗系数；r 为导体的半径（cm）；f 为流经导体的电流频率（Hz）；R_{DC} 为导体的直流电阻（Ω）。

从式（4-27）和式（4-28）可以推出如果增大导体的半径可以有效地降低导体的交流电阻和直流电阻。

圆截面导线的电感为

$$L = \frac{\mu_0 l}{2\Pi} \left(\ln \frac{2l}{r} - 0.75 \right) \tag{4-29}$$

式中：L 为圆截面直导线的电感（H）；μ_0 为真空磁导率，$\mu_0 = 4\Pi×10^{-7}$（H/m）；r 为导线的半径（m）；l 为导线的长度（m）。

从式（4-29）中得出，当导线的半径为 0.01m，1m 长的导线电感量为 $9×10^{-7}$H，2m 长的导线电感量为 $20.9×10^{-7}$H，2m 的长线缆的电感量是 1m 长线缆电感量的 2.3 倍。当导线的长度为 1m，导线的半径为 0.02m 时，电感量为 $7.7×10^{-7}$H，半径为 0.02m 的电感量是半径为 0.01m 的电感量的 0.86 倍。

从以上结果发现，相对于导线半径的变化，导线电感量对导线长度的变化

更加敏感。因此在高频时有较大阻抗的情况下，可以通过减小导线的长度以降低相关的阻抗。

　　接地线除了引起传导干扰之外也会引起辐射干扰，这主要是由于电路中的地线布局形成的天线模型。图 4-22 给出了一种电路系统组成的杆状天线的理论图，当一个高频信号源连接导线时，高频电流从导线内流过，导线的周围就会产生交变的电磁场，杆状天线的结构特性可以将电磁场交替地向外辐射。从天线理论得知当杆状天线长度 L 等于交流信号的 $\frac{1}{4}$ 波长时，可以达到最大的电磁发射和接收效率。电磁波的波长和频率的关系为：

图 4-22　杆天线

$$\lambda = c/f \tag{4-30}$$

式中：λ 为电磁波的波长（m）；c 为光速，$c=3\times10^8$（m/s）；f 为电磁波的频率（Hz）。

　　表 4-14 给出了几个频点的电磁波波长，在电磁兼容的辐射骚扰测试中，被测物和接收天线的距离需要满足远场条件，而电磁波波长是远场计算的重要参数之一。

表 4-14　频率与波长对照表

序　　号	频点频率/MHz	电磁波波长/m
1	100	3
2	500	0.6
3	1000	0.3
4	3000	0.1
5	18000	0.017

　　电路系统中的等效杆天线模型如图 4-23 所示，当模块 B 的工作频率是 f 时，在图中的阴影部分产生频率为 f 的交流电压 V_{AC}，配合线缆 D 和线缆 E 组成了一个等效杆状天线。

$$V_{\mathrm{AC}} = I_{\mathrm{AB}}Z_{\mathrm{AB}} + I_{\mathrm{BC}}Z_{\mathrm{BC}} \tag{4-31}$$

式中：I_{AB} 为 A、B 两点间的电流（A）；I_{BC} 为 B、C 两点间的电流（A）；Z_{AB} 为 A、B 两点间的阻抗（Ω）；Z_{BC} 为 B、C 两点间的阻抗（Ω）。

　　杆状天线对外的共模辐射场强公式为：

$$E = 1.26IL \times f/r \tag{4-32}$$

式中：E 为辐射场强（V）；I 为共模电流强度（A）；f 为共模电流的频率（Hz）；L 为共模电流的路径长度（m）；r 为被测位置与天线的距离（m）。

　　从杆状天线对外共模辐射场强公式中可以看出，该辐射场强与共模电流强度、共模电流频率、共模电流路径长度成正比；与被测位置与天线的距离成反比。

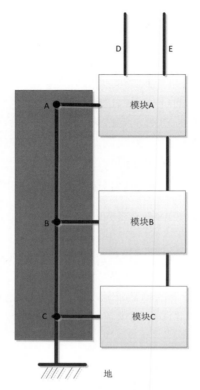

图 4-23　杆天线的等效电路

　　一般的电子电路中非常容易形成另外一种天线形式，即环形天线。图 4-24 给出了环形天线和电子电路中形成环形天线的理论图。图中电子电路中的电源电路（ABCD 环路）形成一个等效环形天线，信号电路（DEFG 环路）形成一个等效环形天线。

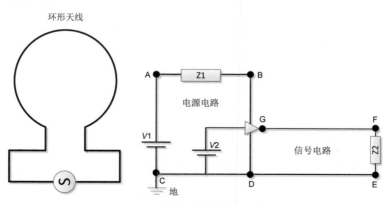

图 4-24　环形天线和环形天线的等效电路

等效环形天线的对外差模辐射场强公式是：

$$E=2.63\times10(fAI_s)\times(1/r) \tag{4-33}$$

式中：E 为辐射场强；I_s 为差模电流强度；f 为差模电流频率；A 为差模电流环路面积；r 为被测位置与天线的距离。

从式（4-33）可以看出，该辐射场强与差模电流强度、差模电流频率、差模电流环路面积成正比。其中差模电流强度、差模电流频率是电路的自身特性不容易更改，可以通过改善地线、电源线和信号线的布局，以减小差模电流的环路面积，最终有效地控制电路对外的差模辐射场强。

参 考 文 献

[1] 张林昌. 电磁干扰的危害[J]. 安全与电磁兼容，2001.

[2] 张睿，周峰，郭隆庆，等，无线通信仪表与测试应用[M]. 北京：人民邮电出版社，2010.

[3] 中国合格评定国家认可委员会. 检测和校准实验室能力认可准则在电磁兼容检测领域的应用说明：CNAS-CL01-A008:2018[EB/OL]. [2018-03-07]. https://www.cnas.org.cn/rkgf/sysrk/rkyyzz/2018/03/889085.shtml.

[4] 中华人民共和国国家质量监督检验检疫总局. 电工术语 电磁兼容：GB/T 4365-2003[S]. 北京：中国标准出版社，2019.

[5] 国家市场监督管理总局，国家标准化管理委员会. 无线电骚扰和抗扰度测量设备和测量方法规范 第 1-1 部分：无线电骚扰和抗扰度测量设备 测量设备：GB 6113.101-2021[S]. 北京：中国标准出版社，2021.

[6] 国家市场监督管理总局，国家标准化管理委员会. 无线电骚扰和抗扰度测量设备和测量方法规范 第 1-4 部分：辐射骚扰测量用天线和测量场地：GB 6113.104-2021[S]. 北京：中国标准出版社，2021.

[7] 国家市场监督管理总局，中国国家标准化管理委员会. 电磁屏蔽室屏蔽效能的测量方法：GB/T 12190-2021[S]. 北京：中国标准出版社，2021.

[8] 中华人民共和国国家质量监督检验检疫总局，中国国家标准化管理委员会. 电磁兼容 试验和测量技术 横电磁波（TEM）波导中的发射和抗扰度试验：GB/T 17626.20-2014[S]. 北京：中国标准出版社，2014.

[9] 中华人民共和国国家质量监督检验检疫总局，中国国家标准化管理委员会. 电磁兼容 试验和测量技术 混波室试验方法：GB/T 17626.21-2014[S]. 北京：中国标准出版社，2014.

[10] 国家质量监督检验检疫总局. 电磁骚扰测量接收机校准规范 JJF 1144：2006[S]. 北

京：中国质检出版社，2006.

[11] 中华人民共和国信息产业部. 电信设备电磁环境的分类：YD/T 1482-2006[S]. 北京：人民邮电出版社，2006.

[12] MEREWOOD P, GENTLE D, HOLLAND K, et al. A Guide to power flux density and field strength measurement[M]. London: The Institute of Measurement and Control, 2004.

第 5 章

电磁兼容标准化
组织及标准和法规

　　符合电磁兼容标准和相关法规要求是通信和电子产品敲开市场大门的敲门砖，而电磁兼容标准化组织则是制定相关标准和法规的基石。电磁兼容标准体系比较复杂，各国制定的电磁兼容标准之间有关联，但是也有差异。为了帮助读者能够提纲挈领地对电磁兼容标准体系有整体的认识，本章对国际和国内主要电磁兼容标准组织及主要标准进行了介绍，以便读者加强对电磁兼容标准的理解。

5.1　标准化工作

5.1.1　标准化法简介和标准的分类

　　为了发展社会主义商品经济，促进技术进步，改进产品质量，提高社会经济效益，使标准化工作适应社会主义现代化建设和发展对外经济关系的需要，中华人民共和国第七届全国人民代表大会常务委员会第五次会议于 1988 年 12 月 29 日通过了《中华人民共和国标准化法》，并于 2017 年 11 月 4 日在中华人民共和国第十二届全国人民代表大会常务委员会第三十次会议修订通过。

　　根据《中华人民共和国标准化法》中的定义，标准（含标准样品），是指农业、工业、服务业以及社会事业等领域需要统一的技术要求。根据国家标准 GB/T 20000.1-2014《标准化工作指南 第 1 部分：标准化和相关活动的通用术语》中对标准化的定义是：为了在既定范围内获得最佳次序，促进共同效益，对现实问题或潜在问题确立共同使用和重复使用的条款以及编制、发布和应用文件的活动。标准化的主要效益在于为了产品、过程或服务的预期目的改进它们的适用性，促进贸易、交流以及技术合作。

　　按照标准的应用范围不同，标准包括国家标准、行业标准、地方标准、团体标准和企业标准。国家标准分为强制性标准、推荐性标准，行业标准、地方标准是推荐性标准。推荐性国家标准、行业标准、地方标准、团体标准、企业标准的技术要求不得低于强制性国家标准的相关技术要求。

5.1.2 标准类型简介

对保障人身健康和生命财产安全、国家安全、生态环境安全以及满足经济社会管理基本需要的技术要求，应当制定强制性国家标准。强制性国家标准由国务院批准发布或者授权批准发布。生产、销售、进口产品或者提供服务不符合强制性标准的，依照《中华人民共和国产品质量法》《中华人民共和国进出口商品检验法》《中华人民共和国消费者权益保护法》等法律、行政法规的规定查处，记入信用记录，并依照有关法律、行政法规的规定予以公示；构成犯罪的，依法追究刑事责任。在我国强制性国家标准的代号为 GB，如 GB 8999-2021《电离辐射监测质量保证通用要求》。截至 2022 年 12 月，我国现行强制性标准共有 2109 份，包含了按 ICS 分类如机械制造、道路车辆工程、造船和海上构筑物等 38 个类别；即将实施的强制性标准有 64 条，包含了按 ICS 分类如能源和热传导工程、货物的包装和调运、建筑材料和建筑物等 12 个类别。其中电磁兼容相关的强制性标准如下。

❑ GB 4343.1-2018《家用电器、电动工具和类似器具的电磁兼容要求 第 1 部分：发射》
  实施日期：2020 年 6 月 1 日

❑ GB 13836-2000《电视和声音信号电缆分配系统 第 2 部分：设备的电磁兼容》
  实施日期：2001 年 10 月 1 日

❑ GB 17625.1-2012《电磁兼容 限值 谐波电流发射限值（设备每相输入电流≤16A）》
  实施日期：2013 年 7 月 1 日

❑ GB 17799.3-2012《电磁兼容 通用标准 居住、商业和轻工业环境中的发射》
  实施日期：2013 年 7 月 1 日

❑ GB 17799.4-2022《电磁兼容 通用标准 工业环境中的发射》
  实施日期：2023 年 11 月 1 日

❑ GB 23313-2009《工业机械电气设备 电磁兼容 发射限值》
  实施日期：2010 年 2 月 1 日

❑ GB 23712-2009《工业机械电气设备 电磁兼容 机床发射限值》
  实施日期：2010 年 2 月 1 日

❑ GB 34660-2017《道路车辆 电磁兼容性要求和试验方法》
  实施日期：2018 年 1 月 1 日

对满足基础通用、与强制性国家标准配套、对各有关行业起引领作用等需要的技术要求，可以制定推荐性国家标准。推荐性国家标准由国务院标准化行政主管部门制定。在我国推荐性国家标准的代号为 GB/T，如 GB/T 22450.1-2008《900/1800MHz TDMA 数字蜂窝移动通信系统电磁兼容性限值和测量方法 第 1 部分：移动台及其辅助设备》。截至 2022 年 12 月，我国现行推荐性国家标准共有 39737 份，其中电磁兼容相关的标准有 119 份，即将实施的推荐性国家标准有 737 份，其中电磁兼容相关的标准共有 4 份。

对没有推荐性国家标准、需要在全国某个行业范围内统一的技术要求，可以制定行业标准。制定行业标准的项目由国务院有关行政主管部门确定。国务院有关行政主管部门编制计划，组织草拟，统一审批、编号、发布，并报国务院标准化行政主管部门备案。行业标准在相应的国家标准实施后，自行废止。行业标准的代号如表 5-1 所示，如通信行业标准 YD/T 1312.1-2015《无线通信设备电磁兼容性要求和测量方法 第 1 部分：通用要求》。

表 5-1　行业标准代号

序　　号	行　　业	标 准 代 号
1	通信行业	YD
2	电力行业	DL
3	电子行业	SJ
4	环境保护行业	HJ
5	医药行业	YY
6	汽车行业	QC
7	交通运输行业	JT
8	广播电影电视	GY

为满足地方自然条件、风俗习惯等特殊技术要求，可以制定地方标准。地方标准由省、自治区、直辖市人民政府标准化行政主管部门制定；设区的市级人民政府标准化行政主管部门根据本行政区域的特殊需要，经所在地省、自治区、直辖市人民政府标准化行政主管部门批准，可以制定本行政区域的地方标准。地方标准由省、自治区、直辖市人民政府标准化行政主管部门报国务院标准化行政主管部门备案，由国务院标准化行政主管部门通报国务院有关行政主管部门。按地方标准管理办法要求，地方标准的代号汉语拼音字母"DB"加上省、自治区、直辖市行政区划代码前两位数再加斜线，组成强制性地方标准代号。再加"T"组成推荐性地方标准代号。省、自治区、直辖市行政区划代码如表 5-2 所示。以上海市为例，强制性地方标准代号：DB31，推荐性地方标准代号：DB31/T，如地方标准 DB31/T 422-2016《防静电手腕带的性能和测试方法》。

表 5-2 部分省、自治区、直辖市行政区划代码

序号	地方	代码	序号	地方	代码
1	北京市	110000	17	台湾省	71000
2	湖南省	430000	18	山西省	14000
3	天津市	120000	19	辽宁省	210000
4	河北省	130000	20	贵州省	520000
5	海南省	460000	21	陕西省	610000
6	吉林省	220000	22	青海省	630000
7	上海市	310000	23	山东省	370000
8	甘肃省	620000	24	广西壮族自治区	450000
9	河南省	410000	25	内蒙古自治区	150000
10	湖北省	420000	26	黑龙江省	230000
11	广东省	440000	27	西藏自治区	540000
12	四川省	510000	28	浙江省	330000
13	云南省	530000	29	福建省	350000
14	江苏省	320000	30	新疆维吾尔自治区	650000
15	安徽省	340000	31	宁夏回族自治区	640000
16	江西省	360000	/	/	/

企业可以根据需要对企业范围内需要协调、统一的技术要求、管理要求和工作要求制定企业标准。企业可以自行制定企业标准，或者与其他企业联合制定企业标准。国家鼓励社会团体、企业制定高于推荐性标准相关技术要求的团体标准、企业标准。企业标准的影响可能是跨地区甚至跨国家的。如大众公司发布的 VW 80304 Issue 2013-02《高压触点的电磁兼容要求》对世界范围内汽车行业的电磁兼容要求有较为深远的影响。

5.2 电磁兼容标准类型

按标准适用范围/考虑对象的不同，电磁兼容标准可以分为基础标准、通用标准、产品族（产品类）标准、产品标准、系统间电磁兼容标准。

1. 基础标准

基础标准一般不涉及具体的产品。它通常规定了现象、环境特征、试验和测量方法、试验仪器和基本试验装置，也可以规定不同的试验电平范围。例如：

❑　IEC 60050-161:2014《国际电工词汇 第 161 部分 电磁兼容》

❑　GB/T 4365-2003《电工术语 电磁兼容》

- IEC 61000-4-1:2016《电磁兼容　试验和测量技术　抗扰度试验总论》
- IEC 61000-4-2:2008《电磁兼容　试验和测量技术　静电放电抗扰度试验》
- IEC 61000-4-3:2020《电磁兼容　试验和测量技术　射频电磁场辐射抗扰度试验》

2．通用标准

通用标准规定了一系列的标准化试验方法与要求（限值），并指出这些方法和要求适用于何种环境。通用标准是对给定环境中所有产品的最低要求，如果某种产品没有产品（族）标准，则可以使用通用标准。例如：

- IEC 61000-6-1:2016《电磁兼容　通用标准　居住、商业和轻工业环境中的抗扰度试验》
- IEC 61000-6-2:2016《电磁兼容　通用标准　工业环境中的抗扰度试验》
- IEC 61000-6-3:2020《电磁兼容　通用标准　居住、商业和轻工业环境中的发射》
- IEC 61000-6-4:2018《电磁兼容　通用标准　工业环境中的发射》

通用标准将环境分为两大类。一是工业环境：例如，有工业、科学、医疗射频设备的环境；频繁切断大感性负载或大容性负载的环境；大电流并伴有强磁场的环境等。例如 IEC 61000-6-3/4 所适用的环境。二是居民区、商业区及轻工业环境：例如，居民楼群、商业零售网点、商业大楼、公共娱乐场所及户外场所（如加油站、停车场、游乐场、公园、体育场）等。例如 IEC 61000-6-1/3 所适用的环境。

3．产品族标准

产品族标准是针对某类产品规定了特殊的电磁兼容性要求（骚扰或抗扰度限值）以及详细的测量程序。产品族标准不需要像基础标准那样规定一般的测试方法。产品族标准比通用标准包含更多的特殊性和详细的规范，并可增加测试项目与测试电平。例如：

- GB 4343.1-2018《家用电器、电动工具和类似器具的电磁兼容要求　第 1 部分：发射》
- GB/T 4343.2-2020《家用电器、电动工具和类似器具的电磁兼容要求　第 2 部分：抗扰度》
- GB/T 9254.1-2021《信息技术设备、多媒体设备和接收机　电磁兼容　第 1 部分：发射要求》
- GB/T 9254.2-2021《信息技术设备、多媒体设备和接收机　电磁兼容　第 2 部分：抗扰度要求》

4．产品标准

产品标准的通用定义为规定产品应满足的要求以确保其适用性的标准。产品标准除了包括适用性的要求外，还可直接地或通过引用间接地包括诸如术语、抽样、测试、包装和标签等方面的要求，有时还可包括工艺要求。产品标准根据其规定的是全部的还是部分的必要要求，可区分为完整的标准和非完整的标准。

电磁兼容产品标准对电磁兼容性的要求更加明确，会增加针对该类产品测试时的工作状态的要求及抗扰度的性能判据，试验方法通常参照相应基础标准。例如：

❑ ETSI EN 301 489-50 V2.2.1《蜂窝通信基站及直放站的电磁兼容》

❑ GB/T 22450.1-2008《900/1800MHz TDMA 数字蜂窝移动通信系统电磁兼容性限值和测量方法 第 1 部分：移动台及其辅助设备》

❑ YD/T 2583.18-2019《蜂窝式移动通信设备电磁兼容性能要求和测量方法 第 18 部分：5G 用户设备和辅助设备》

5．系统间电磁兼容标准

系统间电磁兼容标准主要规定了经过协调的不同系统间的 EMC 要求，普通的产品标准或者产品族标准是以一类产品（一个系统）来考虑电磁兼容要求的，系统间电磁兼容标准要考虑特定系统之间，且在特定环境下的电磁兼容问题。例如：

❑ GB/T13620-2009《卫星通信地球站与地面微波站之间协调区的确定和干扰计算方法》

5.3   全国无线电干扰标准化技术委员会

为了开展我国在无线电干扰方面的标准化工作，1986 年 8 月在国家技术监督局的领导下，成立了全国无线电干扰标准化技术委员会，委员会编号 TC79。该委员会是国家标准化管理委员会（SAC）下属的技术委员会，主要任务是为适应国际交流和国际贸易的需要，促进我国电磁兼容标准化工作的发展，认真研究、积极采用国际标准和国外先进标准，并把国内、国际标准化工作结合起来，加速电磁兼容标准的制定、修订工作；主要目标是提高我国电气和电子产品的电磁兼容性，减少电磁环境污染，保护无线电接收，提高我国产品在国内外市场中的竞争能力。委员会目前下设 7 个分委员会，分别是 A 分会、B 分会、D 分会、F 分会、I 分会、H 分会和 J 分会，具体情况如下。

　　无线电干扰测量方法和统计方法分技术委员会简称A分会，国内代号为SAC/TC79/SC1。A分会负责无线电干扰的研究，主要的工作范围是修订电磁兼容测量设备和测量方法方面的基础标准，归口管理国际电工委员会/国际无线电干扰特别委员会（IEC/CISPR/A）在国内的标准化工作。

　　工业、科学和医疗射频设备分技术委员会简称 B 分会，国内代号为SAC/TC79/SC2。B 分会负责工业、科学和医疗设备以及电力架空线/高压设备/电力牵引等领域内的电磁兼容标准化工作，归口管理国际电工委员会/无线电干扰特别委员会/B 分会（IEC/CISPR/B）在国内的对口技术工作。B分会包括两个工作组：工作组 1（WG1）为研究工业、科学、医疗设备组，研究工业、科学、医疗设备的干扰或设备内由于操作产生的火花干扰；工作组2（WG2）为研究架空电力线、高压设备和电力牵引系统组，研究架空电力线、高压设备和电力牵引系统几类设备的干扰。

　　机动车辆和内燃机的无线电干扰分技术委员会简称D分会，国内代号为SAC/TC79/SC4。D 分会负责机动车辆、船的电气电子设备和内燃机驱动装置的无线电骚扰的标准化工作，归口管理国际电工委员会/无线电干扰特别委员会（IEC/CISPR/D）在国内的对口技术工作。D分会包括两个工作组：工作组 1（WG1）研究建筑物中使用的接收机的保护，其任务包括建筑物中使用的所有调频（FM）、调幅（AM）和电视（TV）广播接收机的保护；工作组 2（WG2）研究车载接收机的保护，其任务范围包括机动车上的装置、车载无线电和环境，主要规定评价车载 RF 噪声源对车上和邻近接收机影响的试验方法和限值。车载接收机对 RF 传导骚扰和暂态/脉冲群骚扰的敏感度不属于其工作范围。

　　家用电器、电动工具、照明设备和电气玩具的电磁兼容分技术委员会简称F 分会，国内代号为SAC/TC79/SC6。F 分会负责全国家用电器、电动工具、照明设备和电气玩具及类似设备的干扰允许值和特殊测量方法等专业领域标准化工作，归口管理国际电工委员会/无线电干扰特别委员会（IEC/CISPR/F）在国内的对口技术工作。F 分会包括两个工作组：工作组 1（WG1）研究装有电动机或接触器的家用电器，主要任务是研究装有电动机和接触器的家用电器、便携工具和类似电子设备的无线电干扰测量方法和限值，并就有关问题向CISPR/F 提出建议；工作组 2（WG2）研究照明设备，其主要任务是讨论照明设备无线电干扰特性的测量方法和限值，并就有关问题向 CISPR/F 提出建议。

　　信息技术设备、多媒体设备和接收机的电磁兼容分技术委员会简称 I 分会，国内代号为SAC/TC79/SC7。I 分会负责全国信息技术设备、多媒体设备和接收机的干扰和抗扰度限值和测量方法等专业领域标准化工作，归口管理国际电工委员会/无线电干扰特别委员会（IEC/CISPR/I）在国内的对口技术工作。I 分会包括 4 个工作组：工作组 1（WG1）研究广播接收机和相关设备的发射、抗扰度限值和测量方法；工作组 2（WG2）研究多媒体设备的发射限值和测量方法；工作组 3（WG3）研究信息技术设备的发射、抗扰度限值、测量方法；工作组 4（WG4）研究多媒体设备的抗扰度限值和测量方法。

无线电业务保护分会简称 H 分会，国内代号为 SAC/TC79/SC8。主要的工作范围是研究并提出保护我国无线电业务的电磁兼容标准化工作的具体方针、政策和技术措施的建议，负责组织制定保护无线电业务电磁兼容性标准体系。归口管理国际电工委员会国际无线电干扰特别委员会对无线电业务进行保护的发射限值分技术委员会（IEC/CISPR/H）在国内的对口技术工作。分会包括 3 个工作组：工作组 1（WG1）研究 EMC 产品发射标准的相关文件；工作组 2（WG2）研究确定发射限值的合理性；工作组 3（WG3）研究现场测量的通用发射标准。

电磁兼容风险评估分技术委员会简称 J 分会，国内代号为 SAC/TC79/SC9。该分技术委员会于 2022 年 8 月由国家标准化管理委员会批准成立，与 CISPR 现有的工作组没有直接对应关系，其主要的工作是负责频率范围为 9kHz 以上的电磁兼容风险评估标准制定。

全国无线电干扰标准化技术委员会目前主导完成现行标准共 136 份，即将实施标准共 5 份。通信设备电磁兼容检测需使用的标准如下。

❑ GB/T 6113.101-2021《无线电骚扰和抗扰度测量设备和测量方法规范 第 1-1 部分：无线电骚扰和抗扰度测量设备 测量设备》
实施日期：2022 年 7 月 1 日

❑ GB/T 6113.102-2018《无线电骚扰和抗扰度测量设备和测量方法规范 第 1-2 部分：无线电骚扰和抗扰度测量设备 传导骚扰测量的耦合装置》
实施日期：2019 年 2 月 1 日

❑ GB/T 6113.103-2021《无线电骚扰和抗扰度测量设备和测量方法规范 第 1-3 部分：无线电骚扰和抗扰度测量设备 辅助设备 骚扰功率》
实施日期：2021 年 12 月 1 日

❑ GB/T 6113.104-2021《无线电骚扰和抗扰度测量设备和测量方法规范 第 1-4 部分：无线电骚扰和抗扰度测量设备 辐射骚扰测量用天线和试验场地》
实施日期：2022 年 7 月 1 日

❑ GB/T 6113.105-2018《无线电骚扰和抗扰度测量设备和测量方法规范 第 1-5 部分：无线电骚扰和抗扰度测量设备 5MHz～18GHz 天线校准场地和参考试验场地》
实施日期：2019 年 7 月 1 日

- ❑ GB/T 6113.106-2018《无线电骚扰和抗扰度测量设备和测量方法规范
  第 1-6 部分：无线电骚扰和抗扰度测量设备　EMC 天线校准》
  实施日期：2019 年 7 月 1 日
- ❑ GB/T 6113.201-2018《无线电骚扰和抗扰度测量设备和测量方法规范
  第 2-1 部分：无线电骚扰和抗扰度测量方法　传导骚扰测量》
  实施日期：2019 年 2 月 1 日
- ❑ GB/T 6113.202-2018《无线电骚扰和抗扰度测量设备和测量方法规范
  第 2-2 部分：无线电骚扰和抗扰度测量方法　骚扰功率测量》
  实施日期：2019 年 2 月 1 日
- ❑ GB/T 6113.203-2020《无线电骚扰和抗扰度测量设备和测量方法规范
  第 2-3 部分：无线电骚扰和抗扰度测量方法　辐射骚扰测量》
  实施日期：2021 年 7 月 1 日
- ❑ GB/T 6113.204-2008《无线电骚扰和抗扰度测量设备和测量方法规范
  第 2-4 部分：无线电骚扰和抗扰度测量方法　抗扰度测量》
  实施日期：2008 年 9 月 1 日
- ❑ GB/T 9254.1-2021《信息技术设备、多媒体设备和接收机　电磁兼容　第
  1 部分：发射要求》
  实施日期：2022 年 7 月 1 日
- ❑ GB/T 9254.2-2021《信息技术设备、多媒体设备和接收机　电磁兼容　第
  2 部分：抗扰度要求》
  实施日期：2022 年 7 月 1 日
- ❑ GB/T 18655-2018《车辆、船和内燃机　无线电骚扰特性　用于保护车载
  接收机的限值和测量方法》
  实施日期：2019 年 2 月 1 日

5.4　全国电磁兼容标准化技术委员会

2000 年年初，全国电磁兼容标准化技术委员会于武汉成立，委员会编号
TC246。该委员会的工作范围是制定电力质量、低频发射、抗扰度、测量技术
和试验程序等电磁兼容标准，以及对口国际电工委员会 TC77 的技术工作。

委员会包含 3 个分技术委员会，分别是：高频现象分技术委员会，编号
TC246/SC1；低频现象分技术委员会，编号 TC246/SC2；大功率暂态现象分技
术委员会，编号 TC246/SC3。

TC246/SC1 主要研究电磁兼容领域的高频现象；TC246/SC2 主要研究电磁
兼容领域的低频现象；TC246/SC3 主要研究电磁领域的大功率暂态现象。

截至 2022 年 12 月，委员会主导完成现行标准共 93 份，即将实施的标准 1 份。其中通信设备电磁兼容检测频繁使用的标准如下。

❑ GB/T 17626.2-2018《电磁兼容 试验和测量技术 静电放电抗扰度试验》
实施日期：2019 年 1 月 1 日

❑ GB/T 17626.3-2016《电磁兼容 试验和测量技术 射频电磁场辐射抗扰度试验》
实施日期：2017 年 7 月 1 日

❑ GB/T 17626.4-2018《电磁兼容 试验和测量技术 电快速瞬变脉冲群抗扰度试验》
实施日期：2019 年 1 月 1 日

❑ GB/T 17626.5-2019《电磁兼容 试验和测量技术 浪涌（冲击）抗扰度试验》
实施日期：2020 年 1 月 1 日

❑ GB/T 17626.6-2017《电磁兼容 试验和测量技术 射频场感应的传导骚扰抗扰度》
实施日期：2018 年 7 月 1 日

❑ GB/T 17626.8-2006《电磁兼容 试验和测量技术 工频磁场抗扰度试验》
实施日期：2007 年 7 月 1 日

❑ GB/T 17626.11-2008《电磁兼容 试验和测量技术 电压暂降、短时中断和电压变化的抗扰度试验》
实施日期：2009 年 1 月 1 日

❑ GB/T 17626.29-2006 《电磁兼容 试验和测量技术 直流电源输入端口电压暂降、短时中断和电压变化的抗扰度试验》
实施日期：2007 年 9 月 1 日

5.5　中国通信标准化协会

中国通信标准化协会负责组织信息通信领域国家标准、行业标准以及团体标准的制修订工作，承担国家标准化管理委员会、工业和信息化部信息通信领域标准归口管理工作。国家标准化管理委员会批准的全国通信标准化技术委员会（TC485）和全国通信服务标准化技术委员会（TC543）秘书处设在协会。

协会设置会员代表大会、战略指导委员会、理事会、监事会和技术管理委员会，根据技术和标准研发需求，设置技术工作委员会、特设任务组、标准推进委员会等技术机构，秘书处作为协会日常工作机构。

协会的技术工作委员会根据研究的范围不同分为 11 个标准技术委员会，具体如表 5-3 所示。

表 5-3　中国通信标准化协会技术工作委员会及研究范围

序　号	技术委员会名称	研 究 范 围
1	TC1：互联网与应用	互联网基础设施和应用共性技术、数据中心、云计算、大数据、区块链、人工智能和各种应用
2	TC3：网络与业务能力	信息通信网络（包括核心网、IP 网）的总体需求、体系架构、功能、性能、业务能力、设备、协议以及相关的 SDN/NFV 等新型网络技术
3	TC4：通信电源与通信局工作站	通信设备电源、通信局站电源；通信局站工作环境
4	TC5：无线通信	移动通信、无线接入、无线局域网及短距离、卫星与微波、集群等无线通信技术及网络，无线网络配套设备及无线安全等标准制定，无线频谱、无线新技术等研究
5	TC6：传送网与接入网	传送网和接入网技术工作委员会根据开展标准研究的需要，下设 4 个工作组和一个特别工作组，即传送网工作组、接入网及家庭网工作组、线缆工作组、光器件工作组和专门对口 ITU-T SG15 研究的特别工作组
6	TC7：网络管理与运营支撑	网络管理与维护、电信运营支撑系统相关领域的研究及标准制定。根据研究领域的分工，主要对口 ITU-T SG4 的研究工作
7	TC8：网络与信息安全	面向公众服务的互联网的网络与信息安全标准，电信网与互联网结合中的网络与信息安全标准，特殊通信领域中的网络与信息安全标准。主要对口 ITU-T SG17
8	TC9：电磁环境与安全防护	电信设备的电磁兼容；雷击与强电的防护；电磁辐射对人身安全与健康的影响以及电磁信息安全
9	TC10：物联网	面向泛在网相关技术，根据各运营商开展的与泛在网相关的各项业务，研究院所、生产企业提出的各项技术解决方案，以及面向具体行业的信息化应用实例，形成若干项目组，有针对性地开展标准研究
10	TC11：移动互联网应用和终端	移动互联网应用的术语定义、需求、架构、协议、安全的研究及标准化；各种形态终端的能力及软硬件、接口、融合、共性等技术和终端周边组件、终端安全的研究及标准化。根据研究领域划分，主要对口 ITU-T SG12、IETF、OMA、WAC、W3C、3GPP、3GPP2、GSMA 等国际标准组织中与移动互联网应用和终端领域相关研究组的研究工作
11	TC12：航天通信技术	航天通信网络架构、协议；航天通信在行业中的应用；协同组网通信

续表

序 号	技术委员会名称	研 究 范 围
12	TC13：工业互联网	研究制订工业互联网标准体系、规划，开展工业互联网相关标准的制修订工作，促进工业互联网标准与产业的协调发展

TC9 电磁环境与安全防护标准技术委员会下设 3 个工作组：电信设备的电磁环境工作组（WG1）、电信系统雷击防护与环境适应性工作组（WG2）、电磁辐射与安全工作组（WG3）和共建共享工作组（WG4）。TC9 WG1 工作组主要研究电信网络与设备的电磁环境，包括电磁兼容、电磁干扰、天线电磁兼容相关性能、电磁环境特征。在过去的 20 年中，该工作组除了制定完成了已经商用的各代蜂窝通信终端类和基站类的电磁兼容测试产品标准，还完成了诸如卫星移动通信设备、短距离无线通信设备等非蜂窝通信的电磁兼容测试产品标准。

国内蜂窝通信产品的电磁兼容主要产品标准如下。

❑ GB/T 22450.1-2008《900/1800MHz TDMA 数字蜂窝移动通信系统电磁兼容性限值和测量方法 第 1 部分：移动台及其辅助设备》

❑ GB/T 19484.1-2013《800MHz CDMA 数字蜂窝移动通信系统电磁兼容性要求和测量方法 第 1 部分：移动台及其辅助设备》

❑ YD 1169.2-2001《800MHz CDMA 数字蜂窝移动通信系统电磁兼容性要求和测量方法 第 2 部分：基站及其辅助设备》

❑ YD/T 1592.1-2012《2GHz TD-SCDMA 数字蜂窝移动通信系统电磁兼容性要求和测量方法 第 1 部分：用户设备及其辅助设备》

❑ YD/T 1592.2-2012《2GHz TD-SCDMA 数字蜂窝移动通信系统电磁兼容性要求和测量方法 第 2 部分：基站及其辅助设备》

❑ YD/T 1595.1-2012《2GHz WCDMA 数字蜂窝移动通信系统电磁兼容性要求和测量方法 第 1 部分：用户设备及其辅助设备》

❑ YD/T 1595.2-2012《2GHz WCDMA 数字蜂窝移动通信系统电磁兼容性要求和测量方法 第 2 部分：基站及其辅助设备》

❑ YD/T 1597.1-2007《2GHz CDMA2000 数字蜂窝移动通信系统电磁兼容性要求和测量方法 第 1 部分：用户设备及其辅助设备》

❑ YD/T 1597.2-2007《2GHz CDMA2000 数字蜂窝移动通信系统电磁兼容性要求和测量方法 第 2 部分：基站及其辅助设备》

❑ YD/T 2583.1-2018《蜂窝式移动通信设备电磁兼容性能要求和测量方法 第 1 部分：基站及其辅助设备》

❑ YD/T 2583.2-2015《蜂窝式移动通信设备电磁兼容性要求和测量方法 第 2 部分：用户设备及其辅助设备的通用要求》

- ❑ YD/T 2583.3-2016《蜂窝式移动通信设备电磁兼容性能要求和测量方法 第 3 部分：多模基站及其辅助设备》
- ❑ YD/T 2583.4-2016《蜂窝式移动通信设备电磁兼容性能要求和测量方法 第 4 部分：多模终端及其辅助设备》
- ❑ YD/T 2583.13-2013《蜂窝式移动通信设备电磁兼容性能要求和测量方法 第 13 部分：LTE 基站及其辅助设备》
- ❑ YD/T 2583.14-2013《蜂窝式移动通信设备电磁兼容性能要求和测量方法 第 14 部分：LTE 用户设备及其辅助设备》
- ❑ YD/T 2583.17-2019《蜂窝式移动通信设备电磁兼容性能要求和测量方法 第 17 部分：5G 基站及其辅助设备》
- ❑ YD/T 2583.18-2019《蜂窝式移动通信设备电磁兼容性能要求和测量方法 第 18 部分：5G 用户设备和辅助设备》

5G 通信终端产品的电磁兼容产品标准为 YD/T 2583.18-2019，用于便携和车载使用的 5G 用户设备，适用于使用电源供电且在固定位置使用的 5G 用户设备，也适用于 5G 蜂窝式通信系统的各类数据终端设备。该标准规定了 5G 蜂窝式通信系统用户设备及其辅助设备在辐射杂散骚扰、辐射连续骚扰、传导连续骚扰、瞬态传导骚扰（车载环境）、谐波电流、电压变化、电压波动和闪烁等对外骚扰测量中的工作状态、测量频率范围、测量限值和适用端口；也规定了 5G 蜂窝式通信系统用户设备及其辅助设备在静电放电抗扰度、射频电磁场辐射抗扰度、射频场感应的传导骚扰抗扰度、电快速瞬变脉冲群抗扰度、浪涌（冲击）抗扰度、工频磁场抗扰度、瞬变与浪涌（车载环境）、电压暂降、短时中断和电压变化抗扰度等抗扰项目测量过程中的工作状态、测量频率范围、性能判据和适用端口。

5.6　国际无线电干扰特别委员会

20 世纪初，各国在规范无线电干扰问题时，采用的测量方法和限值并不相同，给国际贸易中商品和服务交换造成巨大的困难。1933 年，相关国际组织在巴黎召开了一次特别会议，以决定如何在国际上处理无线电干扰的问题。在此会议上组建了国际电工委员会（IEC）和国际无线电话联盟（UIR）的联合委员会。

起初，CISPR 是法语国际无线电干扰特别委员会——Comité International Special des Perturbations Radiophoniques 首字母缩写。直到 1953 年，随着电视机的广泛应用，委员会决定将最后一个单词改为 Radioélectriques。CISPR 的第一次会议于 1934 年 6 月在巴黎举行，参加国家有比利时、荷兰、卢森堡、法国和德国。第一会议期间，委员会建立了限值 A 和测量方法 B。CISPR 下的技术委员会组通过多年发展变革，到目前已根据技术方向的不同分为如下 6 个技术委员会。

CISPR SC A，主要研究无线电干扰测量和统计方法，拥有涵盖测试设备、测试方法和不确定度评定等标准，这些标准经常被各国和地区的相关 EMC 标准所引用。

CISPR SC B，主要研究与工业、科学和医疗射频设备，其他（重型）工业设备，架空电力线，高压设备和电力牵引有关的干扰，涉及其职责范围内的产品系列标准。

CISPR SC D，主要研究与车辆和内燃机驱动设备上的电气电子设备相关的电磁干扰，涉及车辆的产品系列标准。

CISPR SC F，主要研究与家用电器、工具、照明设备和类似设备有关的干扰，涉及家用电器的产品系列标准等。

CISPR SC H，主要研究无线电服务保护限值，负责制定发射限值。这些限值可能会被其他小组委员会使用。

CISPR SC I，主要研究信息技术设备、多媒体设备和接收器的电磁兼容性，涉及主题设备的产品系列标准。SC I 于 2001 年通过合并旧的 SC E（广播接收器）和 SC G（信息技术设备）而成立。

通信设备电磁兼容检测需要关注的 CISPR 标准包括但不限于以下标准。

❑ CISPR 16-1-1 2019 *Specification for radio disturbance and immunity measuring apparatus and methods -Part 1-1: Radio disturbance and immunity measuring apparatus - measuring apparatus*
发布日期：2019 年 5 月

❑ CISPR 16-1-2:2014+AMD1:2017 CSV *Specification for radio disturbance and immunity measuring apparatus and methods -Part 1-2: Radio disturbance and immunity measuring apparatus - Coupling devices for conducted disturbance measurements*
发布日期：2017 年 11 月

❑ CISPR 16-1-3:2004+AMD1:2016+AMD2:2020 CSV *Specification for radio disturbance and immunity measuring apparatus and methods -Part 1-3: Radio disturbance and immunity measuring apparatus - Disturbance power*
发布日期：2020 年 1 月

❑ CISPR 16-1-4:2019+AMD1:2020 CSV *Specification for radio disturbance and immunity measuring apparatus and methods -Part 1-4: Radio* disturbance and immunity measuring apparatus - Antennas and test sites for radiated disturbance measurements

发布日期：2020 年 6 月

❑ CISPR 16-1-5:2014+AMD1:2016 CSV *Specification for radio disturbance and immunity measuring apparatus and methods -Part 1-5: Radio disturbance and immunity measuring apparatus - Antennas calibration sites and reference test sites for 5MHz to 18 GHz*

发布日期：2016 年 12 月

❑ CISPR 16-1-6:2014+AMD1:2017+AMD2:2022 CSV *Specification for radio disturbance and immunity measuring apparatus and methods -Part 1-6: Radio disturbance and immunity measuring apparatus - EMC antenna calibration*

发布日期：2022 年 3 月

❑ CISPR 16-2-1:2014+AMD1:2017 CSV *Specification for radio disturbance and immunity measuring apparatus and methods - Part 2-1:Methods of measurement of disturbances and immunity - Conducted disturbances measurements*

发布日期：2017 年 6 月

❑ CISPR 16-2-2 2010 *Specification for radio disturbance and immunity measuring apparatus and methods - Part 2-2:Methods of measurement of disturbances and immunity - Measurement disturbances measurements*

发布日期：2010 年 7 月

❑ CISPR 16-2-3:2016+AMD1:2019 CSV *Specification for radio disturbance and immunity measuring apparatus and methods - Part 2-3: Methods of measurement of disturbances and immunity - Radiated disturbances measurements*

发布日期：2019 年 6 月

❑ CISPR 16-2-4 2003 *Specification for radio disturbance and immunity measuring apparatus and methods - Part 2-4: Methods of measurement of disturbances and immunity - Immunity measurements*

发布日期：2003 年 11 月

❑ CISPR 32:2015+AMD1:2019 CSV *Electromagnetic compatibility of multimedia equipment -Emission requirements*

发布日期：2019 年 10 月

❑ CISPR 25 2021 *Vehicles, boats and internal combustion engines - Radio*

disturbance characteristics - Limits and methods of measurement for the protection of on-board receivers
发布日期：2021 年 12 月

5.7 IEC 电磁兼容技术委员会

20 世纪 60 年代后期，国际社会开始关注电子产品的抗干扰性能。国际电工委员会（IEC）于 1973 年成立技术委员会 TC77，职责是研究制定 EMC 相关标准。

TC77 下设 3 个子技术委员会，分别是低频现象技术委员会（SC77A）、高频现象技术委员会 SC77B 和 S77C。

SC77A 负责关于电磁兼容低频（≤9kHz）现象的研究和标准化工作。

SC77B 负责关于电磁兼容高频（＞9kHz）连续和瞬态现象的研究和标准化工作。

SC77C 负责关于电磁兼容瞬时高能现象（HEMP/HPEM）的研究和标准化工作。通信设备电磁兼容测试需要关注的 TC77 制定的标准如下。

❑ IEC 61000-4-2:2008 *Electromagnetic compatibility (EMC) - Part 4-2: Testing and measurement techniques - Electrostatic discharge immunity test*
发布日期：2008 年 12 月

❑ IEC 61000-4-3:2020 *Electromagnetic compatibility (EMC) - Part 4-3: Testing and measurement techniques - Radiated, radio-frequency, electromagnetic field immunity test*
发布日期：2020 年 9 月

❑ IEC 61000-4-4:2012 *Electromagnetic compatibility (EMC) - Part 4-4: Testing and measurement techniques - Electrical fast transient/burst immunity test*
发布日期：2012 年 4 月 30 日

❑ IEC 61000-4-5:2014+AMD1:2017 CSV *Electromagnetic compatibility (EMC) - Part 4-5: Testing and measurement techniques - Surge immunity test*
发布日期：2017 年 8 月 4 日

❑ IEC 61000-4-6:2013 *Electromagnetic compatibility (EMC) - Part 4-6: Testing and measurement techniques - Immunity to conducted disturbances, induced by radio-frequency fields*
发布日期：2013 年 10 月

❑ IEC 61000-4-8:2009 *Electromagnetic compatibility (EMC) - Part 4-8: Testing and measurement techniques - Power frequency magnetic field immunity test*
发布日期：2009 年 9 月 3 日

❑ IEC 61000-4-11:2020 *Electromagnetic compatibility (EMC) - Part 4-11: Testing and measurement techniques - Voltage dips, short interruptions and voltage variations immunity tests for equipment with input current up to 16 A per phase*
发布日期：2020 年 1 月 28 日

5.8　国际标准化组织

国际标准化组织（ISO）源自希腊语 isos（平等）。这个命名表达了标准化的实质，同时也消除了由于将国际标准化组织翻译成不同的语言而导致的不同首字母缩写词可能导致的任何混淆。

ISO 成立于 1926 年，当时被称为国家标准化协会国际联合会（ISA）。该组织主要关注机械工程，它在第二次世界大战期间于 1942 年解散，在 1946 年以现在的名称 ISO 重组。

ISO TC 22 技术委员会主要负责研究关于电磁兼容性、互换性和安全性的所有标准化问题，特别是关于评估轻便摩托车、摩托车、机动车辆、拖车、轻型拖车、组合车辆和铰接式车辆等道路车辆及其设备性能的术语和测试程序。

开展车载通信设备电磁兼容测试需要关注的 ISO 标准如下。

❑ ISO 11452-1:2015 *Road vehicles - Component test methods for electrical disturbances from narrowband radiated electromagnetic energy - Part 1: General principles and terminology*
发布日期：2015 年 6 月

❑ ISO 11452-2:2019 *Road vehicles - Component test methods for electrical disturbances from narrowband radiated electromagnetic energy - Part 2: Absorber-lined shielded enclosure*
发布日期：2019 年 1 月

❑ ISO 11452-3:2016 *Road vehicles - Component test methods for electrical disturbances from narrowband radiated electromagnetic energy - Part 3: Transverse electromagnetic (TEM) cell*
发布日期：2016 年 9 月

❑ ISO 11452-4:2020 *Road vehicles - Component test methods for electrical disturbances from narrowband radiated electromagnetic energy - Part 4: Harness excitation methods*
发布日期：2020 年 4 月

❑ ISO 11452-5:2002 *Road vehicles - Component test methods for electrical disturbances from narrowband radiated electromagnetic energy - Part 5: Stripline*
发布日期：2002 年 4 月

❑ ISO 11452-6:1997/COR 1:1999 *Road vehicles - Electrical disturbances by narrowband radiated electromagnetic energy - Component test methods - Part 6: Parallel plate antenna - Technical Corrigendum 1*
发布日期：1997 年 12 月

❑ ISO 11452-7:2003/AMD 1:2013 *Road vehicles - Component test methods for electrical disturbances from narrowband radiated electromagnetic energy - Part 7: Direct radio frequency (RF) power injection - Amendment 1*
发布日期：2013 年 6 月

❑ ISO 11452-8:2015 *Road vehicles - Component test methods for electrical disturbances from narrowband radiated electromagnetic energy - Part 8: Immunity to magnetic fields*
发布日期：2015 年 6 月

❑ ISO 11452-9:2021《*Road vehicles - Component test methods for electrical disturbances from narrowband radiated electromagnetic energy - Part 9: Portable transmitters*
发布日期：2021 年 10 月

❑ ISO 7637-1 2015 *Road vehicles - Electrical disturbances from conduction and coupling - Part 1: Definitions and general considerations*
发布日期：2015 年 10 月

❑ ISO 7637-2 2011 *Road vehicles - Electrical disturbances from conduction and coupling - Part 2: Electrical transient conduction along supply lines only*
发布日期：2011 年 3 月

❑ ISO 7637-3 2016 *Road vehicles - Electrical disturbances from conduction and coupling - Part 3: Electrical transient transmission by capacitive and inductive coupling via lines other than supply lines*
发布日期：2016 年 7 月

5.9　美国联邦通信委员会

自 1912 年美国《无线电法案》颁布以来，美国一直在对通信有关内容进行规范。军方、应急响应人员、警察和娱乐公司都希望能够通过无线电波将他们的信号发送给正确的受众，且不受其他电波干扰。《无线电法案》是国会批准的第一个规范无线电通信的立法，旨在减少当时美国海军舰艇、私人公司和业余无线电操作员之间的无线电干扰。该法案还要求所有无线电操作员获得美国颁发的许可证，商务和劳工部负责给希望传输洲际或国际无线电信号的个人或公司分配频率。1926 年，联邦无线电委员会成立，以协助处理日益复杂的无线电需求。1934 年，国会通过了《通信法》，用联邦通信委员会（FCC）取代了联邦无线电委员会。《通信法》还将电话通信纳入 FCC 的管辖之下，这与之前的监管结构相比是一个重大变化。

FCC 主导的联邦法规第 47 条（47CFR）对进入美国市场销售的无线通信产品有明确的电磁兼容规范要求。其中通信电磁兼容实验室使用 47CFR 较为频繁的条款如下。

- ❑ 47CFR Part 15 Commercial Radio Operators
- ❑ 47CFR Part 22 Public Mobile Services
- ❑ 47CFR Part 24 Personal Communications Services
- ❑ 47CFR Part 27 Miscellaneous Wireless Communications Services
- ❑ 47CFR Part 30 Upper Microwave Flexible Use Services
- ❑ 47CFR Part 90 Private Land Mobile Radio Services
- ❑ 47CFR Part 96 Citizens Broadband Radio Services

FCC 47CFR 法规中通常只规定无线通信产品在对应测试项目中的限值、检波方式和分辨率带宽等要求。实验室在开展这些法规测试时，还需要有对应的操作程序。这些操作程序主要出自两个机构，FCC 下属的工程技术办公室（OET）和美国国家标准学会（ANSI）。

工程技术办公室（OET）负责维护美国频率分配表，管理实验许可和设备授权计划，规范未经许可设备的操作，并进行工程和技术研究。OET 主导制定用于指导 47CFR 法规电磁兼容测试的主要知识数据库文件如下。

- ❑ FCC KDB 789033 Guidelines for compliance testing of unlicensed national information infrastructure (U-NII) devices Part 15, Subpart E
- ❑ FCC KDB 905462 Compliance measurement procedures for unlicensed-

national information infrastructure (U-NII) devices operating in the 5250-5350 MHz and 5470-5725 MHz bands incorporating dynamic frequency selection; FCC Part 15, Subpart E

❑ FCC KDB 971168 Measurement guidance for certification of licensed digital transmitters

ANSI 于 20 世纪初建立。ANSI-ASC C63 委员会专门开发电磁兼容性工程标准，且越来越关注与无线设备相关的标准，每年在美国不同地点举行两次会议。C63 委员会由主要委员会、八个小组委员会和约二十个活跃的工作组组成，主要委员会的成员包括公司、组织、政府和个人顾问。

八个小组委员会各有分工，其中 SC-1 主要负责测量和仪表的研究；SC-2 负责标准内容所需的定义；SC-3 主要负责国际标准化工作；SC-4 主要负责研究无线和 ISM 设备的测量；SC-5 主要负责研究抗扰度测量；SC-6 主要负责实验室认证工作；SC-7 主要负责研究未经许可的个人通信服务工作；SC-8 主要负责医疗设备的测试研究。

ANSI 主导制定用于电磁兼容测试的主要标准如下。

❑ ANSI C63.2 *American National Standard for Specifications of Electromagnetic Interference and Field Strength Measuring Instrumentation in the Frequency Range 9 kHz to 40 GHz*

❑ ANSI C63.4 *American National Standard for Methods of Measurement of Radio-Noise Emissions from Low-Voltage Electrical and Electronic Equipment in the Range of 9 kHz to 40 GHz*

❑ ANSI C63.4A *American National Standard for Methods of Measurement of RadioNoise Emissions from Low-Voltage Electrical and Electronic Equipment in the Range of 9 kHz to 40 GHz Amendment 1: Test Site Validation*

❑ ANSI C63.6 *American National Standard for Electromagnetic Compatibility - Radiated Emission Measurements in Electromagnetic Interference (EMI) Control-Calibration and Qualification of Antennas (9 kHz to 40 GHz)*

❑ ANSI C63.10 *American National Standard of Procedures for Compliance Testing of Unlicensed Wireless Device*

❑ ANSI C63.19 *American National Standard Methods of Measurement of Compatibility between Wireless Communications Devices and Hearing Aids*

❑ ANSI C63.26 *American National Standard for Compliance Testing of Transmitters Used in Licensed Radio Services*

5.10　欧洲电信标准协会

　　欧洲电信标准协会（ETSI）于 1988 年由欧洲邮政和电信管理会议（CEPT）响应欧盟委员会的提议而成立。该协会是一个独立的非营利性的欧洲地区性信息和通信技术（ICT）标准化组织，这些技术包括电信、广播和相关领域，例如移动通信和医用电子技术。

　　ETSI 在信息通信电磁兼容领域制定了一系列产品标准，这些标准主要用于指导欧盟 CE（CONFORMITE EUROPEENNE）认证中的电磁兼容测试。ETSI 涉及移动电话机和通信基站电磁兼容测试的主要标准如下。

- ❑ ETSI EN 301 489-1 v2.2.3 *Electromagnetic compatibility (EMC) standard for radio equipment and services; Part 1: Common technical requirements; Harmonised standard for electromagnetic compatibility*

- ❑ ETSI EN 301 489-7 v1.3.1 *Electromagnetic compatibility and radio spectrum matters (ERM); Electromagnetic compatibility (EMC) standard for radio equipment and services; Part 7: Specific conditions for mobile and portable radio and ancillary equipment of digital cellular radio telecommunications systems (GSM and DCS)*

- ❑ ETSI EN 301 489-17 v3.2.5 *Electromagnetic compatibility (EMC) standard for radio equipment and services; Part 17: Specific conditions for broadband data transmission Systems; Harmonised standard for electromagnetic compatibility*

- ❑ ETSI EN 301 489-19 V2.2.1 *Electromagnetic compatibility (EMC) standard for radio equipment and services; Part 19: Specific conditions for receive only mobile earth stations (ROMES) operating in the 1,5 GHz band providing data communications and GNSS receivers*

- ❑ ETSI EN 301 489-24 v1.5.1 *Electromagnetic compatibility and radio spectrum matters (ERM); Electromagnetic compatibility (EMC) standard for radio equipment and services; Part 24:Specific conditions for IMT-2000 CDMA direct spread (UTRA and E-UTRA) for mobile and portable (UE) radio and ancillary equipment*

- ❑ ETSI EN 301 489-50 v2.3.1 *Electromagnetic compatibility (EMC) standard for radio equipment and services; Part 50: Specific conditions for cellular communication base station (BS), repeater and ancillary equipment; Harmonised standard for electromagnetic compatibility*

❑ ETSI EN 301 908-1 V15.1.1 *IMT cellular networks; Harmonised standard for access to radio spectrum; Part 1: Introduction and common requirements Release 15*

参 考 文 献

[1] 《中华人民共和国标准化法》编写组. 中华人民共和国标准化法[M]. 北京：中国民主法制出版社，2017.

[2] 中华人民共和国国家质量监督检验检疫总局，中国国家标准化管理委员会. 标准化工作指南 第 1 部分：标准化和相关活动的通用术语：GB/T 20000.1-2014[S]. 北京：中国标准出版社，2014.

[3] 全国无线电干扰标准化技术委员会，全国电磁兼容标准化技术委员会. 电磁兼容标准实施指南（修订版）[M]. 北京：中国标准出版社，2010.

第 6 章

5G 终端的骚扰测试

电磁兼容指的是对电子产品在电磁场中干扰大小和抗干扰能力的综合评定，是产品质量重要的指标之一。电磁骚扰（EMI）测试是电磁兼容检测项目的重要组成部分，它衡量了一个产品对人体、公共电网以及其他正常工作的电子电气产品产生电磁骚扰的风险。本章介绍了在 EMC 测试实验室对 5G 终端设备执行的一些最常见的电磁骚扰测试。并非所有测试都适用于所有 5G 终端设备，读者可以在本章了解不同应用场景和功能的设备所需要执行的具体测试项目及对应的检测要求。

6.1 概 述

6.1.1 电磁骚扰测试的实质及意义

1888 年，德国物理学家赫兹首创了天线，第一次把电磁波辐射到了自由空间，用实验证实了电磁波的存在，人们自此开始了对电磁干扰问题的研究。1989年，英国科学家率先踏上了对干扰问题的研究之路，对干扰问题的研究开始走向工程化与产业化。

20 世纪以来，随着电子电气技术的发展和应用，人们逐渐意识到强度过大的电磁波对生产生活是存在危害的，需要加以控制。一些国家级及国际间组织应运而生。20 世纪 30 年代，国际无线电干扰特别委员会（CISPR）在巴黎成立，开始对电磁干扰问题进行国际性的研究。随着标准和规范性文件的发布，电磁干扰测试走向科学化、正规化。由于现代电子技术向高频率、高集成度及高可靠性发展，对电磁干扰的研究已经成为一个活跃的学科领域，其主要的研究内容涵盖标准和规范、分析设计与预测、试验测量、屏蔽材料等。

当电子电气设备正常运行时，若其发射的电磁能量影响到其他设备的正常工作，电磁干扰就发生了。根据耦合方式的不同，电磁干扰主要分为传导干扰和辐射干扰两种。传导干扰是指通过导电介质把一个电网络上的信号耦合到另一个电网络；辐射干扰则是指干扰源通过空间把信号耦合到另一个电网络。在高速印刷电路板（PCB）及其系统设计中，高频信号线、集成电路的引脚、各类接插件等都可能成为干扰源，影响本系统内其他子系统或其他系统的正常工作。这种电磁骚扰引起的设备、传输通道或系统性能的下降，严重时可引发安全事故。

通常情况下，我们把电磁干扰的危害分为以下 3 类。

1．对电子系统、设备的危害

强烈的电磁干扰可能使灵敏的电子设备因过载而损坏。一般硅晶体管发射极与基极间的反向击穿电压为 2～5V，很易损坏，而且其反向击穿电压随温度升高而下降。电磁干扰引起的尖峰电压能使发射结和集电结中某点杂质浓度增加，导致晶体管击穿或内部短路。在强射频电磁场下工作的晶体管会吸收足够的能量，使结温超过允许温升而导致损坏。瑞典、美国都曾出现过电磁干扰导致核电站误关闭的事故。

2．对武器装备的危害

现代无线电发射机和雷达能产生很强的电磁辐射场。这种辐射场能引起装在武器装备系统中的灵敏电子引爆装置失控而过早启动；对制导导弹会导致偏离飞行弹道和增大距离误差；对飞机而言，则会引起操作系统失稳、航向不准、高度显示出错、雷达天线跟踪位置偏移等。越战期间，美舰艇导弹处于战备状态或舰载飞机起飞/着舰时，必须关闭搜索雷达和通信发射器，以免电磁干扰危害导弹和飞机的安全。

3．电磁场对人体的危害

电磁辐射进入人体细胞组织会引起生物效应，包括局部热效应和非热效应。在 1～3GHz 范围内热效应最为严重，生物效应吸收的能量可达入射能量的 20%～100%。当热效应升温超过人体体温调节能力时，就会产生生理功能紊乱和病理变化等效应。非热效应对生物体的损害机理尚不明确，一般认为其可能引起神经系统的紊乱或失调，同时存在影响心血管功能的风险。

因此，对电子电气设备的电磁干扰进行研究，根据使用环境、设备类型、设备用途对电子电气设备产生的干扰进行科学限制、严格测试，是对设备本身及其使用环境中其他设备或系统的保护，也是使得整个频谱范围内不同用途的电子设备"生态平衡""互不打扰"的发展准则。

在 5G 通信设备的组成中，终端设备占据了很大的比例，远远超过基站等系统设备。同时，5G 终端产品种类繁多，设计复杂，这使得电磁干扰问题进一步凸显。当前，5G 终端电磁兼容标准的编制方面，中国仍处于领先位置。因此，本章主要采用标准 YD/T 2583.18-2019 作为参考，同时借鉴了 3GPP TS38 系列标准，对 5G 终端设备可能需要经历的电磁骚扰测试项目进行介绍与分析。

电磁骚扰测试项目的选择可以参照表 6-1 进行。

表 6-1　电磁骚扰测试项目

试 验 项 目	适 用 端 口	终端及其辅助设备		
		固　　定	车　　载	便　　携
辐射杂散骚扰	机箱端口	适用	适用	适用
辐射骚扰	辅助设备的机箱端口	适用	适用	适用
传导骚扰	DC 电源输入/输出端口	适用	适用	不适用
	AC 电源输入/输出端口	适用	不适用	不适用
	有线网络端口	适用	适用	适用
谐波电流	AC 电源输入端口	适用	不适用	不适用
电压变化、电压波动和闪烁	AC 电源输入端口	适用	不适用	不适用
瞬态传导骚扰（车载环境）	DC 电源输入/输出端口	不适用	适用	不适用

6.1.2　5G 终端电磁骚扰测试关键参数设置

与 2G/3G/4G 无线通信设备相比，5G 无线通信设备做了大量的技术革新。理解 5G 无线终端设备的特性，有助于了解 5G 无线终端设备的电磁兼容性能要求并制定合理的评估方案。从整体来看，5G 终端 FR1 部分的电磁兼容测试变化不多，除了杂散限值有变化外，其他测试要素如场地、测试方法、仪表设备等变化较小。其测试的主要难点在于对 5G 终端设备工作状态的把控。对于骚扰测试而言，测试人员需要重点关注以下几点。

（1）测试时 5G 终端设备的工作频率。5G 设备的工作带宽一般较大，在某些频段其工作带宽可能达到 100MHz，因此需要先行确定设备的工作频段及测试频率，才能保证测试结果的有效性。划分给 5G 无线终端设备的工作频段分别是 FR1（410MHz～7.125GHz）和 FR2（24.25～52.6GHz）。目前，我国使用的是 FR1 频段，工作频率大多在 2.5GHz 以上。而对于 FR2，即毫米波频段的终端设备，国内外的标准并不完善，中国目前还未颁发毫米波频段的 5G 牌照。这使得 5G 终端 FR2 部分的电磁兼容缺乏可靠依据。根据现有标准及产品趋势可以判断，辐射杂散测试在毫米波部分将发生重大变化，进一步的分析和介绍将在本章第 6.5 节中阐述。

（2）EUT 的典型工作状态。5G 终端设备的种类繁多，典型工作状态并不完全统一。5G 无线终端设备应用非常广泛，包括手机、路由器到车联网通信终端、毫米波雷达以及工业互联网设备等，产品形态多种多样。其应用场所和领域也非常广泛，包括家用和办公场所、人流密集场所、车辆和交通场所、工业和轻工业场所以及医疗场所等。5G 无线终端设备不同产品形态及大量的应用，使其面临不同的电磁环境。测试时应尽可能使其接近实际使用状态。

（3）组网方式。5G 无线终端设备工作的组网方式有两种，分别是独立组网（SA）方式和非独立组网（NSA）方式。不同的组网方式分为单载波和载波聚合工作方式，载波聚合又分为带内载波聚合和带间载波聚合，非独立组网方式更复杂一些。独立组网与非独立组网如图 6-1 所示。

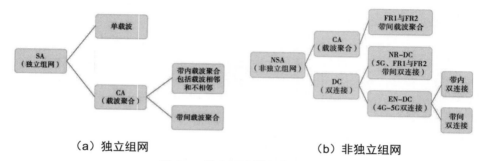

（a）独立组网　　　　　　　　　　（b）非独立组网

图 6-1　独立组网与非独立组网

（4）最大发射功率。测试时设备应以最大发射功率发射，这通常需要借助仪表或软件进行强制设置，以避免不充分的测试情况出现。

（5）最大骚扰的设置。对于 5G 终端而言，影响最大骚扰的设置参数较多。工作带宽的不同选择、资源块的设置以及调制方式都可能导致骚扰测试结果的不同。因此充分的测试和合理的规律总结是十分必要的。从测试经验及测试数据来看，在其他条件相同的情况下，EUT 的资源块设置为 1、调制方式为 QPSK（正交相移键控）时设备产生的骚扰更大，而设备的带宽对骚扰的影响并不明确，因而需要选择多种带宽设置进行测试。影响电磁兼容性能的 5G 终端技术参数主要有 8 项，如图 6-2 所示。

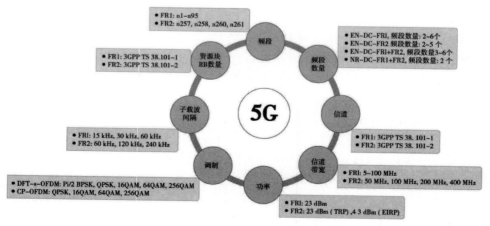

图 6-2　5G 终端技术参数

　　由于 5G 无线终端设备的参数设置及工作状态组合多样，且 3GPP TS 38.124、ETSI EN 301 489-52 以及 YD/T 2583.18-2019 三个标准中均只给出了测试的原则性要求和一些通用的要求，对于如何选择具体的工作状态组合，并没有提出明确的方案。那么在对 5G 无线终端设备进行电磁兼容测试时，如何选择 EUT 的工作状态以及相应的参数组合设置呢？从避免电磁兼容带来的性能降低的角度，最稳妥的方法是把所有的工作状态都进行遍历测试，但是这样会花费海量的测试时间，从产品的研发周期及成本考虑，这是不现实的。那么既要降低风险、提升性能，又要缩短测试时间、节约成本，如何选择测试方案就成为了关键。考虑到独立组网的工作方式相对比较简单，非独立组网特别是双连接的工作方式比较复杂，且目前市场上主要是 FR1 频段的 5G 无线通信终端，因此下面将参考 3GPP TS 38.521-3 的 5.5B 节的相关要求和设置，对在 FR1 频段、使用非独立组网双连接（EN-DC）工作方式的 5G 无线通信终端电磁兼容测试配置进行探讨。

1．双连接频段的配置

　　在进行电磁兼容测试时，建议带内和带间双连接的配置均进行测试。

　　1）带内双连接方式

　　对于辐射杂散骚扰测试，EUT 支持的所有频段配置都应逐一选择，进行测试。例如：如果 EUT 支持 DC_(n)71AA、DC_(n)41AA 和 DC_3A_n3A 三个频段配置，都应测试。其他电磁兼容的测试项目选择一个支持的频段配置进行测试。

　　2）带间双连接方式

　　（1）连接频段数量的选择：辐射杂散骚扰测试，选择支持频段数量的高中低值，例如选择 2 个频段、4 个频段和 6 个频段的双连接方式分别测试；连续骚扰抗扰度试验，选择支持频段数量的高和低值，例如选择 2 个频段和 6 个频段的双连接方式分别测试；其他骚扰测试，选择支持频段数量的低值，例如选择 2 个频段的双连接方式进行测试。

　　（2）连接频段配置的选择：确定好连接频段的数量后，依据 EUT 所支持的工作频段选择连接的频段配置。对于辐射杂散骚扰测试，原则上要遍历所有的频段配置进行测试，如果支持的频段配置太多，E-UTRA（4G 无线技术）可选择一个常用的频段，NR（5G 新无线技术）可选择支持的高中低工作频段或常用工作频段进行组合测试；如果选择连接的频段数量较大，可适当减少频段配置的选择，以 NR 的工作频段选择为主；对于其他电磁兼容测试，可选择 1 个常用频段配置进行测试，以 NR 频段的选择为主，带间双连接配置参见 3GPP TS 38.521-3 标准的 5.5B 节。

2．EUT 参数的设置

在进行电磁兼容测试时，要对 5G 无线终端设备的参数进行设置。可参考表 6-2 选择 EUT 支持的参数进行设置。

表 6-2　电磁骚扰测试中 5G 无线终端设备参数的设置

项目	信道	信道带宽	子载波间隔	调制方式	资源块	功率
辐射杂散	E-TURA：中 NR：高、中、低	E-TURA：最小 NR：最小	最小	QPSK	1	最大
连续骚扰	中	E-TURA：最小 NR：最小	最小	QPSK	1	最大

6.2　辐射骚扰试验

辐射骚扰指电子电气产品或系统由其内部电路工作时向其周围空间发射的电磁波。辐射骚扰（RE）试验主要测试电子电气设备或系统在正常工作时自身对外界的辐射干扰强度，包括来自电路板、机箱、电缆及连接线等所有部件的辐射骚扰。通过将试验测量值与限值比较来判断 EUT 的辐射发射是否合格。

我国在国家标准 GB/T 9254-2008《信息技术设备的无线电骚扰限值和测量方法》中，对辐射骚扰的试验设备、试验配置、试验程序进行了规定。这一规定适用于包含 5G 终端在内的多种信息技术设备。

6.2.1　主要试验设备及条件

5G 终端设备的辐射骚扰测试和以往的 4G 设备相比，变化较小。其主要的测试方法、测试场地、设备和限值都沿用了前序标准的一些要求。因此下面介绍的设备和场地，也适用于 2G/3G/4G 终端设备测试要求。

1．EMI 接收机

EMI 接收机是电磁兼容测试中应用最广、最基本的测量仪器。其实质是一种选频测量仪，能够将由传感器输入的干扰信号中预先设定的频率分量提取出来，予以记录。可以将 EMI 接收机看作可调谐、可变频、可精密测量幅度的电压计。

EMI 接收机测量信号时，首先将外部信号或干扰电平衰减，保证输入电平在测量范围内，同时避免过电压或过电流造成接收机损坏。之后通过预选器（带通滤波器）抑制镜像干扰和互调干扰，改善接收机信噪比。接收机本身提供的内部标准信号发生器产生的特殊窄脉冲可实现对接收机的自校，以保证测量的准确性。随后利用选频放大原理，使选择频率的测量信号进入下级电路，其他信号被排除在外。将来自高频放大器的高频信号与本振信号混频，输入中频放大器，由于中频放大器的调谐电路可提供严格的频段宽度，能获得较高的增益，因此可以保证接收机的选择性和灵敏度。

此外，EMI 接收机的检波方式与普通接收机有较大差异。EMI 接收机除了可以接收正弦波信号外，也常用于接收脉冲干扰信号，因此它除了具有平均值检波功能外，还增加了峰值检波和准峰值检波。

更多对于 EMI 接收机的性能要求，可参考 GB/T 6113.101-2016《无线电骚扰和抗扰度测量设备和测量方法规范　第 1-1 部分：无线电骚扰和抗扰度测量设备　测量设备》。

在辐射骚扰测试中，测试可分为 30MHz～1GHz 及 1GHz 以上两部分，两部分的技术要求有所差异。在 30MHz～1GHz 的频率范围内，限值用准峰值规定，测试时使用峰值或准峰值检波器。为了节省测试时间，可以用峰值测量代替准峰值测量。有争议时，以准峰值测量接收机的测量结果为准。而 1GHz 以上的频率范围内，限值用峰值及平均值规定。

2．天线

在 30～1000MHz 频率范围内，测量的是电场，天线应为测量电场的偶极子类的天线，应使用自由空间的天线系数。天线类型包括：

（1）调谐偶极子天线，其振子为直杆或锥形。

（2）偶极子阵列，例如对数周期偶极子阵列（LPDA）天线，由一系列交错的直杆振子组成。

（3）复合天线。

标准建议优先使用典型的双锥天线或 LPDA 天线进行测试。

1GHz 以上的辐射骚扰测量应使用经过校准的线极化天线，包括 LPDA 天线、双脊波导喇叭天线和标准增益喇叭天线。使用的任何天线的方向性图的波束或主瓣应足够大以覆盖在测试距离上的 EUT，或允许对 EUT 进行扫描以确定辐射源或辐射源的方向。对于喇叭天线，应满足下式：

$$d \geqslant \frac{D^2}{2\lambda} \qquad (6-1)$$

式中：d 为测量距离（m）；D 为天线的最大口径（m）；λ 为测量频率上的自由空间波长（m）。

更多对于测量天线的性能要求，可参考 GB/T 6113.104《无线电骚扰和抗扰度测量设备和测量方法规范　第 1-4 部分：无线电骚扰和抗扰度测量设备　辐射骚扰测量用天线》。

3．电波暗室

辐射骚扰测试场地首选开阔试验场地（OATS），开阔试验场地应平坦、无架空电力线、附近无反射物、场地足够大，以便能在规定距离处放置天线。需要满足气候保护罩、无障碍区、周围环境射频电平要求、接地平板等条件。一般的 5G 通信设备体积较小，往往可以选择可替代的试验场地。目前，已经构建了许多不同类型的试验场地来进行辐射发射的测量。如半电波暗室（SAC），所有侧墙和天花板都装有合适的吸波材料，地面为金属接地平板，用于模拟开阔试验场地。半电波暗室把接收天线和周围的射频环境相隔离，使得测试能够免受气候和周围环境电平的影响。

由于半电波暗室的测试环境需要模拟开阔试验场地的电磁波传播条件（即电磁波传播时只有直射波和地面反射波），故暗室尺寸应以开阔试验场的结构要求为依据，一般分为标准的 10m 法、5m 法和 3m 法等。半电波暗室的种类很多，无论从功能、结构形式、材料选择、安装形式上都有较大的差异。

内部全部加装了吸波材料的屏蔽室，即全电波暗室（FAR），也可用于辐射骚扰测量。全电波暗室旨在模拟自由空间，使得只有来自发射天线或 EUT 的直射波能够到达接收天线。通过在全电波暗室的 6 个面使用合适的吸波材料，能够使所有的非直射和反射波减到最小。

电磁兼容辐射骚扰测试不仅要求测量准确，还强调测量结果的可重复性和可比对性。在 30MHz～1GHz，通常待测信号（有用信号）包含直达波和地面反射波，因为该频段的天线（包括 EUT）的方向性图比较宽，很难排除地面反射波的影响，所以当前所有半电波暗室地面都采用金属板，以满足测量结果可重复性的要求。而针对 1GHz 以上的测试时，仅测量直达波，任何反射波都需要尽可能小（即自由空间），因此需要铺设吸波材料减小地面反射，并且必须确保接收天线的主瓣能够覆盖 EUT 的辐射单元。验证反射波是否足够小的充要条件就是场地电压驻波比的测试结果小于 6dB。在满足可重复性的基础上，测试桌的高度、吸波材料的高度可以灵活调整。

试验场地应做到能区分来自 EUT 的骚扰和环境噪声。可通过测量环境噪声电平来确定。环境噪声应比限值低至少 6dB。

6.2.2　场地验证方法

在 30～1000MHz 频率范围内，通过归一化场地衰减（NSA）测量，来验证试验场地的有效性。发射天线和接收天线之间的距离应与 EUT 进行辐射骚扰试验时的规定距离相同。如果水平和垂直极化场地衰减测量值与理想场地（见 GB/T 6113.104-2021）的理论场地衰减值之差不大于±4dB，则认为该测量场地是可以接受的。具体步骤如下。

（1）获取 V_{DIRECT}：将收发天线的馈线直连，记录各频点的最大电平。

（2）获取 V_{SITE}：将收发天线馈线分别接到对应的天线输入、输出端，记录各频点的最大测量电平。

（3）使用下式计算该位置、极化状态、天线高度时的归一化场地衰减值：

$$\Delta A_S = V_{DIRECT} - V_{SITE} - F_aT - F_aR - A_N \tag{6-2}$$

式中：F_aT、F_aR 为天线系数；A_N 为 NSA 理论值；若 ΔA_S 在 ±4dB 范围内，则测试合格。

（4）改变天线高度重复步骤（1）～（3）。

（5）改变天线极化状态重复步骤（1）～（4）。

（6）改变测试位置（左、右、前、后、中）重复上述试验。

图 6-3 为使用 3110C 双锥天线进行场地归一化衰减验证时的照片。

图 6-3　NSA 验证照片（30～200MHz 水平极化）

NSA 的测量原理为使用测试天线与信号源模拟一个全向辐射的 EUT。在测试区域，测试天线分别处于不同位置和极化方式，同时使用接收天线测量电场强度，最后使用校准数据判断偏差是否在可接受范围内。但该方法在 1GHz 以上频段并不适用。CISPR 16-2-3 给出了确认 1～18GHz 辐射骚扰场强的测试方法。与 1GHz 以下测试环境具备的电磁反射效应不同，在 1～18GHz 频率范围内，需要使用全电波暗室或地面上铺设吸波材料的开阔场地，从而模拟电磁波在自由空间的传播。场地有效性通过测量场地电压驻波 S_{VSWR} 来验证。S_{VSWR} 的计算如下：

$$S_{VSWR,dB} = E_{max,dB} - E_{min,dB} = V_{max,dB} - V_{min,dB} \tag{6-3}$$

在测试区域内，规定了 5 个测试位置，分别是前部（F）、中部（C）、左部（L）、右部（R）以及前部上方（T）。每一个测试位置都包含 6 个测试点，测试点示意图如图 6-4 和图 6-5 所示，通过这 6 个点电压最大值与最小值的差（$V_{\max,\mathrm{dB}}-V_{\min,\mathrm{dB}}$），就可以获得该测试位置的场地电压驻波比。若在两种天线极化状态下，5 个测试位置在整个测试频段内场地电压驻波比不超过 6dB，则认为该场地用于 1～18GHz 范围内辐射骚扰测量是可以接受的。

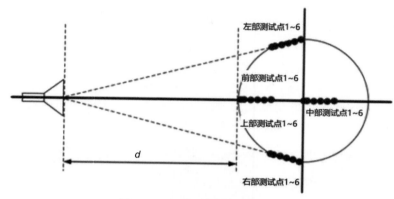

图 6-4 S_{VSWR} 测试点位俯视图

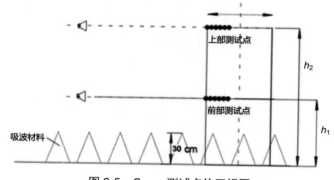

图 6-5 S_{VSWR} 测试点位正视图

6.2.3 试验方法及布置

1. 30MHz～1GHz 试验方法

标准要求测试在开阔场地或半电波暗室内进行，场地必须符合 NSA 的要求。测试布置如图 6-6 所示。测试天线和 EUT 之间的距离应符合远场条件，标准规定为 3m、10m 或 30m。远场的场结构比较简单，电场方向、磁场方向和电波传播方向三者互相垂直，波阻抗即电场强度与磁场强度之比为 377Ω，场强随距离一次方衰减。近场的场结构比较复杂，在电波传播方向存在电场或磁场的分量，三者不一定互相垂直，波阻抗不为常数而是随距离变化，场强随距离平方或三次方衰减。由于 10m 暗室的造价较高，国内暗室绝大部分只能进行 3m 法测试，而标准上给出的限值很多都是针对 10m 法测试的，所以需先将它们转换为 3m 法的限值再进行测试。

由于测试是测量 EUT 可能辐射的最大值，所以 EUT 应放在转台上（可 360°旋转）以便寻找最大骚扰辐射方向。台式设备离地面高度通常为 0.8m，立式设备则直接放置在地面，接触点与地面应绝缘。接收天线的高度应该在 1～4m（测试距离为 3m 或 10m）内扫描，记录最大辐射场强。EUT 的辐射电磁波到达天线有直射与经地面反射两条路径，由于两条路径不同因此有一定的相位差 ΔΦ。而 ΔΦ 与天线接收高度有关，当接收天线在 1～4m 之间移动时，接收到的场强也以驻波方式变化，波峰和波谷间的高度差约为 $\lambda/2$，因此可以保证在 30MHz 仍能找到最大场强。

由于骚扰场强的水平极化分量和垂直极化分量是不同的，所以测量时应把天线水平放置测水平极化分量，垂直放置测垂直极化分量。垂直放置时天线的最低端离地应大于 25cm，以免影响天线的性能。整个测试系统是同轴传输系统，应该保持阻抗匹配，即天线的阻扰、同轴电缆的特性阻抗和干扰测量仪的输入阻抗都应相等，一般为 50Ω。阻抗不匹配将引起反射，从而影响读数的准确性。目前已普遍使用自动化的电磁骚扰测试系统，测量仪、天线塔、转台都用 GPIB（IEEE-488）接口连接，由计算机控制，进行自动测试、数据处理和报告生成。

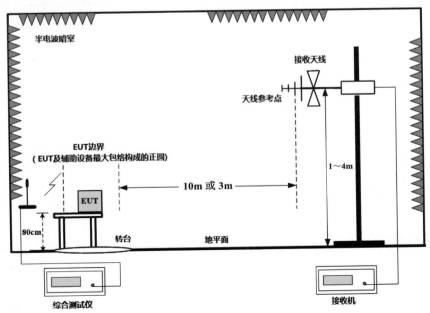

图 6-6　30MHz～1GHz 辐射骚扰测量示意图

2．1GHz 以上试验方法

1～18GHz 频率段的辐射发射测试一般使用全电波暗室。由于试验场地是自由空间，只有直达波，没有反射波，所以接收天线可以设置在与 EUT 同一高度上，不必上下移动。但是转台仍需 360°转动，以获得最大值。测试距离为 3m。天线应采用小口径定向天线，水平和垂直两种状态都要测试。测试布置如图 6-7 所示。

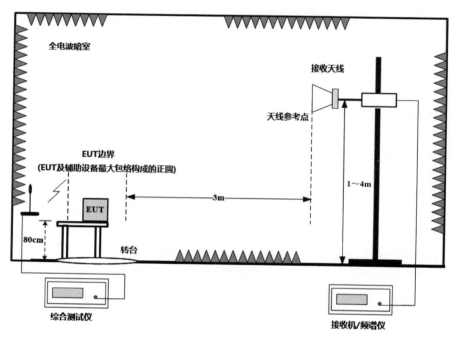

图 6-7　1GHz 以上辐射骚扰测量示意图

3．试验布置

1）台式设备

30MHz～1GHz 的测试在半电波暗室中进行，EUT 应放置在试验场地中高出水平参考接地平板 0.8m 的非金属桌面上。

1GHz 以上的测试在全电波暗室中进行，EUT 应放置在和接收天线高度相同的对电磁波无反射和无吸收的支撑材料上（推荐聚苯乙烯）。

受试系统（包括 EUT 以及与 EUT 相连的外设、辅助设备或装置）所有单元之间的距离为 0.1m。如果单元是上下垂直重叠放置的，则应将它们重叠放置（如将显示器直接放在台式计算机上），且背面齐平。

理想情况下，所有单元的背面都应与试验桌的边沿齐平，除非无法实现或不是典型的应用情况，对于前一种情况可能需要扩大试验桌。如果试验桌不能扩大，则可将在试验桌后沿排列不开的单元在桌子左右两侧放置。

单元之间的电缆应从试验桌的后边沿垂落。如果下垂电缆与水平接地平板的距离小于 0.4m，则应将电缆的超长部分在其中心来回折叠按 8 字形捆扎成不超过 0.4m 的线束，以使其水平高度在接地平板上方至少 0.4m。

键盘、鼠标、话筒等装置的电缆应按正常使用情况来布置。

外部电源单元（如电源适配器）应按照下述方法布置。

（1）如果外部电源单元的电源输入电缆长于 0.8m，则将该单元放在试验桌上，并且与宿主单元保持 0.1m 的间隔。

（2）如果外部电源单元的电源输入电缆短于 0.8m，则将该单元放置在接地平板一定高度的某个位置，使得整个输入电缆在垂直方向上完全展开。

（3）如果外部电源单元内置电源插头，那么该电源应直接放置在试验桌上。然后在该电源与供电电源之间用一根延长电缆将它们连接起来。延长电缆应尽可能短。

以上布置中，EUT 与电源附件之间的电缆应该与 EUT 其他互连电缆的连接方式相同，也放在桌面上。

测试布置示意图如图 6-8 所示。

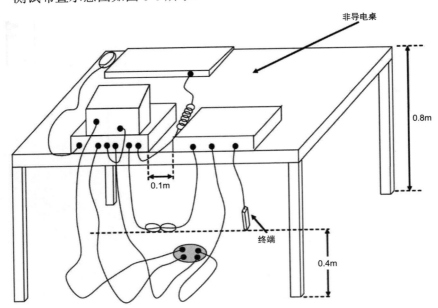

图 6-8　台式设备的测试布置

2）落地式设备

EUT 应放置在水平参考接地平板上，朝向与正常使用情况相一致，其金属体/物件距离参考接地平板的绝缘距离不得超过 0.15m。

EUT 的电缆应与水平接地参考平板绝缘（绝缘距离不超过 0.15m）。如果设备需要专用接地连接，那么应提供专用的连接点，并将该点搭接到水平接地平板上。

EUT 各单元之间或 EUT 与辅助设备之间的单元电缆应垂落至水平参考接地平板，但与其保持绝缘。电缆的超长部分应在其中心被捆扎成不超过 0.4m 的8 字形线束，也可以按蛇形布线。

如果单元间的电缆长度不足以垂落至水平参考接地平板，但离该平板不足0.4m，那么超长部分应在电缆中心捆扎成不超过 0.4m 的线束，该线束或者位于水平参考接地平板之上 0.4m，或者位于电缆入口或电缆连接点高度（如果该入口或连接点距离水平参考接地平面的距离小于 0.4m）。

对于带有垂直走线电缆槽的设备，其电缆槽数量应与典型的实际应用相符。对于非导电材料的线槽，设备与垂直电缆之间的最近距离至少 0.2m。对于导电结构的电缆槽，电缆槽与设备最近的部分至少 0.2m。

测试布置示意图如图 6-9 所示。

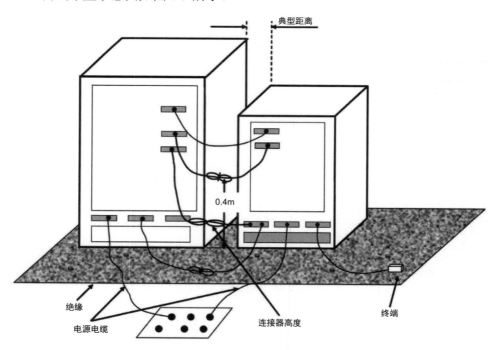

图 6-9 落地式设备的测试布置

3）组合式设备

除应满足以上台式和落地式设备布置的要求外，还应满足下面的要求：台式和落地组合式设备之间的电线的超长部分应折叠成不超过 0.4m 的线束。线束的位置或者位于水平参考接地平板上方 0.4m；或者位于电缆的入口或电缆的连接点处（如果该入口或连接点距离水平参考接地平板的间隔小于 0.4m）。

6.2.4　标准限值要求

标准 YD/T 2583.18-2019 中规定的 5G 终端的辐射骚扰限值如表 6-3 和表 6-4 所示。

表 6-3　辐射骚扰限值（30MHz～1GHz）

频率范围 /MHz	准峰值（测量距离 10m） /dB（μV/m）	准峰值（测量距离 3m） /dB（μV/m）
30～230	30	40
230～1000	37	47

注：1. 在过渡频率处（230MHz）应采用较低的限值。
　　2. 当出现环境干扰时，可以采取附加措施。

表 6-4　辐射骚扰限值（1～6GHz，测量距离 3m）

频率范围/GHz	平均值/dB（μV/m）	峰值/dB（μV/m）
1～3	50	70
3～6	54	74

注：1. 在过渡频率处（3GHz）应采用较低的限值。
　　2. 当出现环境干扰时，可以采取附加措施。

6.3　传导骚扰试验

传导骚扰也称为传导发射，是指电子电气设备或系统内部的电压或电流通过信号线、电源线或地线传输出去而成为其他电子电气设备或系统干扰源的一种电磁现象。所有电子产品在用电时都会对电网发出干扰信号，如果干扰信号过大，就会影响整个电网的质量，进而干扰其他电子设备的正常运行。因此需要对电子产品的传导干扰加以限制。传导骚扰测试主要测试电子电气设备或系统在正常工作时自身的电压或电流通过信号线、电源线或地线传输出去而对其他设备造成的干扰强度。与辐射发射类似，通过将试验测量值与限值比较来判断 EUT 的传导骚扰是否合格，以此保证其他设备免受干扰。

电子设备的高传导发射值主要是由于非线性负载导致的。一般的设备中都存在开关电源或 AC/DC 转换器，这类工作在脉冲状态的器件会产生强干扰；数字电路中的工作电流也会沿电源线产生传导骚扰；设备中的电路板、电缆产生的辐射能量会在电源线和电路中产生感应电流，形成二次干扰；电源电路中的二极管、三极管等设备可能对干扰信号进行调制或放大，进一步导致干扰的恶化。

根据干扰信号的频谱宽度，可将干扰分为窄带干扰和宽带干扰。窄带干扰是指带宽几十 Hz 到几百 kHz 的干扰信号，如调幅（AM）、调频（FM）、基本电源输出、谐波等。宽带干扰通常带宽为几十 MHz 到几百 MHz，甚至更宽，一般由窄脉冲形成。

6.3.1　主要试验设备

传导骚扰测量可以总结为：在符合要求的场地上，将 EUT 按规定的方式布置，再用标准规定的设备（人工电源网络/阻抗稳定网络/接收机等）测量 EUT 电源端口及电信端口的骚扰。传导骚扰的测试设备和设施主要包括接收机、线性阻抗稳定网络、接地平板等。

1．接收机

由电力电子设备产生的电磁发射通常是宽带、连续的，其频率范围从工频（50Hz）到几十 MHz。通常传导骚扰应在这一频率范围被测量。由于许多国家和国际标准只在 0.15～30MHz 的频率范围内确定传导骚扰，因此我们仅在这一范围内讨论信号的测量方法。

在 150kHz～30MHz 频率范围内的 EMI 分量，由 EMI 接收装置测量。EMI 接收机测得的是 EUT 的输出电压。通常情况下，用带有准峰值检波器和平均值检波器的测量接收机进行测量。

2．线性阻抗稳定网络

线性阻抗稳定网络（line impedance stabilization network，LISN），又称人工电源网络（artificial mains network，AMN），是一种耦合去耦电路。LISN 在射频范围内向被测开关电源提供一个稳定的阻抗，并将被测开关电源与电网上的高频干扰隔离，然后将干扰电压耦合到接收机上。LISN 根据测量目的的不同，分为两种基本类型：用于测量每根电源线与参考地之间不对称电压的 V 型和用于测量每根电源线之间对称电压及电源线电气中点与参考地之间不对称电压的△型。针对不同频段、不同负载情况和电网情况，实际的 LISN 电路形式和种类很多。

它的主要作用有以下几个方面。

（1）为 50Hz 市电提供通路。由于靠电网这一侧的电感非常小，不足以在市电频率下形成大的阻抗，因此市电可畅行无阻地为试品提供电能，同时电网侧的电容还能进一步衰减来自电网的干扰信号。

（2）隔离被测开关电源工作中产生的射频电磁骚扰。利用网络电感在射频下的高阻抗，可阻止由开关电源产生的射频骚扰信号进入电网。

（3）通过靠近开关电源一侧的耦合电容转接由开关电源产生的射频骚扰信号进入接收机。

（4）稳定阻抗。由于各个电网的阻抗不同，使得开关电源骚扰电压的值也各不相同。为此，标准规定了一个统一的阻抗（50Ω），以便测试结果的相互比较。

　　V 型人工电源网络是通信终端测试最常用的一类人工电源网络。图 6-10 是一个 50Ω/50μH 的 V 型人工电源网络的原理图。对于低频信号，LISN 的电感 L_1 表现为低阻抗，电容 C_1 表现为高阻抗，所以信号经过 LISN 基本不衰减，输送到开关变换器；而对于高频信号，LISN 的电感表现为高阻抗，电容可以视为短路，所以 LISN 阻止了高频噪声在受试设备和电网之间的传送。连接测量接收机时，仪器内部标准阻抗为 50Ω，干扰电流将从该 50Ω 阻抗上流过，此时，LISN 起到了干扰电流在所需测量的频段提供了一个 50Ω 固定阻抗的作用，而 50Ω 电阻上的电压就是传导骚扰电压。

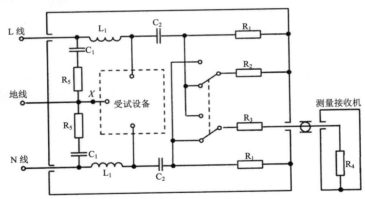

图 6-10　50Ω/50μH 的 V 型人工电源网络原理图

3．接地平板

　　与辐射骚扰测试相比，传导骚扰测试需要较少的仪器，不过，一个很重要的条件是需要一个 2m×2m 以上面积的参考接地平面，并超出 EUT 边界至少 0.5m。因为屏蔽室内的环境噪声较低，同时屏蔽室的金属墙面或地板可以作为参考接地板，所以传导骚扰测试通常在屏蔽室内进行。

6.3.2　一般试验条件

1．场地环境

　　应保证环境噪声比限值至少低 6dB。当环境噪声和骚扰源的骚扰两者的合成结果不超过规定的限值时，不必要求环境噪声电平比规定限值低 6dB。在这种情况下，可以认为源的发射满足规定限值的要求；而当环境噪声和骚扰源的骚扰两者的合成结果超过规定的限值时，则不能判定 EUT 未达到限值的要求，除非在超过限值所对应的每个频率都能表明同时满足下述两个条件。

（1）环境噪声电平至少比源骚扰加上环境噪声电平低 6dB。

（2）环境噪声电平至少比规定的限值低 4.8dB。

2．EUT 配置

EUT 应按照典型运行状态进行配置、安装和布置。如果存在同一类型的多个接口，依据预测试的结果，可能有必要对 EUT 添加互连电缆、负载或装置。如果设备有多个同类型的接口端口，假如能证明添加电缆不会明显地影响测试结果，那么仅将一根电缆接到该类端口中的某一端口上即可。对于通常带有多个模块（抽屉单元、插卡、底板等）的设备应按典型应用中的模块数目和组合情况进行试验。由数个独立单元组成的系统应按最小的、有代表性的配置组合。试验配置中包含单元的数量和组合通常应能代表典型系统所使用的那种配置。

被测单元的电源电缆应连到 AMN。如果 EUT 具有一个或更多的宿主单元，且每个单元都有自己的电源电缆，则与 AMN 的连接点按以下规则确定。

（1）对每个用标准电源插头端接的电源电缆，应分别测试。

（2）对制造商未规定要通过一个宿主单元连接的各电源电缆或端子，应分别测试。

（3）对制造商规定要通过一个宿主单元或其他电源设备连接的各电源电缆或现场接线端子，它们应按规定连接到该宿主单元或上述的其他电源设备，然后将该宿主单元或上述的其他电源设备的端子或电源电缆与 AMN 连接并测试。

（4）当制造商规定了特殊的连接方法时，制造商应提供所需的、对连接有影响的硬件用于测试。

EUT 的工作条件由制造商根据 EUT 的典型应用以及预期产生最大的发射电平来确定。

6.3.3 试验方法及布置

1．台式设备

在屏蔽室进行传导骚扰测试时，其 EUT 布置如图 6-11 及图 6-12 所示。在屏蔽室内进行电信端口的测量时，如果不以屏蔽室的墙壁作为参考接地平板，则应以水平接地平板作为参考接地平板，此时的测试布置应该按照图 6-13 所示进行。

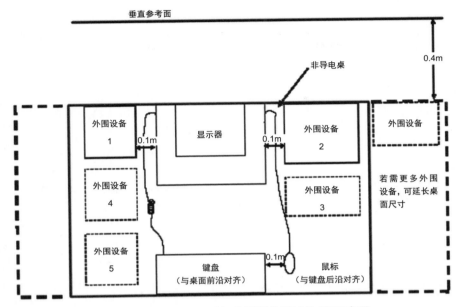

图 6-11　在屏蔽室内进行传导骚扰测试的 EUT 布置

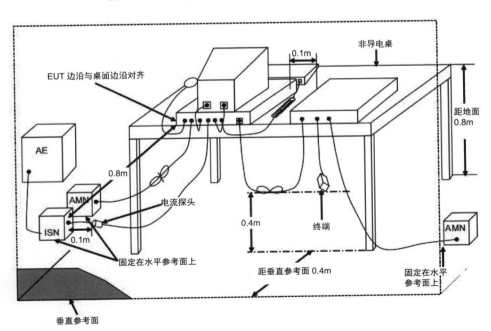

图 6-12　在屏蔽室内对台式设备进行传导骚扰测试的 EUT 布置

在半电波暗室内进行传导骚扰测试时，其 EUT 布置如图 6-13 所示。作为台式设备使用的设备应放置在非金属的桌子。受试系统（包括 EUT 以及与 EUT

相连的外设、辅助设备或装置）所有单元之间的间隔距离为 0.1m（见图 6-11）。如果单元是上下重叠放置的，则应将它们重叠放置（例如将显示器直接放在台式计算机上），其背面与布置的后面齐平（见图 6-11 外围设备 1 和 2 的位置）。

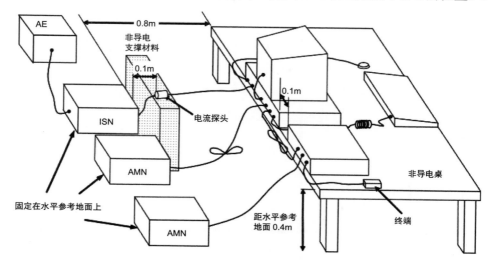

图 6-13　在半电波暗室内对台式设备进行传导骚扰测试的 EUT 布置

理想情况下，所有单元的背面都应与试验桌的后边沿齐平，除非无法实现或那不是典型的应用情况。对于前种情况可能需要扩大试验桌。如果试验桌不能扩大，则可将在试验桌后沿排列不开的单元在桌面左右两侧放置。如果有更多的单元，则应使它们在保持 0.1m 间距的前提下尽可能地靠近，除非正常应用时它们靠得更近。

单元间的电缆应从试验桌的后边沿垂落。如果下垂的电缆与水平接地平板的距离小于 0.4m，则应将电缆的超长部分在其中心来回折叠按 8 字形捆扎成不超过 0.4m 的线束，以使其在水平参考接地平板上方至少 0.4m。

键盘、鼠标、话筒等装置的电缆应按正常使用情况布置。

外部电源单元（如电源适配器）应按下述方法布置。

（1）如果外部电源单元的电源输入电缆长于 0.8m，则将该单元放在试验桌上，并且与宿主单元保持 0.1m 的间隔。

（2）如果外部电源单元的电源输入电缆短于 0.8m，则将该单元放置在接地平板上一定高度的某个位置，使得整个输入电缆在垂直方向上完全展开。

（3）如果外部电源单元内置电源插头，那么该电源应直接放置在试验桌上。然后在该电源与供电电源之间用一根延长电缆将它们连接起来。延长电缆应尽可能短。

以上布置中，EUT 与电源附件之间的电缆应该与 EUT 其他互连电缆的连接方式相同，也放在桌面上。

2. 落地式设备

落地式设备进行传导骚扰测试时，其 EUT 布置如图 6-14 所示。

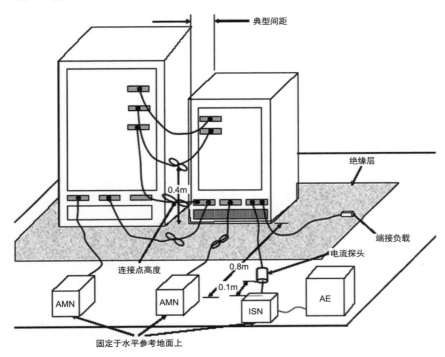

图 6-14　落地式设备进行传导骚扰测试的 EUT 布置

EUT 应放置在水平参考接地平板上，其朝向与正常使用情况一致，其金属体/物件距离参考接地平板的绝缘距离不得超过 0.15m。

EUT 的电缆应与水平接地参考平板绝缘（绝缘距离不超过 0.15m）。如果设备需要专用的接地连接，那么应提供专用的连接点，并将该点搭接到水平接地平板上。

EUT 各单元之间或 EUT 与辅助设备之间的单元电缆应垂落至水平参考接地平板，但与其保持绝缘。电缆的超长部分应在其中心被捆扎成不超过 0.4m 的8 字形线束，也可以按蛇形布线。

如果单元间的电缆长度不足以垂落至水平参考接地平板，但离该平板的距离又不足 0.4m，那么超长部分应在电缆中心捆扎成不超过 0.4m 的线束。该线束或者位于水平参考接地平板之上 0.4m，或者位于电缆入口或电缆连接点高度

（如果该入口或连接点距离水平参考接地平板的距离小于 0.4m），如图 6-14 所示。

对于带有垂直走线电缆槽的设备，其电缆槽数量应与典型的实际应用相符。对于非导电材料的电缆槽，设备与垂直电缆之间的最近距离至少 0.2m。对于导电结构的电缆槽，电缆槽与设备最近的部分至少距离 0.2m。

6.3.4 传导骚扰的系统验证

传导骚扰测试系统通常应该在以下情况进行系统验证。

（1）每日测试之前。

（2）测试系统发生了变动，电缆被拆卸或更换了人工电源网络。

（3）测试系统被搬动之后。

在进行系统验证时通常采用梳状信号发生器作为被测样品，将系统验证结果与以前进行系统验证时测试结果的平均值进行比较。如果两个测试数据的差值在±1.4dB 之内，则认为当前的测试系统工作正常，可以开展测试。

6.3.5 标准限值要求

标准 YD/T 2583.18-2019 中规定的 5G 终端的 DC/AC 电源端口以及有线网络端口的传导骚扰限值如表 6-5～表 6-7 所示。

表 6-5　DC 电源端口传导骚扰限值

频率范围/MHz	限值/dBμV	
	平　均　值	准　峰　值
0.15～0.5	56～46	66～56
0.5～5	46	56
5～30	50	60

注：1. 在过渡频率处（0.5MHz 和 5MHz）应采用较低的限值。
　　2. 在 0.15～0.5MHz 频率范围内，限值随频率的对数呈线性减小。

表 6-6　AC 电源端口传导骚扰限值

频率范围/MHz	限值/dBμV	
	平　均　值	准　峰　值
0.15～0.5	56～46	66～56
0.5～5	46	56
5～30	50	60

注：1. 在过渡频率处（0.5MHz 和 5MHz）应采用较低的限值。
　　2. 在 0.15～0.5MHz 频率范围内，限值随频率的对数呈线性减小。

表 6-7　有线网络端口传导骚扰限值

频率范围 /MHz	电压限值/dBμ		电流限值/dBμA	
	准　峰　值	平　均　值	准　峰　值	平　均　值
0.15～0.5	84～74	74～64	40～30	30～20
0.5～30	74	64	30	20

注：1. 在 0.15～0.5MHz 内，限值随频率的对数呈线性减小。

　　2. 电流和电压的骚扰限值是在使用了规定阻抗的阻抗稳定网络（ISN）条件下导出的，该阻抗稳定网络对于受试的端口呈现 150Ω 的共模（不对称）阻抗（变换因子为 20lg150＝44dB）。

6.4　辐射杂散骚扰测试（FR1）

按照距离主频信号中心频点的远近，可将整个测量频段划分成 3 个域：工作域、带外域和杂散域。杂散域为主频信号±2.5 倍工作带宽之外的频率范围。频率落在杂散域内的无用信号，被称作杂散信号。

杂散发射是指设备产生或放大的、通过设备机壳和电源、控制及音频线缆辐射的工作频率外的发射。由于杂散发射是通过空间传播的，因此干扰途径很多。一般而言，通信设备终端的辐射杂散是设备通信过程中在有用信号之外的寄生或干扰信号，包含谐波发射、寄生发射和互调、变频产物，通常在工作带宽之外的单个或多个频段上出现。以常见的 5G 发射机为例，终端产生杂散发射的主要途径可以归纳为以下几个方面。

（1）天线端口。天线端口发出的谐波可分为两部分：一是射频电路中产生的高次谐波，二是主频信号经天线发射出来后与周围金属部件耦合产生的高次谐波。

（2）射频模块。射频模块的屏蔽壳设计缺陷及传导杂散测试的裕量不足。

（3）电源线。主要影响因素为放大电路的电源线走线及滤波情况。

（4）天线附件的金属元器件。天线附件的元器件与天线距离不足，接地不良等。

辐射杂散骚扰测试（以下简称 RSE）是产品认证中非常重要的一个项目，它主要评价设备在发射方面的性能。对于无线电收发设备，要求其工作频率之外的频点上骚扰值不能超过标准规定的限值，其目的是防止对其他不同设备工作频率的干扰。一个设备除有用信号外的杂散信号越少，该设备可能对外界造成的干扰就越小。

6.4.1　主要试验设备及条件

在任何可能的情况下，辐射杂散的测试应该在可以模拟自由空间条件的室外环境或全电波暗室进行。实验过程中，使用绝缘材料对被测试终端进行支撑和固定，采用测试天线和测量接收机（可以使用频谱分析仪）测量所有杂散信号的平均功率。

测试需要的设备及场地要求如下。

1. 接收机/频谱仪

选频式接收机或频谱分析仪都可用于杂散发射功率的测量。测量接收机需具备平均和峰值两种加权功能。具体要求可参考 GB/T 6113.101 中的要求。

2. 天线

天线或天线组合应能满足 30MHz～12.75GHz 频率要求。

3. 全电波暗室

测量应在全电波暗室内进行，测试场地应能满足 CISPR 16-1-4 的要求，测量距离≥3m。

6.4.2 试验方法及布置

1. 替代法

ITU-R SM.329《杂散域的无用发射》中有一个非常关键的内容，即提出了用替代法测量辐射杂散。简单来说，就是在同一个位置上，用信号源加上发射天线（增益已知）替换 EUT，通过调节信号源的输出，使得测量仪器上得到的读数与测量 EUT 时的读数相同，一个频点接一个频点测量下去，那么每个频点上 EUT 辐射骚扰的大小，都可以通过信号源的输出功率和天线的增益推算出来。很多国际组织与标准协会对辐射杂散的测量方法都有明确的要求，如美国 FCC、欧盟 RED 2014/53/EU 及中国型号核准等。其中替代法作为辐射杂散的主流测试方法一直以来都被国内外标准广泛采用。使用替代法进行辐射杂散测量的原理如图 6-15 所示。

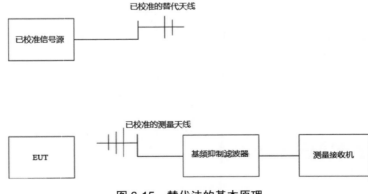

图 6-15 替代法的基本原理

测试在全电波暗室内进行。首先通过旋转转台和调整天线极化状态，得到设备在所有重要频段的最大杂散发射值（以接收机示数为准）。然后用经过校准的信号源和发射天线代替 EUT，调整信号源输出功率直至接收机的示数与前一步的杂散发射值一致，在已知发射天线系数及路径损耗的条件下即可推算 EUT 的杂散发射值。这种替代法需要使用谐振的振子天线，在测试过程中需要多次更换不同频率的天线，十分烦琐。

2．预校准法

预校准法是在替代法的基础上发展的更为高效的测量方法。其主要思想是在进行实际测试前，先将整个测量路径的损耗值在全部测量频率范围内校准出来，而后在实际测试中将损耗值直接补偿到测试结果中。这种方法相比于替代法，在实现难度、测量时间等多个维度都具备优势，且经过验证在信噪比较好的大信号测量过程中，与替代法有着较好的一致性，因此在各个电磁兼容实验室被广泛应用。

1）小型终端试验布置

对于小型终端，可用低介电常数的非导电材料在转台上搭成测试台，将终端置于测试台上，使其垂直投影位置位于转台中心，终端的中心位置与天线处于同一水平高度。

2）大型台式设备试验布置

对于大型台式设备，将方桌置于转台中心，将台式设备置于桌子中央使其投影位置位于转台中心。

3）落地式设备试验布置

对于落地式设备，将设备置于 10cm 厚的绝缘垫块上，使其垂直投影位置位于转台中心。

测试时，EUT 应按设计要求在额定（标称）工作电压和典型的负载条件（机械性能或电性能）下运行。EUT 的输出功率电平应为最大额定输出功率电平，使用正常的供电方式，在一般状态下工作。可不带辅助设备进行测量。

测量时，5G 终端设备建议按照以下方案进行设置。

（1）信道带宽设置为设备支持的最小信道带宽。

（2）信道设置为设备支持频段的中间信道。

（3）子载波间隔设置为设备支持的最小子载波间隔。

（4）调制方式设置为 CP-OFDM QPSK。

（5）资源块设置为 1。

对于 5G 终端设备，进行辐射杂散测试时，EUT 应与基站模拟器建立通信连接，保持通信状态，并处于发信机最大发射的工作状态。运行 EUT 的试验程序或其他方法应确保 EUT 的各个组成部分充分运行，以便能够检测到 EUT 发出最大的杂散信号。测量过程中应防止有用信号过载对测量设备的影响。

测量带宽设置如表 6-8 所示。

表 6-8　机箱端口的辐射杂散测量带宽（FR1）

频 率 范 围	测 量 带 宽
30MHz～1GHz	100kHz
1～12.75GHz 或 5 次谐波	1MHz

注：1. 最大测试频率为 12.75GHz 和工作频率的 5 次谐波取较大值。
　　2. 在过渡频率处应采取较小的测量带宽。

6.4.3　标准限值要求

标准 YD/T 2583.18-2019 中规定的 5G 终端 FR1 频段辐射杂散限值要求如表 6-9 和表 6-10 所示。

表 6-9　机箱端口的辐射杂散限值（FR1，业务模式）

频 率 范 围	有效辐射功率电平
30MHz～1GHz	−36dBm
1～12.75GHz 或 5 次谐波	−30dBm
$F_{UL\_low} - F_{OOB} < f < F_{UL\_high} + F_{OOB}$	不要求

注：1. 最大测试频率为 12.75 GHz 和工作频率的 5 次谐波取较大值。
　　2. $F_{OOB} = BW_{Channel} + 5$（MHz）。

表 6-10　机箱端口的辐射杂散骚扰限值（空闲模式）

频 率 范 围	有效辐射功率电平
30MHz～1GHz	−57dBm
1～12.75GHz 或 5 次谐波	−47dBm

注：最大测试频率为 12.75GHz 和工作频率的 5 次谐波取较大值。

6.5　辐射杂散骚扰测试（FR2）

随着传统通信频段的频谱资源正朝日趋饱和的态势发展，同时数据传输速率的要求依然在大幅提高，在传统通信频段之外扩展使用新的频谱资源正在成为各个国家日益关注的焦点。毫米波频段因存在着大段的连续频谱资源，成为频段扩展研究的热点。目前各主要发达国家多数已经开放 60GHz 附近频段供科学研究和短距离通信产品研发使用。

6.5.1　毫米波频段电磁波传播特性

通常把频率在 30～300GHz（即波长在 10～1mm）的电磁波称为毫米波。毫米波主要的天线和电磁波传播特性可以总结为以下 3 点。

1．传播损耗大

在进行电磁波传播损耗研究时，通常使用 Friis 公式进行分析如下：

$$P_r = P_t + G_t + G_r + 20\lg\frac{\lambda}{4\pi R} \tag{6-4}$$

式中：P_r 为接收功率；P_t 为发射功率；G_t、G_r 分别为发射端、接收端天线增益；λ 为电磁波波长；R 为天线间距离。

根据电磁波频率与波长的关系，频率越高，波长越短，自由空间路径损耗就越大。频率在 60GHz 的电磁波传播 1m，就会产生约 66～68dB 的自由空间损耗。此外，随着频率的升高，电磁波在遇到墙壁等障碍物时，发生的散射效应与穿透衰减更加明显。

2．天线波束宽度窄

由于毫米波频率高、波长短，所以为了达到较高的辐射效率，毫米波频段天线振元的尺寸通常很小，如果构成天线阵列，则相同面积的天线阵列构成的天线波束宽度将会更窄。图 6-16 为 45GHz 时，矩形喇叭天线所构成的 E 面与 H 面波束宽度示意图。

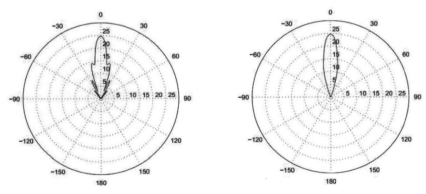

图 6-16　天线波束仿真结果图

3．大气与水汽对毫米波频段电磁波产生的吸收作用

毫米波频段电磁波在大气中进行传播时，因氧气中的磁偶极子与水汽的转动能级跃迁作用，大气与其中的水蒸汽对毫米波频段的电磁波产生吸收作用，

形成若干大气吸收峰。图 6-17 体现了这一效应。

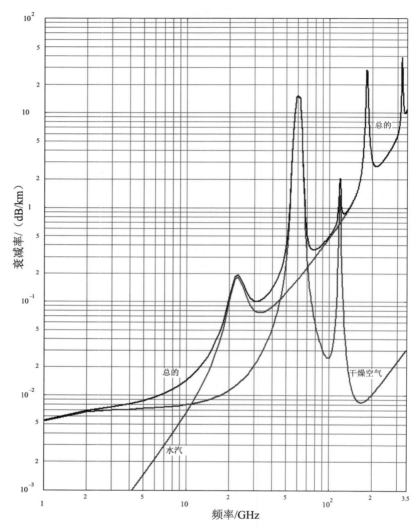

图 6-17　由于大气产生的吸收衰减

6.5.2　主要试验设备及条件

在毫米波频段使用替代法进行辐射杂散发射功率测试时，主要的测试设备为测试天线、替代天线、信号源与作为测试接收机的频谱分析仪。对于测试与替代天线，在毫米波频段目前主流采用矩形喇叭天线，接口可考虑使用波导法兰盘以保证功率输送，避免过大的损耗。同时为便于调节以达到最大接收，应配备可进行微量调节的夹具。对于信号源，应配备倍频器以便产生覆盖毫米波频段的信号，其插入损耗需要测量计入路径校准。对于频谱分析仪，虽然目前市面上已经出现频率达到 87GHz 的产品，但依然无法覆盖毫米波频段，需要使用外接谐波混频器，由此会带来混频镜像问题。谐波混频器的高次谐波在与射频信号频率混合后产生正常中频信号与镜像信号，两者之间通常相隔 2 倍中频带宽，当射频信号带宽大于 2 倍中频信号带宽时，发生信号混叠与失真，导致无法测量正确的射频信号。对于此问题，可以使用参考扫描法，即在实际测量之后，再将谐波混频器调谐至和实际测量时相距 2 倍中频带宽的频率再次扫描，将正常信号辨别出来。另外，还应考虑低噪声电平以利于测量低电平毫米波信号，可以使用预放大器增加频谱分析仪的动态范围。最好使用内置预放大器，如果外接，相应线缆与接头会增加插入损耗与测量不确定度。

6.5.3　试验方法及布置

在毫米波频段，由于存在测试用的波导传输线与用户设备接口的匹配问题，杂散发射测试一般采用辐射测试方式进行。为获得较低的测量不确定度，通常采用的测试方法为替代法。此种方法首先使用待测设备和测试天线，找出在水平极化与垂直极化两种情况下待测设备的最大发射功率，然后使用替代天线和信号源计算得出该最大发射功率的具体数值。

1．测试距离

因毫米波频段电磁波传播损耗大，当使用替代法进行杂散发射功率测试时，传统的 3m 或 10m 的测试距离过大，产生的影响为杂散发射信号到达接收机时，其幅度已低于测试接收机的本底噪声，导致无法得出正确的测量结果。所以在进行毫米波频段的辐射杂散测试时，测试距离可以比传统的 3m 或 10m 测试距离更近。在 ETSI 与 ANSI 的相关测试标准中，也阐述了这一问题，表明虽然传统的 3m 与 10m 测试距离是合适的方案，但当测试情况无法满足此项测试距离要求时可以在更近的距离上进行测试。但当采用更近的测试距离时，需要考虑使用替代法中的替代天线所产生的与天线辐射源的临近效应。

此外，在天线口径边缘区域还会产生散射和衍射效应。当电磁波在距离天线辐射源较近时，其不能被视为符合严格意义上的远场平面波条件。需要对天线增益进行修正才可应用于 Friis 公式。目前，增益修正的方式有 3 种，即解析计算法、全波仿真法和三天线外推法。此 3 种方法在 IEEE 1309-2013 中均有阐述，在此不再赘述。

2．测试环境

目前的辐射杂散发射测试通常在全电波暗室中进行，以模拟自由空间传播环境。为了避免产生反射回波，吸波材料的性能显得至关重要。在毫米波频段等频率较高的情况下，吸波材料的形状通常为角锥形，如对其从角锥顶端到底层进行切层处理和分析，可以发现其顶端非常接近空气阻抗，而底层为100%吸波材料阻抗，这种设计非常有利于高频电磁波的阻抗逐渐匹配，同时增大与入射电磁波的接触面积，提高吸收性能。通常，吸波材料的吸波原理是依靠使用高损耗正切的材料使电磁能量转换为热能实现的，因毫米波频段电磁波波长很短，所以在吸波材料长度相同的情况下，毫米波频段电磁波比目前传统通信频段电磁波在吸波材料中所经历的波程更长，吸波材料的吸收性能有可能更好。

3．EUT 定位

因毫米波半功率波束宽度很窄，所以在使用替代法进行辐射杂散发射功率测试时，测试天线的最大接收成为问题。对于此问题，可以使用激光标线仪对准矩形喇叭天线口面中心，再将待测设备中心参考点置于同一轴线上，以期达到最大接收。此外，当测试天线的半功率波束宽度无法完全覆盖待测设备尺寸时，需要使待测设备在水平维度上进行旋转，在俯仰维度上使测试天线升降，旋转步进角度与天线升降步进幅度应远小于测试天线的半功率波束宽度，且转台应该有单步进调整功能。毫米波的辐射杂散测试系统如图 6-18 所示。

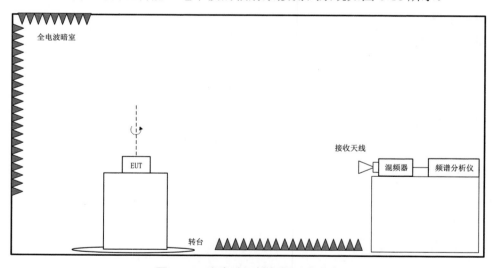

图 6-18　毫米波辐射杂散测试系统

4．小型终端试验布置

对于小型终端，用定制的低介电常数材料（如发泡聚苯乙烯）制成测试台放在转台上，将终端置于测试台使其垂直投影位置位于转台中心，终端的中心位置与天线处于同一水平高度。按照不同的产品标准，将终端处于发信机最大发射的工作状态。

5. 大型台式设备试验布置

对于大型台式设备，将方桌置于转台中心，将台式设备置于桌子中央使其投影位置位于转台中心。按照不同的产品标准，将设备设置为发信机最大发射的工作状态。

6. 落地式设备试验布置

对于落地式设备，将设备置于 10cm 后的绝缘垫块上，使其垂直投影位置位于转台中心。按照不同的产品标准，将设备设置为发信机最大发射的工作状态。

6.5.4　标准限值要求

目前，国内外关于毫米波频段标准的研制大多仍处于起步阶段，仅 FCC Part30 对毫米波的射频参数有具体的要求。其杂散限值表述为：任何发射的传导功率或总辐射功率（total radiated power，TRP）应为−13dBm/MHz 或更低。但在紧邻发射频率且带宽等于信道带宽 10%的频段范围内，任何发射的传导功率或总辐射功率应为−5dBm/MHz 或更低。

此处，总辐射功率这一参数与有效辐射功率（effective radiated power，ERP）定义有所不同。ERP 的实质是无线电发射机供给天线的功率和在给定方向上该天线相对半波偶极振子的增益的乘积。与其定义相似的还有等效全向辐射功率（effective isotropic radiated power，EIRP），为无线电发射机供给天线的功率与在给定方向上天线绝对增益的乘积。两者关系为：

$$ERP=EIRP-2.15 \tag{6-5}$$

式中：ERP、EIRP 的单位为 dBm 或 dBW。

假设天线的净输入功率为 P_t，则理想点源在距离 r 处的面功率密度为：

$$\rho_0 = \frac{P_t}{4\pi r^2} \tag{6-6}$$

若定义天线的三维绝对增益方向图函数为 $G(\theta, \varphi)$，则该天线在 r 处的三维面功率密度为：

$$\rho(\theta, \varphi) = \rho_0 \cdot G(\theta, \varphi) = \frac{P_t}{4\pi r^2} \cdot G(\theta, \varphi) \tag{6-7}$$

对其进行三维积分可得当前情况下天线的总辐射功率 TRP：

$$TRP = \int_{\theta=0}^{\pi} \int_{\varphi=0}^{2\pi} \rho(\theta, \varphi) \cdot r^2 \sin\theta \mathrm{d}\theta \mathrm{d}\varphi \tag{6-8}$$

$$TRP = \frac{P_t}{4\pi} \int_{\theta=0}^{\pi} \int_{\varphi=0}^{2\pi} G(\theta, \varphi) \sin\theta \mathrm{d}\theta \mathrm{d}\varphi \tag{6-9}$$

根据 EIRP 的定义，当天线在各个方向的增益为一个常数时，此时的 TRP

就是 EIRP，这就是理想点源天线要实现天线在最大辐射方向上的强度时所需要的输入功率。

6.6 谐波电流测试

如果在电子电气设备或系统的设计过程中使用了非线性负载，当电流流过非线性负载时，它与外加电压不成线性关系，就会形成非正弦电流。谐波电流就是将非正弦周期性电流函数按傅里叶级数展开时，其频率为原周期电流频率整数倍的各正弦分量的统称。谐波频率是基波频率的整数倍，如果谐波的频率是基波频率的 N 倍，就称为 N 次谐波。如基波为 50Hz 时，2 次谐波为 100Hz，3 次谐波则是 150Hz。谐波电流的示意图如图 6-19 所示。

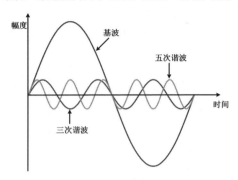

图 6-19 谐波示意图

一般奇次谐波引起的危害比偶次谐波更大。谐波电流不仅会对同一电网中的其他用电设备造成干扰，还会降低电能使用效率。除此之外还可能造成设备超温，产生噪声；加速绝缘老化，缩短使用寿命，甚至造成设备故障或烧毁；精密设备工作异常；测试计量器具显示不准；干扰通信系统等严重问题。

为了保障电网用电，标准 GB 17625.1 对接入公众供电网的用电设备进行了规范。谐波电流试验旨在检测电子电气设备通过电源线注入公用供电系统中的谐波电流是否满足相应标准规定的限值要求。

对于下列设备，标准不要求限值，可以免于谐波电流的测试。

（1）小于 75W 的设备（不包含照明设备）。

（2）大于 1kW 的专用设备。

（3）不大于 200W 的对称控制加热元件。

（4）不大于 1kW 的白炽灯。

6.6.1 主要试验设备及条件

根据标准 GB 17625.1 要求，主要试验设备有以下几种。

1．试验电源

试验电源的作用是产生相对纯净、稳定的交流电源为 EUT 供电，这样可以避免电源产生的谐波影响测试结果。具体要求如下。

（1）试验电压应为 EUT 的额定电压，单相和三相电源的试验电压应分别为 220V 和 380V。试验电压的变化范围应保持在额定电压的±2.0%之内，频率变化范围应保持在额定频率的±0.5%之内。

（2）三相试验电源的每一对相电压基波之间的相位角应为 120°±1.5°。

（3）当 EUT 按正常方式连接时，试验电压的谐波含有率不应超过下列值：

3 次谐波	0.9%
5 次谐波	0.4%
7 次谐波	0.3%
9 次谐波	0.2%
2～10 次偶次谐波	0.2%
11～40 次谐波	0.1%

（4）试验电压峰值应为其均方根（rms）的 1.40～1.42 倍，且应在过零后 87°～93°相位角出现（对 A 类或 B 类设备进行试验时不做此要求）。

2．谐波分析仪

谐波分析仪的作用是分析供电电流中的谐波成分，可以使用专门的仪器，也可以使用带 FFT 功能的示波器来代替。具体要求如下。

（1）应完全符合 IEC61000-4-7 的要求。

（2）电压、电流、功率的测量准确度满足表 6-11 所示的要求。

表 6-11　谐波电流测量准确度要求

测 量 对 象	条　件	最 大 误 差
电压	$U_m \geqslant 1\% U_{nom}$	$\pm 5\% U_m$
	$U_m < 1\% U_{nom}$	$\pm 0.05\% U_{nom}$
电流	$I_m \geqslant 3\% I_{nom}$	$\pm 5\% I_m$
	$I_m < 3\% I_{nom}$	$\pm 0.15\% I_{nom}$
功率	$P_m \geqslant 150W$	$\pm 1\% P_{nom}$
	$P_m < 150W$	$\pm 1.5W$

注：1．U_{nom}、I_{nom}、P_{nom} 分别为测量仪表的正常电压、电流和功率范围。

2．U_m、I_m、P_m 为测量值。

3．电流取样传感器

电流取样传感器的主要作用是拾取 EUT 电源线中的电流以便进行分析。电流取样传感器需要有较高的灵敏度，且不能对供电条件产生太大的影响，以此来保证测试误差足够小。

试验时的系统连接如图 6-20 所示。

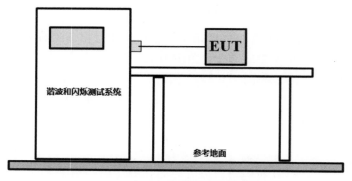

图 6-20　谐波电流测试连接图

6.6.2　试验方法

应按下列要求测量谐波电流。

（1）对于每次谐波，应在规定的每个 DFT 时间窗口内测量 1.5s 平滑有效值谐波电流。

（2）在规定的整个观察周期内，由 DFT 时间窗口确定功率的最大测量值。

（3）谐波电流和有功输入应在相同的试验条件下测量，但不需同时测量。

（4）对于三相电，测量每个相线的电流；对于单相电，可以测量相线或者中线。

（5）由于功率可能影响限值的应用，也是计算 D 类产品限值的重要因素，因此也应测量每一个 DFT 时间窗口内 1.5s 的平滑有功输入功率。

6.6.3　标准限值要求

在确定 EUT 进行谐波电流测试使用的限值时，首先要确定 EUT 属于以下 A、B、C、D 类设备中的哪一类。

A 类设备包括平衡的三相设备、家用电器（不包括列入 D 类的设备）、工具（不包括便携工具）、白炽灯调光器、音频设备。

B 类设备包括便携式工具以及不属于专用设备的电弧焊设备。

C 类设备包括照明设备。

D 类设备包括功率不大于 600W 的个人计算机和个人计算机显示器以及电视接收机。

标准 YD/T 2583.18-2019 规定的 5G 终端设备进行谐波电流测试时，应按照 A 类设备限值进行测试，其具体要求如表 6-12 所示。

表 6-12　A 类设备限值

谐波次数 n	最大允许谐波电流 A
奇次谐波	
3	2.30
5	1.14
7	0.77
9	0.40
11	0.33
13	0.21
$15 \leqslant n \leqslant 39$	$0.15 \times 15/n$
偶次谐波	
2	1.08
4	0.43
6	0.30
$8 \leqslant n \leqslant 40$	$0.23 \times 8/n$

6.7　电压波动和闪烁测试

在实际运行中，由于部分负荷在正常工作时出现冲击性功率变化，造成实际电压在短时间内出现较大幅度的波动，并连续偏离额定值，上述现象被称为电压波动。闪烁是电压波动的一种特殊情况，主要反映了电压频繁波动造成照明视觉的影响，是亮度或者频谱分布随时间变化的光刺激所引起的不稳定的视觉效果。导致电压波动与闪烁的原因很多，例如系统发生短路故障、电源自动投切、遭受雷击等。电压波动和闪烁的危害表现在：照明灯光闪烁，引起人的视觉不适和疲劳；电视机画面不稳定；电动机转速不稳定；影响电子仪器、计算机系统、自动控制设备等的正常工作；影响对电压波动较敏感的工艺或试验结果。一般电子计算机和控制设备不需要特别的关注，但在商业和居住环境中，电压的波动会造成白炽灯闪烁明显，严重时会导致人的视觉疲劳。因此以白炽灯闪烁情况对人的视觉影响为主要依据对电压波动进行限制。

6.7.1　主要试验设备及条件

根据标准 GB 17625.2《电磁兼容限值　对每相额定电流≤16A 且无条件接入的设备在公用低压供电系统中产生的电压变化、电压波动和闪烁的限制》中的要求，电压波动和闪烁的主要试验设备有以下几种。

1．闪烁计

闪烁计本质上是一个用电网载频输入进行工作的专用幅度调制分析仪，用来模拟人对工作在 50Hz 交流电压下 60W 螺旋灯丝白炽灯在电压波动情况下所产生的闪烁的反映情况。闪烁测量仪的原理框图如图 6-21 所示。

图 6-21　闪烁测量仪原理框图

闪烁计可以综合模拟灯、人眼、人脑对灯光照度变化的反映，体现人的视觉对电压波动瞬时闪烁的感觉水平。

2．纯净电源

试验电源电压应为 EUT 的额定电压。试验电压应保持在标称值±2%的范围内，频率应为 50(1±0.5%)Hz。电源电压总谐波失真率应小于 3%。

6.7.2　试验方法

1．相对电压变化"*d* "的评定

闪烁评定依据 EUT 端的电压变化特性，即任意两个连续的相线—中线电压 $U(t_1)$ 和 $U(t_2)$ 的差 ΔU。

$$\Delta U = U(t_1) - U(t_2) \tag{6-10}$$

其中，电压有效值 $U(t_1)$ 和 $U(t_2)$ 应由测量或计算得出。相对电压变化由下式给出：

$$"d" = \Delta U / U_n \tag{6-11}$$

2．短期闪烁值 P_{st} 的评定

不同电压波动类型对应的 P_{st} 评定方法可参考表 6-13。

表 6-13　短期闪烁值的评定方法

电压波动类型	P_{st} 评定方法
所有电压波动（在线评定）	直接测量
定义了 $U(t)$ 的所有电压波动	模拟 直接测量
根据 GB/T 17625.2 图 5～图 7 发生率低于每秒 1 次的电压变化特性	解析法 模拟 直接测量
等距矩形电压变化	使用 $P_{st}=1$ 的曲线

其中，直接测量法采用复合 IEC 61000-4-15 的闪烁计直接测量进行评定；模拟法是在相对电压变化特性 $d(t)$ 已知的条件下使用计算机模拟进行评定；解

析法的应用限制更多，一般其测得结果在直接测量法测得结果的±10%范围内。如果在一个电压变化结束至下一个电压变化开始的持续时间小于 1s，则不推荐使用解析法。解析法的具体描述可参考 GB 17625.2。

需要注意的是，根据 GB 17625.2 的规定，对于那些不可能产生严重电压波动或闪烁的设备不必进行测试。通常情况下，小型便携式终端设备往往不需要对其电压波动和闪烁值进行测试。

6.7.3　标准限值要求

标准 YD/T 2583.18-2019 规定的 5G 终端设备进行电压波动和闪烁测试时的限值要求如表 6-14 所示。

表 6-14　电压波动和闪烁限值要求

电 压 波 动	限　　值
电压变化期间 $d(t)$ 超过 3.3%的时间	≤500ms
相对稳态电压变化 d_c	≤3.3%
最大相对电压变化 d_{max}	≤4%
闪烁	限值
短期闪烁 P_{st}	1.0
长期闪烁 P_{lt}	0.65

6.8　瞬态传导骚扰（车载）测试

对于车辆互联网领域，5G 的应用体现在道路环境感知、远程驾驶、编队驾驶几个方面，目前国内出现的面向人的体系结构（human oriented architecture，HOA）开放式电子电气架构就可以让车、路、城打通，实现感知协同、计算协同、智慧协同。正是车辆联网系统对 5G 的依赖，低延迟低损耗、高可靠性和大容量的通信设备让 5G 车载在未来成为车、路、城一体化智慧城市无人驾驶交通运营成为可能。

同时，5G 的应用也意味着汽车电子化程度的进一步提高，车载电子电气设备本身产生的骚扰成为电磁兼容必须要关注的问题。车辆零部件中来自点火系统、发电器及整流器系统的骚扰可能导致其他电子设备的功能下降甚至损坏，这对于高度依赖 5G 通信的车联网系统来说是十分危险的。ISO 7637.2-2011《道路车辆　由传导和耦合引起的电骚扰　第 2 部分：沿电源线的电瞬态传导》及其等效转化国家标准 GB/T 21437.2-2008《道路车辆　由传导和耦合引起的电骚扰　第 2 部分：沿电源线的电瞬态传导》规定了电源电压为 12V 和 24V 的车载电气设备在电源线上的电瞬变传导骚扰发射限值，通过对这一参数的限制，能够进一步保障其他车载电气设备的正常运转。

6.8.1　主要试验设备及条件

1．示波器

可采用数字示波器或模拟长余辉同步示波器。示波器最小单行程扫描采样频率为 2GHz/s，带宽为从直流到至少 400MHz，输入灵敏度≥5mV/刻度，记录速度应大于 100cm/μs。

2．电压探头

电压探头特性如下。

（1）衰减：100/1。

（2）最大输入电压≥1kV。

（3）电压探头电缆线最大长度为 3m。

（4）电压探头接地线最大长度为 0.13m。

（5）输入阻抗 Z 和电容 C 符合表 6-15 所示的规定。

表 6-15　电压探头参数

f/MHz	Z/kΩ	C/pF
1	>40	<4
10	>4	<4
100	>0.4	<4

3．电源

电源可使用直流连续电源或电池。对于连续电源，其内阻应小于直流 0.01Ω，输出电压在 0 负载到最大负载之间的变化不应超过 1V。使用电池时，需要充电电源达到规定的标准电平（分别为 13.5V 和 27V）。试验电压要求如表 6-16 所示。

表 6-16　试验电压

试 验 电 压	12V 系统/V	24V 系统/V
U_A	13.5±0.5	27±1
U_B	12±0.2	24±0.4

注：U_A 为发电机工作时的试验电压；U_B 为电池供电时的试验电压。

4．人工网络

为了确定设备、电气电子设备的性能，实验室使用图 6-22 所示的人工网络作为参考标准，代替车辆线束的阻抗。

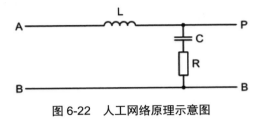

图 6-22　人工网络原理示意图

人工网络应能承受符合 EUT 要求的连续负载。具体要求可参考 GB/T 21437.2 第五节的相关要求。

5．屏蔽室

在进行 5G 车载终端零部件/模块传导骚扰测试时，EUT 运行应该参考车辆实际情况，确定典型负载和其他条件，以便得到最大发射状态。为了确保车载零部件/模块在试验期间的运行是正确的，应使用外设接口单元来模拟车辆装置。依据指定的运行模式，EUT 上所有重要的传感器和执行部件的连线都应与外设接口单元相连。外设接口单元应能够按照试验计划对 EUT 进行控制。

外设接口单元可以安装在屏蔽室内部或外部。如果安装在屏蔽室内，外设接口单元产生的骚扰水平应至少比试验计划规定的试验限值低 6dB。

6.8.2　试验方法

由于 EUT 自身特性差异较大，其产生的瞬态脉冲发射骚扰波形也有较大区别。按照脉冲波形特点，可分为快脉冲和慢脉冲两类。测试得到的脉冲宽度在毫秒或更低级别为慢脉冲。脉冲宽度在纳秒或微秒范围内为快脉冲。

1．慢脉冲

慢脉冲的试验布置如图 6-23 所示。

其中，1 为示波器，2 为电压探头，3 为人工网络，4 为受试设备，5 为水平参考地面，6 为电源，7 为接地线缆，长度小于 100mm。R_S 为并联电阻，S 为开关，U_A 为供电电压。

干扰源通过人工网络连接至并联电阻器 R_S，开关 S 和电源。开关 S 为 EUT 供电的主开关（如点火开关、继电器等），一般距离 EUT 几米的位置。对于具有内部机械或电子开关驱动电感负载的设备，图 6-23 中的试验布置适用于设备内部开关关闭的情况。内部开关的详细状态应记录在试验报告中。在开关 S 断开时测量受试设备电源断开产生的瞬态骚扰。

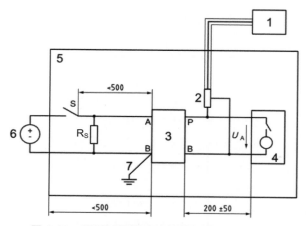

图 6-23　用于测量慢脉冲的瞬态骚扰试验布置

2．快脉冲

快脉冲的试验布置如图 6-24 所示。

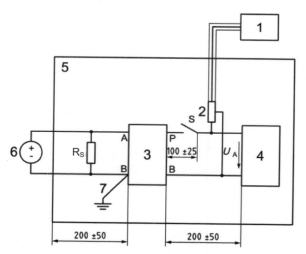

图 6-24　用于测量快脉冲的瞬态骚扰试验布置（无内部开关）

图 6-24 描述了不带内部开关的 EUT 的测试设置。干扰源通过人工网络连接到并联电阻器 R_S、开关 S 和电源。在开关 S 断开时测量受试设备电源断开产生的瞬态骚扰。

图 6-25 描述了带内部开关的 EUT 的测试设置。干扰源通过人工网络连接到并联电阻器 R_S 和电源。在这种情况下，应操作内部开关以产生瞬态干扰。在断开内部开关时，测量因设备电源断开而产生的瞬态骚扰，探针尽可能靠近设备端口。

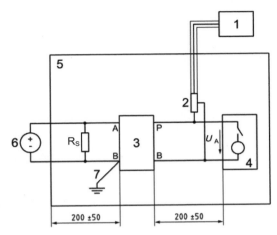

图 6-25 用于测量快脉冲的瞬态骚扰试验布置（带内部开关）

6.8.3 试验布置及测试要求

人工网络、开关与 EUT 之间的所有连接配线应置于金属接地平面上方 50mm 处。采用所有连接配线由人工电源网络隔离。人工电源网络与供电电源的距离大于 500mm。

设备应置于接地平板上方的非导电材料上，材料厚度为 50mm。线缆和长度应选用在汽车上实际使用时所用的线缆，并且能够承载设备的工作电流。

测量骚扰电压时，应该尽量靠近 EUT 的接线端，使用电压探头和示波器来测量设备电压的瞬变。EUT 应在开关断开、闭合以及各种不同的工作模式下进行测量。EUT 的工作状态应涵盖电源的开启、闭合或尝试不同的操作，这个过程可以依靠人工网络的触发器功能自动实现。

6.8.4 标准限值要求

标准 YD/T 2583.18-2019 规定，对车载 5G 终端设备进行瞬态传导骚扰测试时，其限值要求如表 6-17 所示。在与制造商和供应商达成一致的情况下，可选择其他可接受的限值。

表 6-17 DC 电源端口瞬态传导骚扰

脉冲极性	限值/V	
	12V 系统	24V 系统
正	+75	+150
负	-100	-450

其中具有正脉冲的负脉冲的瞬态应同时满足正电压和负电压限值，具有正/负脉冲的瞬态应使用正/负电压限值。按照上节的要求，可以观测到各种慢脉冲或快脉冲，两种试验布置都应使用。

参 考 文 献

[1] 中华人民共和国工业和信息化部，中国通信标准化协会. 蜂窝式移动通信设备电磁兼容性能要求和测量方法 第 18 部分：5G 用户设备和辅助设备：YD/T 2583.18-2019[S].

[2] 刘宝殿，王俊青，周镒，等. 5G 无线终端设备的电磁兼容测试[J]. 安全与电磁兼容，2020.

[3] 3rd Generation Partnership Project; Technical Specification Group Radio Access Network; NR; Electromagnetic compatibility (EMC) requirements for mobile terminals and ancillary equipment: 3GPP TS 38.124 V15.2.0 (2019-03) [S].

[4] Electromagnetic Compatibility (EMC) standard for radio equipment and services; Part 52: Specific conditions for cellular communication mobile and portable radio and ancillary equipment: ETSI EN 301 489-52 V1.2.1 (2021-11)[S].

[5] 3rd Generation Partnership Project; Technical Specification Group Radio Access Network; NR; User equipment (UE) conformance specification; Radio transmission and reception; Part 3: Range 1 and Range 2 interworking operation with other radios: 3GPP TS 38.521-3 V16.2.0(2019-12)[S].

[6] 中华人民共和国国家质量监督检验检疫总局，中国国家标准化管理委员会. 信息技术设备的无线骚扰限值和测量方法：GB/T 9254-2008[S]. 北京：中国标准出版社，2008.

[7] Information technology equipment -Radio disturbance characteristics - Limits and methods of measurement: CISPR 22:2008[S].

[8] 中华人民共和国工业和信息化部，中国通信标准化协会. 无线电设备杂散发射技术要求和测量方法：YD/T 1483-2016[S].

[9] 魏延全. CE/FCC/MIC 认证中辐射杂散测试及整改建议[J]. 安全与电磁兼容，2012（3）：2.

[10] 李雪玲. 手机辐射杂散测试及分析[J]. 电子产品可靠性与环境试验，2013，31（A01）：4.

[11] 卢杰. 预校准法与替代法在小信号杂散辐射功率测量中的差异[J]. 电子质量，2019.

[12] 林琳，朱莉. 118.8GHz 非大气窗口毫米波传输特性分析[C]//2015 年第十届全国毫米波、亚毫米波学术会议论文集（一）. 2015.

[13] WANG HONGBO, WANG HAIMING, PANG SHUAI, et al. Research Channel

Measurements and Modeling for Indoor Millimeter-Wave Communications at 45GHz[R]. China Academy of Information and Communications Technology, 2015.

[14] 中华人民共和国国家质量监督检验检疫总局, 中国国家标准化管理委员会. 电磁兼容 限值 谐波电流发射限值（设备每相输入电流≤16A）: GB/T 17625.1-2012[S]. 北京: 中国标准出版社, 2012.

[15] 中华人民共和国国家质量监督检验检疫总局, 中国国家标准化管理委员会. 电磁兼容 限值 对每相额定电流≤16A 且无条件接入的设备在公用低压供电系统中产生的电压变化、电压波动和闪烁的限制: GB/T 17625.2-2007[S]北京: 中国标准出版社, 2007.

[16] 中华人民共和国国家质量监督检验检疫总局, 中国国家标准化管理委员会. 道路车辆 由传导和耦合引起的电骚扰 第 2 部分: 沿电源线的电瞬态传导: GB/T 21437.2-2008[S]. 北京: 中国标准出版社, 2008.

[17] 国家市场监管总局, 中国国家标准化管理委员会. 无线电骚扰和抗扰度测量设备和测量方法规范 第 1-2 部分: 无线电骚扰和抗扰度测量方法 传导骚扰测量的耦合装置: GBT 6113.102-2018[S]. 北京: 中国标准出版社, 2018.

第 7 章

5G 终端的抗扰度测试

电磁兼容指的是对电子产品在电磁场方面干扰大小和抗干扰能力的综合评定，是电子产品重要的质量指标之一。抗扰度（EMS）测试是电磁兼容检测项目中的重要组成部分，它衡量了电子产品在受到电磁骚扰时维持运行性能的能力。本章介绍了一些在 EMC 测试实验室对 5G 终端设备执行的最常见的抗扰度测试，并非所有测试项目都适用于所有 5G 终端设备。读者可以在本章中了解不同应用场景和功能的设备所需要执行的具体测试项目及对应的检测要求。

7.1 概　　述

EMS 测试的目的是为了验证 EUT 在受到电磁骚扰的时候，其性能是否会降低，甚至出现永久性的损坏。在进行抗扰度测试时，通常首先对 EUT 施加有用试验信号，以保证 EUT 处于正常工作状态下。然后，以传导耦合或辐射耦合的方式对 EUT 施加干扰信号，观察其工作状态是否由于受到干扰信号的影响而发生变化。其原理图如图 7-1 所示。

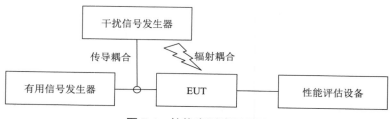

图 7-1　抗扰度测试原理图

对于设备制造商自行开展的研发测试，可以由低到高逐渐增加干扰信号的大小，直至 EUT 出现不能符合标准要求的性能降级，从而确定该 EUT 能承受的抗扰度等级。对于标准符合性测试，只需要向 EUT 施加标准规定的信号，观察 EUT 是否出现不符合标准要求的性能降级。

EUT 工作环境的不同会接收到不同类型的干扰信号。对于 5G 通信终端而言，通常的抗扰度试验包括静电放电抗扰度，射频电磁场辐射抗扰度，电快速瞬变脉冲群抗扰度，浪涌（冲击）抗扰度，射频场感应的传导骚扰抗扰度，工频磁场抗扰度，电压暂降、短时中断和电压变化的抗扰度。如果 5G 通信终端是工作在车载环境，那么还需要考虑瞬变与浪涌抗扰度试验。本章将分别介绍 5G 通信终端在进行抗扰度试验时的工作状态配置、性能监视方法、结果判定方法以及各种抗扰度试验的试验方法。

7.2　抗扰度试验的条件及工作状态

7.2.1　抗扰度试验的条件

在进行抗扰度试验时，被测试的 5G 通信终端应处在设备制造商规定的正常工作条件。EUT 的配置应尽可能地接近实际使用的典型情况。当 EUT 具有一体化天线时，应安装正常使用时的天线进行试验。

如果 EUT 是某个系统的一部分，或正常工作时需要连接辅助设备，那么可以在辅助设备的最小配置下进行抗扰度试验，并且应激活与辅助设备相连的端口。

如果 EUT 有大量的端口，那么应选取充分数量的端口模拟实际情况的工作条件，并确保包含所有不同类型的端口。对于 EUT 在实际使用中与其他设备连接的端口，试验时这些端口应与辅助设备、辅助测试设备或模拟辅助设备阻抗的匹配负载相连。对于射频输入/输出端口应端接匹配负载。对于 EUT 在正常使用中不与其他设备连接的端口，如服务端口、程序端口、调试端口等，测试时不需要连接这些端口。如果为了激励 EUT，这些端口要与辅助测试设备相连，或者互连电缆必须延长时，应确保对 EUT 的评估不因辅助测试设备或电缆的延长而受到影响。辅助测试设备宜放置在试验区域外，如果放置在试验区域内，辅助测试设备不应影响 EUT 的测试结果或其带来的影响应被排除。

7.2.2　抗扰度试验的工作状态

为了全方位考察 EUT 的抗扰度水平，需要分别对 5G 通信终端在业务模式（即与基站模拟器建立通信链路）和空闲模式下进行抗扰度试验。如果 EUT 支持多个业务模式，则在每一个业务模式下都应进行试验。例如，EUT 具有语音业务和数据业务两种工作模式，那么这两种业务模式都应分别进行试验。

在进行抗扰度测试时，应根据 EUT 的工作频率选择合适的绝对射频信道号作为测试时 EUT 的工作频率。为了模拟实际工作状态，EUT 需要与基站模拟器建立通信连接。为了防止基站模拟器受到干扰，测试时应将基站模拟器放置在试验环境之外。EUT 的输出功率电平应为最大额定输出功率电平。

通过内部或外部信号源产生适当的正常调制信号进入发信机输入端口。外部信号源应位于试验环境之外。

由于 5G 终端设备形态多样，工作环境也不尽相同，导致其和天线连接的接口方式也多种多样。对于消费者使用的 5G 手机而言，其天线一般都采用一体化天线（即 EUT 不含外置的 50Ω 射频天线端口），在这种情况下，进行抗扰度测试和基站模拟器建立通信连接的有用信号应通过位于测试环境内的天线馈入 EUT。对于工业用 5G 终端，常常带有外置的 50Ω 射频天线端口，在这种情况下，如果该端口通常通过同轴电缆连接天线，则建立通信连接的有用信号应通过同轴电缆从此端口馈入。如果该端口通常不与同轴电缆连接，而是直接连接天线，那么建立通信连接的有用信号应通过测试环境内的天线馈入 EUT。在抗扰度试验中，提供通信链路的有用射频输入信号电平应高于 EUT 参考灵敏度电平 40dB。输入信号电平应记录在试验报告中。

如果 5G 终端是带有语音功能的设备，则其音频输出应通过一根非导电的声学管连接至位于测试环境外的音频失真分析仪或其他类似测量仪表。对于不能采用非导电的声学管的情况，可以采用其他的方法将接收机的输出连接至音频失真分析仪或其他类似测量仪表，并把采用的连接方法记录在测试报告中。如果 5G 终端是不带语音功能的设备，则其输出信号应通过非导电的方法连接至位于测试环境外的测试设备。如果该设备有接收机输出连接器或端口，那么应按照 EUT 正常操作那样连接线缆，并连接至位于测试环境外的测试设备。在将信号传输至测试环境外时，应采取措施尽可能地减小耦合对试验结果产生的影响。

7.3　对 EUT 的性能监视及结果判定方法

由于不同类型 5G 终端的使用场景差别显著，为了科学地评价 5G 终端设备的抗干扰性能，在进行抗扰度测试时首先要明确性能判据。也就是说，要预先明确 5G 终端设备在进行抗扰度测试时，其性能出现什么变化是可以接受的，出现什么变化就认为设备是不合格的。

7.3.1　性能评估方法

在进行抗扰度试验之前，试验室应通过产品的技术文件获取以下信息，必要时还需要把相关信息记录在测试报告中。

（1）EUT 测试中及测试后需要检查的主要功能。

（2）测试中使用的调制类型及特性（随机比特流、消息格式等）。

（3）测试中与 EUT 连接使用的辅助设备。

（4）用来证实 EUT 已经建立并保持通信连接的方法。

（5）正常工作下的用户控制功能（包括音量控制等）、存储数据以及在抗扰度测试后这些功能或数据丢失与否的评估方法。

（6）端口的详细列表，以电源、通信、天线或信号/控制进行分类，以及需要连接的缆线长度，电源端口需进一步地按交流或直流分类。

（7）维护连接器和编程连接器的列表。

（8）第一级收信机解调器之前的中频滤波器 6dB 带宽。

（9）EUT 的工作频率范围。

（10）对于使用非一体化天线的 EUT，和它一起使用的由制造商提供的所有天线的详细说明。

（11）在技术文件中规定的手动恢复正常工作的结构说明。

（12）EUT 的软硬件版本。

（13）EUT 的使用环境。

对于可以建立连续通信连接的 EUT，应采用本书 7.2.2 节中要求的测试调制、测试布置等。在试验中是否保持通信连接，应通过指示器来评估，该指示器可以是测试系统或是 EUT 的一部分。

对于不能建立连续通信连接的 EUT（如某些使用了 5G 技术的环境监控设备）或者单独测试辅助设备，应根据设备技术文件来确定在测试中或测试后可接受的性能等级或性能降级，包括 EUT 合格/不合格的性能判据和观测 EUT 性能的方法。

在测试中或测试后进行的评估方法应当是简便易行的，但同时需能证明 EUT 的主要功能是否仍然正常。

7.3.2　性能判据

1．通用性能判据

EUT 在进行抗扰度试验时，应根据施加的骚扰信号的不同，选择连续抗扰度测试的性能判据、瞬态抗扰度测试的性能判据或者间断现象的性能判据作为性能判定方法。

在测试中，应通过指示器来评估 EUT 是否保持通信连接。该指示器可以是测试系统的一部分（如基站模拟器），也可以是 EUT 的一部分。如果 EUT 为特殊设备且不适用本节给出的性能判据，可以根据设备制造商给出 EUT 性能规范声明的内容来判断抗扰度测试结果是否合格。设备制造商提供的性能判据规范应能提供与本节给出的性能判据相同程度的抗扰度保护。该声明包括在试验中和/或试验后，EUT 可接受的性能等级或性能降低。试验时应将该性能规范记录在测试报告中。

对辅助设备的抗扰度试验时，如果没有单独的性能判据，应与其相连的收信机或收/发信机一同进行性能判定。

2. 对于连续抗扰度测试的性能判据

对于射频电磁场辐射抗扰度、射频场感应的传导骚扰抗扰度、工频磁场抗扰度测试，其骚扰信号为连续信号，通常将其归类为连续抗扰度测试。对于连续抗扰度测试，应按照以下方法判断抗扰度测试结果是否合格。

对于业务模式，试验开始前，将 EUT 和基站模拟器之间建立通信连接。在试验过程中通信连接应保持连接，不能中断。对于数据传输业务模式，试验过程中数据吞吐量（应用层吞吐量）应不小于参考测试信道最大吞吐量的 95%。对于语音业务模式，试验过程中使用音频突破测量方法来检测 EUT 的音频信号质量，即通过中心频率为 1kHz、带宽为 200Hz 的音频带通滤波器测量语音输出电平，EUT 的上行链路和下行链路语音输出电平应至少比在音频校准时记录的语音输出信号的参考电平低 35dB。试验结束后，EUT 应仍然能够正常工作，没有丧失用户控制功能，存储数据也没有丢失，试验开始前建立的通信连接仍然保持连接状态。

对于空闲模式，试验时 EUT 的发信机不应出现误操作。

3. 对于瞬态抗扰度测试的性能判据

静电放电抗扰度、电快速瞬变脉冲群抗扰度、浪涌（冲击）抗扰度等测试施加的骚扰信号为瞬态，通常将其归类为瞬态抗扰度测试。对于瞬态抗扰度测试，应按照以下方法判断抗扰度测试结果是否合格。

对于业务模式，试验开始前，将 EUT 和基站模拟器之间建立通信连接。在试验过程中，EUT 不能出现用户可察觉的通信链路丢失。试验结束后，EUT 应仍然能够正常工作，没有丧失用户控制功能，存储数据也没有丢失，试验开始前建立的通信连接仍然保持连接状态。

对于空闲模式，试验时 EUT 的发信机不应出现误操作。

4. 间断现象的性能判据

如果 EUT 不使用后备电池仅由交流电源供电，或者 EUT 不使用后备电源且为单路直流电源供电，那么在进行电压短时中断抗扰度测试时，应按照以下方法判断抗扰度测试结果是否合格。

试验过程中，对于业务模式，允许 EUT 出现性能降级和功能丧失。对于空闲模式，EUT 的发信机不应产生误发射。试验结束后，EUT 的功能可以由操作者恢复，恢复后，EUT 能正常工作，其性能没有降级。

5．收信机的窄带响应

5G 终端设备在进行射频电磁场辐射抗扰度试验和射频场感应的传导骚扰抗扰度试验时，宽带现象和离散频率的窄带响应都可能导致 EUT 不合格。在这种情况下，要通过调整干扰信号的频率来判断导致不合格的原因是窄带响应还是宽带现象。如果是由于窄带响应导致测试结果异常，则可以忽略，仍然判断测试结果为合格。

在出现不合格现象时，首先应记录不合格现象发生时的干扰信号频率。然后将测试频率偏置±1 倍信道带宽，重复测试，如果不合格现象消失，那么这种情况为窄带响应，可判定测试结果为合格。如果不符合的情况未消失，可能是宽带现象也可能是另一干扰信号所引起的窄带响应。此时，要将测试频点偏置±2 倍信道带宽，重复测试。如果不合格现象消失，则为窄带响应，可判定测试结果为合格。如果不符合的情况仍未消失，那么这种情况为宽带现象，即 EUT 未通过测试。

6．音频突破测量

当 5G 终端设备带有语音输入/输出功能时，在进行连续抗扰度测试时，对于其语音功能要通过音频突破测量来确定测试结果是否合格。

1）音频链路的校准

在音频突破测试之前，应对音频链路进行校准，将 EUT 的下行链路和上行链路语音输出信号的参考电平记录在测试仪器中，校准布置如图 7-2 所示。

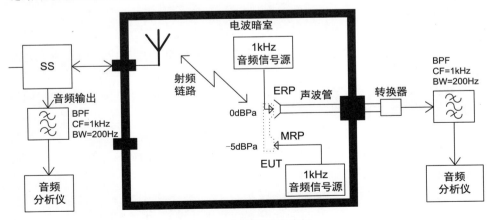

图 7-2　音频校准布置图

如果 EUT 不包括声学传感器（如麦克风或扬声器），制造商应规定等效的电气参考电平。

校准过程中，EUT 的语音处理器通常使用噪声和回声抵消算法，这些算法会消除或削弱稳态音频信号，如 1kHz 的校准信号。在校准过程中应禁用这些算法，这可能需要使用设备制造商的特定软件对 EUT 进行设置。如果不能禁用这些算法，音频分析仪应使用最大保持的检波方式测量语音输出信号的参考电平，从而可以在噪声和回声抵消算法生效前测出语音输出信号的参考电平。

进行下行链路语音输出信号的参考电平校准时，不使用 EUT。将 1kHz 音频信号源放置在图 7-2 中的 EUT 处，调整音频信号源的输出，使其在耳参考点（ERP，连接下行链路的声音耦合器，即图 7-2 中的声波管）输入的声压级（SPL）为 0dBPa，此时记录的音频分析仪的读数作为下行链路语音输出信号的参考电平。

对于免提时使用外部扩音器的设备。外部扩音器的声压通常比移动台听筒的声压高，从而可以克服周围的高噪声电平，测试时应增加下行链路语音输出信号的参考电平以补偿上述声压的差别，或调整扩音器和测试麦克风之间的距离，达到所需的声压级。

校准过程中，要注意使用的仪表不能超过其动态范围，上行信号通过系统模拟器（SS）解调后传送至音频分析仪之前，需要通过中心频率（CF）为 1kHz，带宽（BW）为 200Hz 的带通滤波器（BPF）进行滤波。

进行上行链路语音输出信号的参考电平校准时，将设备放置在图 7-2 所示的 EUT 处，并按实际使用的方式将 EUT 的话筒放置在嘴参考点（MRP）处。调整 1kHz 音频信号源的输出，使其在 MRP 输入的声压级（SPL）为−5dBPa，此时记录的音频分析仪（图 7-2 中与基站模拟器连接）的读数作为上行链路语音输出信号的参考电平。

使用免提时，通常上行链路语音输出的参考电平不需要进行调整。如果不能完成上述校准（如带有耳机的印刷电路卡），厂商应对 MRP 和麦克风之间的距离加以规定。

校准时，EUT 安装在人工头（ITU-T 的 P.64 中定义）上，EUT 的听筒位于人工头的人工耳中心。

校准过程中，要注意使用的仪表不能超过其动态范围。下行信号通过声波管传送至音频分析仪之前，需要通过中心频率（CF）为 1kHz，带宽（BW）为 200Hz 的带通滤波器（BPF）进行滤波。

2）音频突破测试

测试过程中，应对 EUT 的语音控制软件进行设置，避免噪声和回声抵消算法的影响。如果不能禁用这些算法，音频分析仪应使用最大保持的检波方式进行测量，从而可以在噪声和回声抵消算法生效前测出语音输出信号电平。

测试时，将 EUT 的音量设成额定音量或中等音量。

EUT 下行链路的语音输出信号电平，应在耳参考点（ERP）处通过测量声压级（SPL）来评估，音频突破测试布置如图 7-3 所示。当使用外部扬声器时，应使用在校准时的位置将声耦合器固定到扬声器上。上行链路的语音输出信号电平，应在系统模拟器（SS）的模拟输出口测量 EUT 上行语音信道的解码输出信号电平。测试时，通过密封 EUT 的语音输入端口（麦克风），使其接收的外来背景噪声降至最小。

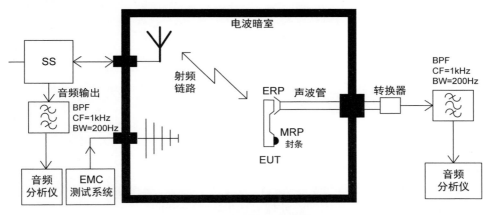

图 7-3　音频测量布置图

音频突破的测试方法也适用于具有外部声学传感器的 EUT。如果 EUT 没有声学传感器，则可测量规定的终端阻抗产生的线电压。

7．吞吐量测试方法

在抗扰度性能评估中用到的 EUT 吞吐量均指应用层的吞吐量。在试验开始之前，将 EUT 与系统模拟器建立数据传输连接，通过测量吞吐量百分比对数据传输进行校准。

在双向端对端链路（上行链路和下行链路）中应传送具体数据模式。抗扰度试验的每一个频率步长都应进行性能评估。用得到的吞吐量除以最大吞吐量就得出吞吐量百分比。使用的数据模式应当有足够长度，且等效于信道数据率。

对于无数据辅助应用的设备，数据监测仪被看作是测试系统的一部分。制造商应采取不影响辐射电磁场的措施来连接数据控制器。试验布置如图 7-4 所示。

对于有数据辅助应用的设备，数据监测仪被看作是测试系统的一部分。数据应用辅助设备被看作是数据传送环路（上行链路和下行链路）的一部分，将包含在设备的规格说明里。试验布置如图 7-5 所示。

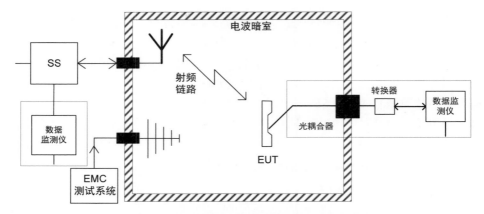

图 7-4　无数据辅助应用的受试设备试验布置

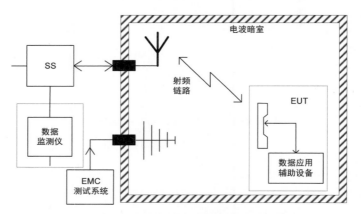

图 7-5　有数据辅助应用的受试设备试验布置

7.4　试验项目的适用性

在进行电磁兼容测试时，根据连接方式及使用环境不同可将 EUT 分为固定设备、车载设备和便携设备。不同的设备适用的端口和测试项目如表 7-1 所示。

表 7-1　抗扰度试验项目

试 验 项 目	适 用 端 口	EUT 及其辅助设备		
		固　　定	车　　载	便　　携
静电放电抗扰度	机箱端口	适用	适用	适用
射频电磁场辐射抗扰度	机箱端口	适用	适用	适用
电快速瞬变脉冲群抗扰度	信号/控制端口、有线网络端口、AC/DC 电源端口	适用	不适用	不适用

续表

试 验 项 目	适 用 端 口	EUT 及其辅助设备		
		固 定	车 载	便 携
浪涌（冲击）抗扰度	信号/控制端口、有线网络端口、AC/DC 电源端口	适用	不适用	不适用
射频场感应的传导骚扰抗扰度	信号/控制端口、有线网络端口、AC/DC 电源端口	适用	适用	不适用
工频磁场抗扰度	机箱端口	适用	适用	适用
电压暂降、短时中断和电压变化的抗扰度	AC 电源输入端口	适用	不适用	不适用
瞬变与浪涌（车载环境）	DC 电源输入端口	不适用	适用	不适用

对于便携设备或设备的组合，当制造商声明该设备可以使用车载电池供电工作时，除了便携设备需要进行测试，还要额外按照车载设备增加相应的测试项目。

对于便携设备、车载设备或设备的组合，当制造商声明该设备可以使用交/直流电源供电时，应额外考虑其为固定使用的设备进行相关试验。

7.5　静电放电抗扰度

电子产品受到静电放电时，可能造成其内部器件的损坏。静电放电的机制非常复杂，可分为直接放电和间接放电。直接放电通常是由人体带有的电荷以及被充电的材料造成的，直接放电时由于较强脉冲电流产生的电弧会造成电子元器件损坏。间接放电通常是由于在电子设备附近发生了电弧放电，由于强电磁场耦合至电路板上的线路，导致电子元器件损坏或逻辑紊乱。

通常，静电放电抗扰度试验适用于放置在可能产生静电放电现象环境中的各类电子产品。在考虑对产品进行放电的方式时，既要考虑直接放电也要考虑间接放电。对于非电子产品以及放置在受到静电控制环境中的电子产品，可以不考虑静电放电抗扰度试验。

我国在国家标准 GB/T 17626.2-2018《电磁兼容　试验和测量技术　静电放电抗扰度试验》中，对静电放电抗扰度的试验设备、试验配置、试验程序进行了规定。

7.5.1　试验等级

表 7-2 是 GB/T 17626.2 给出的在进行静电放电试验时，试验等级的优先选择范围。静电放电抗扰度有接触放电和空气放电两种放电方式。在试验时，应

优先选择接触放电，空气放电则用在不能使用接触放电的场合。对于接触放电，5G 通信终端产品的静电放电试验要求 EUT 应能通过±2kV 和±4kV 的试验。对于空气放电，EUT 应能通过±2kV、±4kV 和±8kV 的试验。

表 7-2 静电放电抗扰度试验等级

接 触 放 电		空 气 放 电	
等 级	试验电压/kV	等 级	试验电压/kV
1	2	1	2
2	4	2	4
3	6	3	8
4	8	4	15
X[①]	特定	X	特定

① "X" 可以是高于、低于或在其他等级之间的任何等级。该等级应在专用设备的规范中加以规定。如果规定了高于表格中的电压，则可能需要专用的试验设备。

7.5.2　试验设备

静电放电发生器是用来对 EUT 施加静电放电的设备。静电放电发生器包括以下几个部分：充电电阻 R_c；储能电容器 C_s；分布电容 C_d；放电电阻 R_d；电压指示器；放电开关；充电开关；可更换的放电电极头（分别为接触放电和空气放电的放电电极头）；放电回路电缆；电源装置。

图 7-6 给出了静电放电发生器的示意图。不同标准规定 R_d、C_d+C_s 是不同的，C_d 是存在于发生器和周围之间的分布电容。通信产品适用的测试标准是 GB/T 17626.3（即 IEC 61000-4-3），该标准规定 R_d 的典型值为 330Ω，C_d+C_s 的典型值为 150pF。而汽车电子产品适用的测试标准 GB/T 19951-2019 则规定了 330pF/330Ω 和 150pF/2000Ω 两种发生器。

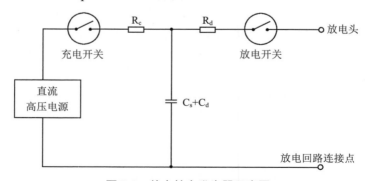

图 7-6　静电放电发生器示意图

静电放电发生器有接触放电和空气放电两种模式，使用时需要根据放电方式更换不同的放电电极头（见图 7-7）。在更换放电电极头时要注意一定先把放电开关关闭，然后再操作，以避免发生危险。静电放电发生器的接触放电模式通常支持±1～±8kV 的放电范围。空气放电模式通常支持±2～±15kV 的放电。输出电压容差为±5%；保持时间大于等于 5s。放电方式可选择单次放电或 20 次/s 的重复频率放电，其中单次放电用于正式测试，20 次/s 放电用于测试前寻找 EUT 的可放电点。接触放电的放电波形参数和放电电流波形示意图分别如表 7-3 和图 7-8 所示。

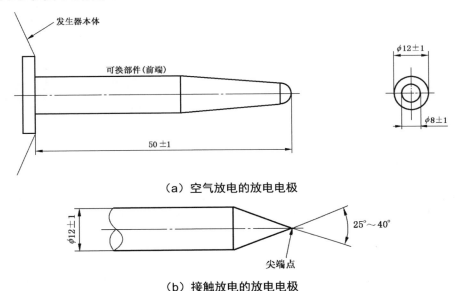

（a）空气放电的放电电极

（b）接触放电的放电电极

图 7-7　静电放电发生器放电电极

表 7-3　接触放电电流波形参数

等级	指示电压 /kV	放电的第一个峰值电流（±15%）/A	上升时间 t_r（±25%）/ns	在 30ns 时的电流（±30%）/A	在 60ns 时的电流（±30%）/A
1	2	7.5		4	2
2	4	15	0.8	8	4
3	6	22.5		12	6
4	8	30		16	8

注：1. 用于测量 30ns 和 60ns 处电流的时间参考点是电流首次达到放电电流第一峰值的 10%。

　　2. 上升时间 t_r 为第一个电流峰值的 10%～90%的间隔时间。

静电放电发生器使用的放电回路电缆长度应为(2±0.05)m。在测试较大型的 EUT 时，2m 的放电回路电缆可能不够长。在这种情况下，可以使用长度不超过 3m 的放电回路电缆。测试使用的电缆和校准静电放电发生器时使用的电缆应该是相同的或等同的。无论电缆长度是 2m 还是 3m，都不能妨碍静电放电发生器发出的信号波形满足要求。

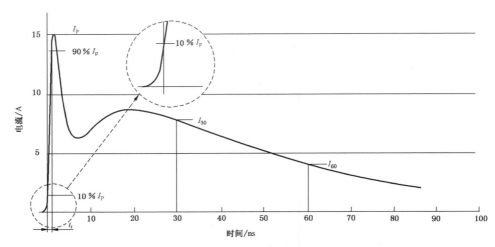

图 7-8　电压设置为 4kV 时理想的接触放电电流波形

7.5.3　试验布置

静电放电抗扰度试验分为在实验室内进行的型式试验（即符合性试验）和在最终安装条件下对设备进行的安装后试验。如果条件允许，应优先选用在实验室内进行的型式试验。

1. 实验室试验的布置

在静电放电实验室的地面上应铺设一层最小厚度为 0.25mm 的铜板或铝板作为接地参考平面。也可以采用镀锌钢板、不锈钢板等其他金属材料作为接地参考平面，但其厚度至少要有 0.65mm。接地参考平面要和实验室的保护接地系统相连接。接地参考平面的面积与实验室通常进行测试的 EUT 大小有关，接地参考平面每边至少应伸出 EUT 或水平耦合板之外 0.5m。

在对 EUT 进行布置时，应按照其使用要求布置和连线。EUT 与实验室墙壁和其他金属性结构之间的距离至少为 0.8m。EUT 和静电放电发生器都应按照其安装要求接地，不能有为了进行静电放电试验而额外附加的接地线。电源与信号电缆也要按照典型的实际安装方式进行布置。静电放电发生器的放电回路电缆应与接地参考平面连接。如果放电回路电缆的长度超过所选放电点需要的长度，可以将多余的长度以无感方式离开接地参考平面放置。除了接地参考平面以外，放电回路电缆与试验配置的其他导电部分应保持不小于 0.2m 的距离。每根接地电缆与接地参考平面的连接和所有搭接均应是低阻抗的，例如在高频场合下采用机械夹紧装置等。

耦合板的材料和厚度要求与接地参考平面的要求一致。耦合板要通过一条每端带有一个 470kΩ 电阻的电缆与接地参考平面连接。这些电阻应能承受施加到 EUT 的最大放电电压。当接地电缆放置于接地参考平面上时，电阻和电缆要绝缘良好，避免与接地参考平面发生短路。在接地电缆上加装两个 470kΩ 电阻的目的，是防止静电放电发生器对耦合板放电后，施加在耦合板上的电荷即刻从接地电缆上传导到保护接地系统，继而消失。加装 470kΩ 电阻之后，可以增加静电放电对 EUT 的影响。

　　在对台式设备进行静电放电抗扰度测试时，应将 EUT 放置在测试台上。测试台为高度(0.8±0.08)m 的非导电桌子。测试台放置在接地参考平面上。测试台桌面上放置一张尺寸为(1.6±0.02)m×(0.8±0.02)m 的水平耦合板（HCP）。将 EUT 放置到测试台上时，需要用厚度(0.5±0.05)mm 的绝缘垫将 EUT 与水平耦合版隔离以保持绝缘。如果 EUT 体积过大而不能保持与水平耦合板各边相距最小0.1m，应使用另一块相同的水平耦合板。第二块耦合板与第一块间距(0.3±0.02)m。此时需要使用更大的非导电桌，或者使用两个非导电桌。第二块水平耦合板不必与第一块搭接在一起，而应经过另一根两端带 470kΩ 电阻的电缆接到接地参考平面上。所有 EUT 的安装脚架都应保持原位。图 7-9 是台式设备试验布置的示意图。

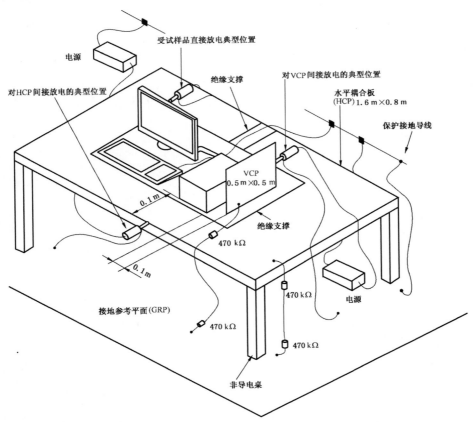

图 7-9　实验室试验时台式设备试验布置

在对台式设备进行静电放电抗扰度测试时,应将 EUT 放置在接地参考平面上,并通过厚度为 0.05～0.15m 的绝缘支撑(如木块、木架子等)与接地参考平面隔开。EUT 的电缆用厚度为(0.5±0.05)mm 的绝缘支撑与接地参考平面隔开,其位置应超过 EUT 隔离的边缘,不能放在 EUT 的下方。任何与 EUT 有关的安装脚架都应保持原位。图 7-10 是落地式设备试验布置的示意图。

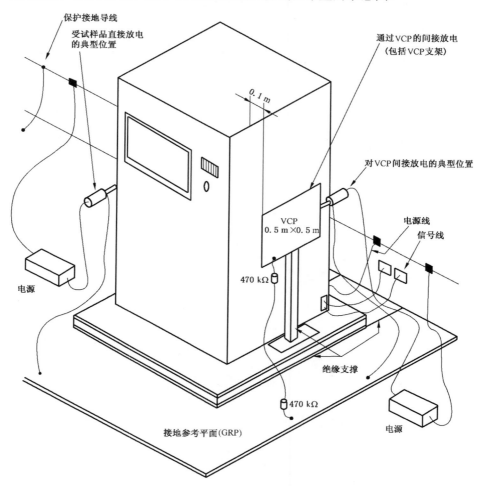

图 7-10 实验室试验时落地式设备试验布置

前面的试验布置都要求在对 EUT 进行试验布置时,接地线按照安装要求接地。但是还有很多设备(如移动电话机等)是没有接地线的。这种设备或设备部件包括电池供电设备、使用电源线不接地的充电器供电的设备和双重绝缘设备。在对这类设备进行静电放电抗扰度测试时,这类设备不能像带接地线的设备那样自行将电荷泄放。如果在下一个静电放电脉冲施加的时候,前面施加的电荷还没有消除，那么 EUT 或其部件上累积的电荷可能使电压为预期试验电压的两倍。因此，双重绝缘设备的绝缘体电容经过几次静电放电累积之后，可能充电至异常高的电压，然后以高能量在绝缘击穿电压处放电。为了避免这一情况，对于不接地的设备，其试验布置与前文给出的带有接地线设备的试验布置相同，但是需要在施加每个静电放电脉冲之前要先消除 EUT 上的电荷。进行电荷消除时，应使用在水平耦合板和垂直耦合板中使用的两端带有 470kΩ 泄放电阻的电缆进行操作。

因为 EUT 与耦合板之间的距离是固定的，所以两者之间的电容大小取决于 EUT 的投影面积。在进行静电放电抗扰度试验时，如果 EUT 的功能允许，应在 EUT 上安装带泄放电阻的电缆。放电电缆的一个电阻应尽可能靠近 EUT 的试验点，间距最好小于 20mm，另一个电阻应靠近放电电缆的末端。对于台式设备，放电电缆连接在水平耦合板上（见图 7-11）。对于落地式设备，放电电缆连接在接地参考平面上（见图 7-12）。

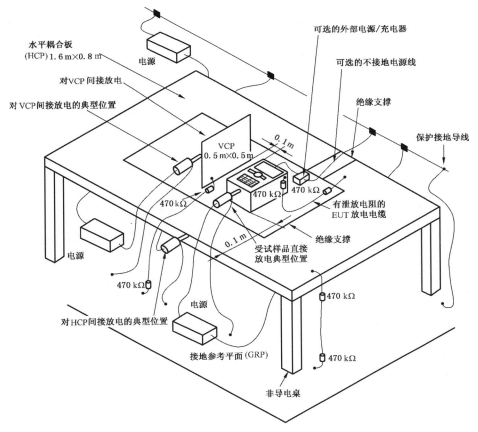

图 7-11　不接地台式设备试验布置

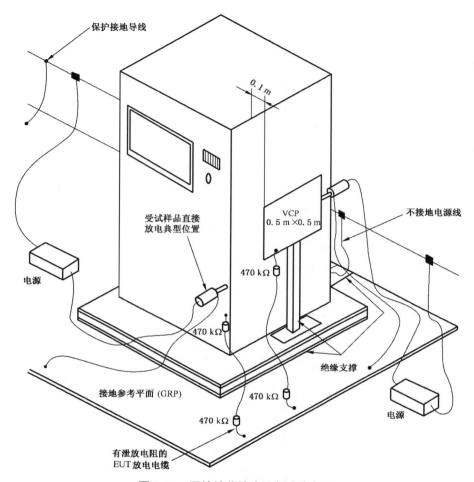

图 7-12 不接地落地式设备试验布置

因为在 EUT 上加装带有泄放电阻的电缆后，可能会影响某些设备的试验结果，所以为了在两次连续放电之间电荷能有效地衰减，应该优先选择施加静电放电脉冲时断开泄放电缆的试验方法。可以采用以下两种方法作为替代方法：一是设置两次静电放电之间的时间间隔，使其长于 EUT 的电荷自然衰减所需的时间；二是使用带泄放电阻（如两个 470kΩ）的炭纤维刷清除 EUT 的电荷。如果试验双方对电荷是否已经衰减有争议，可以使用非接触式电场计来监视 EUT 上的电荷。当放电衰减至低于初始值的 10%后，就可以认为 EUT 已放电，可以施加下一次静电脉冲。

2. 安装后试验的布置

由于在设备安装后的使用现场对设备进行抗扰度试验有可能干扰与 EUT 相邻的其他设备，因此只有经过制造商和设备用户双方同意才能进行在 EUT 使用现场进行的安装后试验。在经受静电放电之后，电子设备并不一定马上出现故障，但是其平均无故障时间（MTTF）通常比没有经过静电放电的设备更短。因此，一定要慎重考虑是否有必要对将投入使用的设备进行安装后的现场试验。

一旦决定要进行安装后的静电放电抗扰度试验，EUT 应该在最终安装调试完毕后再进行试验。为了连接放电回路电缆，应该在 EUT 前的地面上铺设接地参考平面，两者间距 0.1m。接地参考平面的材料、厚度与实验室试验要求保持一致。如果现场条件允许，接地参考平面的规格应为长 2m、宽 0.3m。接地参考平面应通过地线连接到现场的保护接地系统。如果现场无法与保护接地系统连接，但是 EUT 有接地端，也可连接到 EUT 的接地端。静电放电发生器的放电回路电缆应连接到接地参考平面。当 EUT 安装在金属桌上时，应将桌子通过每端连接 470kΩ 电阻的电缆连接到接地参考平面上，以防止电荷累积。不接地的金属部件的现场测试方法与前面的实验室测试方法相同，将有泄放电阻的电缆连接到接地参考平面上，并靠近 EUT。图 7-13 是安装后试验的布置示意图。

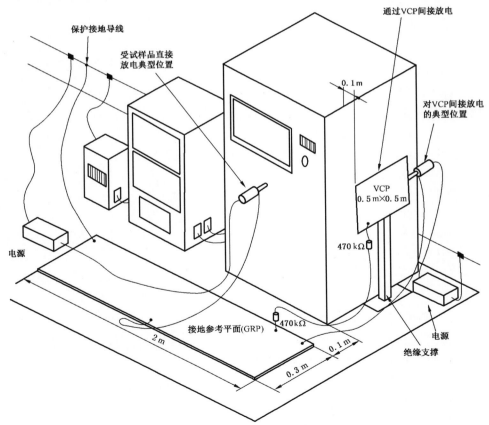

图 7-13　安装后试验时落地式设备试验

3. 试验布置的验证

为确保试验布置是有效的，在正式开始静电放电试验之前，建议首先对静电放电试验布置进行验证。因为静电放电发生器的波形上升时间、持续时间等参数通常不会发生细微的变化，其最可能出现的故障是静电放电发生器产生的放电电压没有传送到放电电极，或者电压控制失效导致实际的放电电压与设置的电压放电电压不一致，或者在放电路径中的电缆、电阻或者连接导线出现损坏、松脱或者缺失，从而导致无法放电。

在进行验证时，可以通过观察静电放电发生器对耦合板进行空气放电的火花大小来验证静电放电试验布置是否正确。首先，确认接地的连接和位置是否正常。然后，观察在低电压设置时，放电电极与耦合板之间产生的是否是小火花，在高电压设置下是否是大火花。如果在不同的放电电压设置下，放电火花大小基本一致或者根本没有放电，就说明静电放电发生器或者试验布置出现了问题，需要进行检查。

7.5.4 试验过程

1. 试验计划

为了达到较好的试验效果、增加试验结果的可复现性，在开始静电放电抗扰度试验之前，应根据产品的情况制订试验计划。试验计划应包含以下内容。

（1）EUT 典型工作条件。

（2）EUT 是按台式设备还是落地式设备进行试验。

（3）确定施加放电点。

（4）在每个放电点上，采用接触放电还是空气放电。

（5）所使用的试验等级。

（6）在每个点上施加的放电次数。

（7）是否还需要进行安装后的试验。

为了确定 EUT 上的施加放电点，可以将静电放电发生器的放电频率设置为 20 次/s，然后在 EUT 上寻找哪些位置可以放电。

2. 测试时的环境条件

静电放电抗扰度的试验结果与试验时所在环境的温湿度等条件关系非常密切。在进行试验时，EUT 应在预期的气候条件下工作。

在空气放电试验的情况下，测试时的环境条件应符合以下要求。

（1）环境温度：15℃～35℃。

（2）相对湿度：30%～60%。

（3）大气压力：86～106kPa。

　　为了便于调节试验环境以达到对温湿度的要求，通常选择面积不大、封闭的房间作为静电放电抗扰度实验室，并且可以根据实验室所在地的环境温湿度情况选择安装专用的加湿或除湿设备。如果是设备研发和制造商进行的质量控制实验，可以考虑将试验湿度调整到上述范围中湿度较低的数值，也就是相对比较恶劣的环境，进行试验。这样可以保证产品即使在相对较严酷的环境下也能满足标准要求。除了温湿度和大气压力之外，实验室的电磁环境也应保证 EUT 正确运行，不应影响试验结果。

3．对 EUT 直接施加的静电放电

　　通常，静电放电只施加在人员正常使用时可以接触到的 EUT 的位置。对于在维修时才接触到的点和表面、最终用户保养时接触到的点和表面（如换电池时有可能接触到的电池触点）、设备安装固定后或按使用说明使用后不再能接触到的点和面（如设备底部和/或设备的靠墙面或安装端子后的地方）、由于功能原因对静电放电敏感并有静电放电警告标签的位置不需要进行静电放电抗扰度试验。对于金属外壳的同轴连接器和多芯连接器可接触的点，只需要对连接器外壳施加接触放电。对于非导电连接器内可接触到的点，只需要进行空气放电。

　　进行静电放电试验时，应将静电放电发生器设置为单次放电。在预选点上，每个极性至少施加 10 次单次放电。连续两次单次放电之间的时间间隔通常为 1s。但是如果为了确定 EUT 是否仍在正常运行，可能需要间隔较长的时间。

　　为了提高测试结果的可复现性，静电放电发生器的放电电极应尽可能垂直于 EUT 的被施加静电放电的表面。如果两者不能保持垂直，则应在原始记录和报告中记录静电放电施加的方法。当实施静电放电时，静电放电发生器的放电回路电缆与 EUT 之间至少应保持 0.2m 的距离，并且操作者不能用手持握放电回路电缆，以免影响放电电流波形。

　　在施加接触放电时，应先将放电电极的顶端接触 EUT 的预选点，然后再操作放电开关施加放电。

　　在施加空气放电时，应将放电电极的圆形放电头尽可能快地接近并触及 EUT，但要注意不要因为放电电极与 EUT 发生碰撞而使 EUT 受到机械损伤。每次放电之后，应将静电放电发生器的放电电极从 EUT 移开，然后重新触发发生器，快速接近并触及 EUT 进行下一次单次放电。

　　对于 EUT 表面有涂漆的情况，如设备制造厂家没有说明涂漆为绝缘层，那么应将静电放电发生器的接触电极头刺穿漆膜与导电层接触进行接触放电。如厂家指明该涂漆是绝缘层，则只需要进行空气放电，不需要进行接触放电。

4．对 EUT 间接施加的静电放电

　　在 EUT 附近的物体受到静电放电时，EUT 也有可能受到间接影响。可以通过对耦合板进行接触放电的方式来模拟这一现象。

对位于 EUT 下面的水平耦合板施加静电放电时，应使放电电极的长轴与水平耦合板处于同一平面，并与水平耦合板的边缘垂直。试验时，应在距 EUT 每个单元中心点对面的 0.1m 处的水平耦合板边缘以最敏感的极性至少施加 10 次单次放电。

垂直耦合板的尺寸为 0.5m×0.5m。在对其施加静电放电时，应使耦合板与 EUT 间距为 0.1m 并保持平行。对耦合板的一条垂直边的中心以最敏感的极性至少施加 10 次的单次放电。每一次测试可以认为覆盖了 EUT 0.5m×0.5m 的表面。应通过调整耦合板位置，使 EUT 四个侧面不同的位置都受到静电放电试验。

在进行耦合板放电时，要注意图 7-9 和图 7-10 中所示的静电放电位置和带有 470kΩ 的接地电缆之间的相对位置。避免放电位置靠近接地电缆，以免放电电流尚未对 EUT 产生影响，就被接地电缆导走。

5. 对测试结果进行判定

静电放电抗扰度测试施加的信号为瞬态信号。对静电放电抗扰度试验结果进行判定时，应采用 7.3.2 节给出的瞬态抗扰度测试的性能判据。

7.5.5 静电放电发生器的校准

静电放电发生器的输出信号是否与标准要求一致，对测试结果的可复现性至关重要。因此，需要在已获得实验室认可的质量体系保障下，在规定的时间间隔内，对静电放电发生器进行校准。

校准时，环境温湿度、大气压应符合静电放电抗扰度测试时的环境条件要求。并且，周围没有影响正常校准工作的电磁干扰和机械震动。校准时需要使用以下仪表。

（1）模拟带宽≥2GHz 的示波器。

（2）同轴电流靶、衰减器、电缆链。

（3）量程≥15kV，输入阻抗≥1GΩ 的高压表或者配备高压衰减器的示波器。

（4）安装在垂直校准平面的同轴电流靶，靶和平面的任何边缘至少有 0.6m。

（5）有足够功率的衰减器。

在校准静电放电发生器的输出电压时，可按照图 7-14 所示连接仪表。将静电放电发生器的放电模式设置为接触放电或空气放电。连接放电电极与高压表的输入端。使用高压表（或示波器）分别测量不同设定电压下的开路输出电压。

图 7-14　校准静电放电发生器输出电压的连接示意图

在校准静电放电发生器的放电电流波形时，应首先按照图 7-15 进行试验布置。其中，静电放电靶应该安装在垂直校准平面的中心，并通过衰减器和射频电缆连接至示波器的输入端口。从靶的中心到校准平面的边缘距离至少 60cm。静电放电发生器的接地线应连接在放电靶下方 0.5m 处的垂直校准平面底部中心位置的接地点上。然后，将接地线的中部向后拉，使接地线形成等腰三角形。在校准的过程中，接地线都应保持等腰三角形的形状，不能垂在地板上。静电放电发生器应安装在三脚架上或者等效的非金属低损耗支持物上，放电电极应垂直于静电放电靶所在的平面。

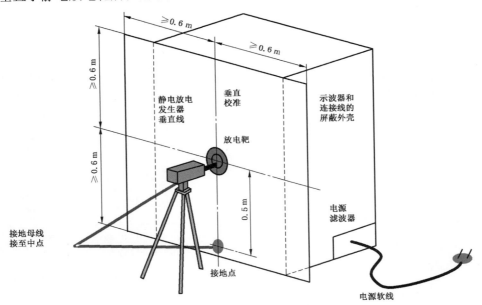

图 7-15　校准静电放电发生器的布置

使用静电放电发生器在±2kV、±4kV、±6kV 和±8kV 分别对静电靶进行 5 次接触放电，通过示波器记录放电电流波形。以峰值电压除以低频转移阻抗得到的电流即峰值电流。以到达第一峰值 10%时的点为时间起点，分别记录 30ns、60ns 后的电压，使用该电压除以低频转移阻抗得到的电流，即 30ns 电流和 60ns 电流。从第一峰值的 10%～90%的间隔时间，即为上升时间。

由于两次校准之间的时间间隔长短是由仪器的使用情况、使用者、静电放电发生器本身质量等因素综合决定的，静电放电发生器的使用单位可以根据自身的实际情况来确定两次校准之间的时间间隔。但是 CNAS-CL01-A008:2018《检测和校准实验室能力认可准则在电磁兼容检测领域的应用说明》要求校准周期应为 1～2 年。JJF 1397-2013《静电放电模拟器校准规范》推荐校准周期为 1 年，所以建议静电放电发生器的校准周期为 1 年或 2 年。

7.6 射频电磁场辐射抗扰度

近年来各种无线发射设备和无线通信设备在工作和生活中使用得越来越广泛。这些产品在使用的过程中会发出一定频率的电磁辐射。当电子设备所在的位置存在较强的电磁场时，电子设备有可能受到电磁场的影响而出现性能降低甚至损坏。射频电磁场辐射抗扰度（以下简称辐射抗扰度）就是衡量 EUT 对射频电磁场的抗干扰程度。

7.6.1 试验等级

表 7-4 是 GB/T 17626.5 给出的在进行辐射抗扰度试验时可选择的试验等级。表中的场强是未调制载波信号的场强。

表 7-4 辐射抗扰度试验等级

等 级	试验场强/（V/m）
1	1
2	3
3	10
4	30
X	特定

注：X 是一个开放的试验等级，其场强可以为任意值。该等级可在产品标准中规定。

对于 5G 终端设备，辐射抗扰度试验的测试频率范围是 80MHz～6GHz。由于无线通信设备需要接收和发射无线信号，所以其收信机和发信机工作的频率范围需要单独加以保护，该频率范围及其附近的频率作为免测频段无须进行辐射抗扰度测试。测试从 80MHz 开始，测试时，在每个频点的驻留时间应不短于 EUT 动作及响应所需的时间，且最短不得短于 0.5s，测试频率增加的步长为前一频率的 1%。试验场强为 3V/m，试验信号经过 1kHz 的正弦音频信号进行80%的幅度调制。如果收信机或作为收/发信机一部分的收信机在离散频率点的响应是窄带响应，那么对此窄带响应不需要判定为不合格，但是需要将出现窄带响应的试验频率记录在测试报告中。

7.6.2 试验设施和设备

辐射抗扰度测试通常在全电波暗室或加铺了吸波材料的半电波暗室进行。测试系统由射频信号发生器、功率放大器、场强发射天线、各向同性电场探头、功率计、定向耦合器等设备组成。其中，功率放大器产生的各次谐波场强应比基波场强至少低 6dB。场强发射天线可以是满足频率要求的双锥、对数周期、喇叭或其他线性极化天线系统，但不允许使用圆极化天线。电波暗室和功率放大器的性能与测试结果的相关性较高，下面具体介绍如何对电波暗室和功率放大器的性能进行验证。

1. 电波暗室的要求和验证方法

在进行辐射抗扰度测试时，测试系统发出的电磁场场强较高，为了避免干扰周边的电子设备以及对测试场地周围人员的身体健康产生危害，测试需要在屏蔽室内进行。为了保证 EUT 所在位置的电磁场与标准要求的强度一致，需要在屏蔽室的四面侧墙、天花板和地板上加铺吸波材料，也就是在全电波暗室或者加铺了吸波材料的半电波暗室进行试验。

为了保证测试结果的有效性和可重复性，需要使 EUT 处于比较均匀的电磁场中。通常将有均匀电磁场的区域称为均匀域（UFA），如图 7-16 所示。均匀域是一个假想的垂直平面，在这个平面内电磁场的变化足够小。试验时将 EUT 的待测面与均匀域重合，这样才能保证 EUT 收到的电磁辐射与标准要求的电场强度一致。开展辐射抗扰度试验的实验室需要验证其测试系统是否有能力在暗室中产生均匀域，并且在验证过程中还可以得到信号发生器等设备参数的数据。

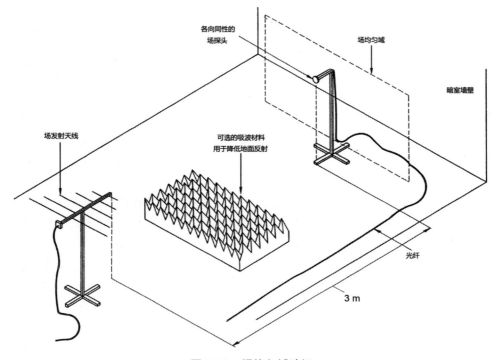

图 7-16　场均匀域验证

由于暗室内物品的摆放位置会影响电磁场分布，所以在进行场均匀性验证时，暗室内不应放置 EUT 以及与场均匀性验证无关的物体。由于暗室内物品很小的位移也可能显著影响场分布，所以要准确和详细地记录天线、电缆、吸波材料等的布置。同时，暗室内的布置要与场均匀性验证时的布置保持一致。为了保证测试数据的可靠性，场均匀性验证需要每年进行一次，在暗室内的布置发生变化时（例如更换吸波材料、改变试验区域的位置、更换测试设备），需要重新对场均匀性进行验证。

各向同性场探头与发射天线之间的距离至少在 1m 以上。在选择试验的发射天线时，应关注发射天线的方向图和波瓣宽度。发射天线放置的位置应能使均匀域处于发射场的主波瓣宽度之内。发射天线与均匀域之间的距离最好为 3m。该距离指的是从双锥天线的中心或对数周期天线的顶端或喇叭天线和双脊波导天线的前沿到均匀域的距离。为了使辐射抗扰度测试与场均匀性验证时的布置保持一直，在验证记录和报告中应记录验证时发射天线与均匀域之间的距离。

在辐射抗扰度测试的过程中，EUT 被照射的面应被均匀域完全覆盖。均匀域的尺寸至少为 1.5m×1.5m，均匀域的下端距离地面的高度为 0.8m。如果 EUT 和连接的电缆可以被一个较小的面积完全覆盖，可以减小均匀域的面积，但不能小于 0.5m×0.5m。

在进行场均匀性验证时，如图 7-17 所示，将均匀域划分成间隔为 0.5m 的一系列小格。在每个频点上，所有栅格点中有 75% 的点上测得的场强幅值在标称值-0～+6dB 的容差范围内，则认为该场是均匀的。以 1.5m×1.5m 的均匀域为例，共划分成 9 个格、16 个栅格点。如果 16 个点中至少 12 个点在某一频率测得的场强在标称值-0～+6dB 内，则认为该频率的场是均匀的。对于 0.5m×0.5m 的均匀域，要求所有 4 个栅格点都在-0～+6dB 内。

当频率达到 1GHz 时，容差可以大于+6dB，但不能超过+10dB，也不能小于-0dB。调整容差的频率点不能超过全部测试点的 3%。在测试报告中要记录真实的容差。有争议时，优先考虑-0～+6dB 的容差。

如果 EUT 需要被照射的面积大于 1.5m×1.5m，并且均匀域的最大尺寸不能覆盖 EUT，那么可以对 EUT 的表面进行一系列的照射测试（称为部分照射）。具体操作时有两种方法。一种方法是将发射天线摆放在不同位置进行均匀域验证，得到多个均匀域，并且使多个均匀域组合后可以覆盖 EUT 的表面。进行辐射抗扰度测试时，将发射天线依次放在这些位置上对 EUT 进行试验，从而覆盖 EUT 的表面。第二种方法是，保持发射天线的位置不变，得到一个均匀域。进行辐射抗扰度测试时，调整 EUT 的位置，使 EUT 的每个部分至少处于均匀域中一次，从而使 EUT 的表面均被照射到。表 7-5 给出了完全照射和部分照射的概念以及如何应用的说明。

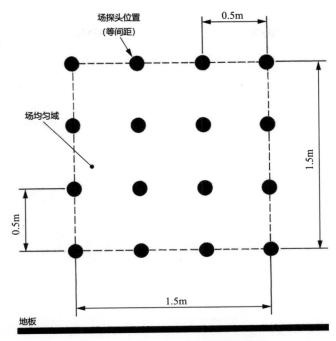

图 7-17　1.5m×1.5m 场均匀域示意图

表 7-5　应用完全照射、部分照射和独立窗口法的均匀域（UFA）要求

频段	当 UFA 全部覆盖 EUT 时，UFA 的尺寸和校准要求（优选完全照射方法）	当 UFA 不能全部覆盖 EUT 时，UFA 的尺寸和校准要求（部分照射法和独立窗口法，是替代方法）
1GHz 以下	UFA 最小尺寸 0.5m×0.5m；UFA 的栅格尺寸以 0.5m 步进（如 0.5m×0.5m，0.5m×1.0m，1.0m×1.0m 等）；校准栅格步进为 0.5m×0.5m；如果 UFA 大于 0.5m×0.5m，则要求 75%的校准点符合标准要求；对于 0.5m×0.5mUFA，100%（所有 4 个点）应满足要求	部分照射 最小 UFA 尺寸为 1.5m×1.5m； UFA 的栅格尺寸以 0.5m 步进(如 1.5m×1.5m、1.5m×2.0m、2.0m×2.0m 等)； 校准栅格步进为 0.5m×0.5m； 75%的校准点符合标准要求
1GHz 以上		独立窗口法 0.5m×0.5m 窗口 部分照射 1.5m×1.5m 且以 0.5m 步进扩大窗口尺寸（如 1.5m×1.5m、1.5m×2.0m、2.0m×2.0m 等）； 校准栅格步进为 0.5m×0.5m； 如果 UFA 大于 0.5m×0.5m，则要求 75%的校准点符合标准要求。对于 0.5m×0.5mUFA，100%（所有 4 点）应满足要求

如果由于天线波瓣不足以覆盖整个 EUT 等原因，导致辐射场只能在某个极限频点（频率高于 1GHz）以下的频段满足均匀域要求，那么在高于该极限频点时也可以使用独立窗口法作为替代方法。

在进行场均匀性验证时，可按照图 7-18 连接测试系统，使用未调制的载波分别进行发射天线水平极化和垂直极化方向的验证。场均匀性验证有恒定场强法和恒定功率法两种验证方法。恒定场强法是在每个特定的频率调节发射天线的正向功率，使场强探头所在位置的场强等于需要的校准场强。记录此时发射天线的发射功率。对 16 个栅格点同一频率的发射功率进行比较，确认是否至少有 12 个栅格点的功率差异在 6dB 的范围内。恒定功率法是在第一个选定的栅格点调节发射天线的正向功率，使该栅格点的场强等于需要的校准场强。然后用同样的发射功率在剩余的 15 个栅格点发射信号，分别记录此时相应栅格点处的场强，确认是否有 12 个栅格点的场强差异在 6dB 范围内。无论使用哪种方法，得到的场均匀性结果都是相同的。两种方法的具体验证过程如下。

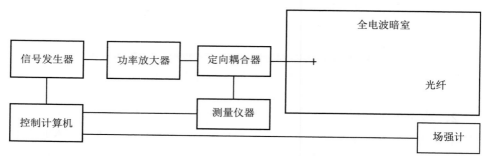

图 7-18　场均匀域验证试验系统连接

（定向耦合器和测量仪器可以用前向功率检波器或监视器替代）

1）恒定场强法

将校准合格的场强探头放置在 16 个栅格点的任意一点上，将信号发生器的输出频率调至试验频率范围的最低频率（如 80MHz）。调节发射天线的正向功率，使场强探头在该栅格点测得的场强等于校准场强 E_c，记录此时的发射功率读数。以当前频率的 1% 为最大增量增加发射频率，并重复以上步骤直至试验频率范围的上限频率（如 1GHz），完成该栅格点的测试。将场强探头依次挪到其他栅格点，完成其他 15 个栅格点的测试。

完成 16 个栅格点的测试之后，在每一个频率点上按照以下方式进行计算：将 16 个点的发射功率按照由小到大的顺序进行排列，从最大发射功率读数开始检查，向下至少有 11 个点的读数在最大读数的 -6～+0dB 内。如果在 -6～+0dB 内的读数少于 11 个点，则按照同样的程序向下继续检查读取的数据（对每个频率点仅可能有 5 个点不在 -6～+0dB 内）。如果至少有 12 个点（即 16 个栅格点的 75%）的读数在 6dB 范围内，则停止检查，记录这些读数的最大发生功率值 P_c，确认测试系统没有处于饱和状态。

2）恒定功率法

将校准合格的场强探头放置在 16 个栅格点的任意一点上，将信号发生器的输出频率调至试验频率范围的最低频率（如 80MHz）。调节发射天线的正向功率，使场强探头在该栅格点测得的场强等于校准场强 E_c，记录此时的发射功率和场强。以当前频率的 1%为最大增量增加发射频率，并重复以上步骤直至试验频率范围的上限频率（如 1GHz），完成该栅格点的测试。将场强探头依次挪到其他栅格点，完成其他 15 个栅格点的测试。

完成 16 个栅格点的测试之后，在每一个频率点上按照以下方式进行计算：将 16 个点的场强读数按照由小到大的顺序进行排列，选择某点的场强值作为参考值，计算所有其他点对该点的偏差（以 dB 为单位）。从场强的最小读数开始检查，向上至少应有 11 个点的读数在最小读数的-0～+6dB 内。如果在-0～+6dB 内的读数少于 11 个，则按照同样的程序向上继续检查读取的数据（对每个频率点仅可能有 5 个点不在-0～+6dB 内）。如果至少有 12 个点（即 16 个栅格点的 75%）的读数在 6dB 范围内，则停止检查，从这些读数中选择最小场强的点作为参考点，计算建立该参考点场强所需的发射功率 P_c，确认测试系统没有处于饱和状态。

2．功率放大器的要求和验证方法

如果功率放大器在辐射抗扰度试验和场均匀性验证时处于饱和状态或者其谐波分量过高，会对试验结果产生较大的影响。试验使用的场强探头为宽带探头，会同时测量信号的基波和谐波分量的场强。如果功率放大器的谐波分量过高，从场强探头读出的场强包含了基波和谐波的信号场强，将导致基波产生的实际场强小于从场强探头读出的场强。在辐射抗扰度测试时，如果谐波分量过高，可能导致测试结果不合格。例如，在测试一台工作频率为 2550MHz 的 5G 终端时，2550MHz 为免测频段，不允许施加辐射抗扰度信号。如果功率放大器的谐波分量过高，例如发射信号为 850MHz 时其 3 次谐波为 2550MHz，其谐波信号可能直接进入 5G 终端的射频电路干扰正常通信连接而导致测试结果不合格。

为了降低功率放大器处于饱和状态或谐波分量过高对测试结果的影响，GB/T 17626.3 规定在场均匀性验证时要确认测试系统没有处于饱和状态，并且测得的功率放大器产生的各次谐波应比基波场强至少低 6dB。

由于在进行场均匀性验证时，信号发生器发出的信号是未经调制的正弦信号，而在进行辐射抗扰度测试时，信号发生器发出的信号是 80%调幅信号。因此，在验证测试系统是否处于饱和状态时，通常选择验证时的场强 E_c 是测试用

载波场强 E_t 的 1.8 倍,即如果测试时的试验等级是 10V/m,那么需要验证 18V/m 的场均匀性是否符合标准要求。

在确认测试系统未处于饱和状态时,首先建立前向功率 P_c 所需的电平,然后将信号发生器输出电平降低 5.1dB,记录输出到发射天线的新的前向功率 P_c'。用 P_c 减 P_c',如果其差值在 3.1~5.1dB,则可判定功率放大器没有饱和且测试系统满足测试要求。如果差值小于 3.1dB,则认为功率放大器处于饱和状态,测试系统不满足测试要求,不能进行测试。

7.6.3　试验布置

在进行辐射抗扰度试验时,EUT 应尽可能按照实际使用时的配置和安装方式进行安装。所有的盖板、接口板都应按照正常使用时的要求安装。使用制造商规定类型的线缆和连接器,如果没有规定,则使用非屏蔽平衡导线。如果制造商规定导线长度不大于 3m,则使用制造商规定长度的线缆。如果制造商规定导线长度大于 3m 或没有规定导线长度,则使用典型安装长度的线缆。在可能的情况下,受到辐射的线缆长度最短为 1m。连接 EUT 部件之间的电缆如果过长,则在线缆中部捆扎成 30~40cm 长的低感性线束。如果产品设计中要求 EUT 接地,则应按照制造商提供的安装方式接地,否则不应对 EUT 进行额外的接地。

台式 EUT 要放置在 0.8m 高的绝缘测试台上。落地式 EUT 要放置在高出地板 0.05~0.15m 的非导电支撑物上。如果落地式设备有绝缘材料的轮子,那么轮子也可以作为支撑物或支撑物的一部分。移动电话机等人体携带设备按照台式设备的要求进行布置。为了避免造成辐射场的畸变而降低场均匀度等级,放置台式设备的测试台和支撑落地式设备的支撑物都应选择不导电的非金属材料,不能使用金属材料或由绝缘层包裹的金属材料。在 1GHz 以上频段测试时,为了避免反射,应使用硬聚苯乙烯等低介电常数材料制成测试台或支撑 EUT,避免使用木制或玻璃钢材料。

7.6.4　试验过程

在试验开始之前,首先需要制订试验计划。试验计划包括以下内容。

（1）发射天线的类型和位置。

（2）均匀域的尺寸和形状。

（3）是否使用部分照射方法。

（4）EUT 的尺寸,确认 EUT 按照台式、落地式还是台式和落地式组合的方式进行试验。

（5）EUT 与试验相关的接口、连接线的类型和数量。

（6）EUT 的典型工作方式。

（7）试验等级、扫频速率、驻留时间、频率步长和免测频段。

（8）如何对 EUT 的性能进行检验。

在制订试验计划时，要注意 5G 终端作为无线通信设备，其辐射抗扰度测试与一般电子电气产品的辐射抗扰度测试相比，存在一个较大的差异，即存在免测频段。免测频段指的是在进行辐射抗扰度测试时，不进行测试的频段。收信机免测频段的低端频率是收信机接收频段的低端频率减去收信机支持的最大信道带宽。高端频率是收信机接收频段的高端频率加上收信机支持的最大信道带宽。发信机免测频段为发信机工作的中心频率±2.5 倍 EUT 支持的最大信道带宽。在制订测试计划时，要根据样品的收/发信机特性以及支持的最大信道带宽确定免测频段。

为了降低环境条件对试验结果的影响，提高试验结果的可复现性，实验室的气候条件应在 EUT 制造商及试验设备制造商规定的适用范围之内。如果相对湿度过高导致 EUT 设备或试验设备凝露，需要停止试验，降低环境湿度至合适的湿度范围。实验室的电磁环境条件也要能保证 EUT 可以正常工作。

测试前，首先验证校准场强的强度，确认测试系统处于正常的工作状态。将 EUT 放置于测试台或非导电支撑物上，使 EUT 的一面与校准平面重合。除非测试时使用部分照射方法，否则 EUT 的这个面应能被均匀域覆盖。

测试时，使 EUT 运行在典型工作状态，并在测试过程中监视 EUT 的工作状态是否出现异常。将发射天线放置在水平或垂直极化方向，设置测试系统，使其按照测试计划中确定的参数扫频发射射频信号。扫频过程中发射频率逐步递增，发射频率增加的步长为前一频率的 1%。在每一个发射频率上，调制信号的驻留时间不能短于 EUT 动作及响应所需的时间，并且最短不能短于 0.5s。测试结束后，调整发射天线至另一个极化方向，按照以上要求进行另一个极化方向的测试。

完成 EUT 一面的试验之后，调整 EUT 的位置，使其他 3 个侧面依次与均匀域重合，逐一完成试验。当 EUT 可以以不同的方向（如水平或垂直）放置使用时，EUT 的每个侧面均应进行试验。除非经过技术论证，EUT 的某一个面对电磁辐射不敏感，在这种情况下可以减少测试面。当 EUT 由几个部件组成时，在调整 EUT 的照射面时，这几个部件的相对位置保持不变，不需要调整部件的相对位置。

在试验过程中要注意使 EUT 充分运行，在选定的所有敏感运行模式下分别进行试验。

辐射抗扰度测试施加的信号为连续信号。对辐射抗扰度试验结果进行判定时，应采用 7.3.2 节给出的连续抗扰度测试的性能判据。

7.7 电快速瞬变脉冲群抗扰度

电快速瞬变脉冲群抗扰度试验是将由许多快速瞬变脉冲组成的脉冲群耦合到 EUT 的特定端口上（包括电源端口、控制端口、信号端口和接地端口），以验证 EUT 在受到各类瞬变骚扰（切断感性负载、继电器触电弹跳等）影响时的性能。试验特点是瞬变的高幅值、短上升时间、高重复率和低能量。

GB/T 17626.4-2018《电磁兼容 试验和测量技术 电快速瞬变脉冲群抗扰度试验》对电快速瞬变脉冲群抗扰度试验的试验设备、试验配置、试验程序进行了规定。

7.7.1 试验等级

表 7-6 是 GB/T 17626.4 给出的在进行电快速瞬变脉冲群抗扰度试验时，优先选择的试验等级。5G 通信终端产品的电快速瞬变脉冲群抗扰度试验要求交流电源端口的试验电压为开路电压 1kV，重复频率为 5kHz；连接线缆超过 3m 的信号/控制端口、有线网络端口和 DC 电源端口的试验电压为开路电压 0.5kV，重复频率为 5kHz。

表 7-6 电快速瞬变脉冲群抗扰度试验等级

开路输出试验电压和脉冲的重复频率				
等　　级	电源/接地端口（PE）		信号/控制端口	
	电压峰值/kV	重复频率/kHz	电压峰值/kV	重复频率/kHz
1	0.5		0.25	
2	1	5 或 100	0.5	5 或 100
3	2		1	
4	4		2	
X①	特定	特定	特定	特定

注：1. 传统上用 5kHz 的重复频率，然而 100kHz 更接近实际情况。产品标准化技术委员会宜决定与特定的产品或者产品类型相关的那些频率。
    2. 对于某些产品，电源端口和信号端口之间没有清晰的区别。在这种情况下，应由产品标准化技术委员会根据试验目的确定如何进行。
① X 可以是任何等级，在专用设备技术规范中应对这个级别加以规定。

7.7.2 试验设备

电快速瞬变脉冲群抗扰度的试验设备包括脉冲群发生器、耦合/去耦合网络（coupling/decoupling network，CDN）、容性耦合夹。通常，CDN 主要用于电源端口的试验，容性耦合夹主要用于信号/控制端口。但是，在电流过大导致没有合适的 CDN 的情况下，也可以使用容性耦合夹作为替代方法进行电源端口的试验。

1．脉冲群发生器

脉冲群发生器的有效输出阻抗为 50Ω，其作用是在开路和接 50Ω 阻性负载的条件下产生快速瞬变信号，通过 CDN 或容性耦合夹施加到 EUT 上。衡量脉冲群发生器的性能指标主要包括单个脉冲波形、脉冲的重复频率、输出电压的峰值和脉冲群持续时间。信号发生器输出的脉冲群示意图如图 7-19 所示，输出到 50Ω 负载的单个脉冲的理想波形如图 7-20 所示。

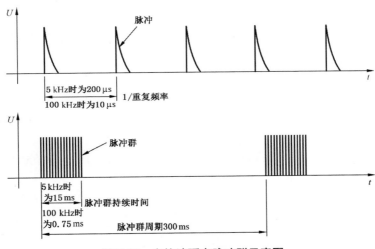

图 7-19　电快速瞬变脉冲群示意图

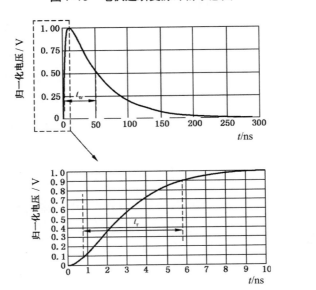

图 7-20　输出到 50Ω 负载的单个脉冲的理想波形（t_r=5ns，t_w=50ns）

在对脉冲群发生器进行校验时，需要校验以下参数。

1）峰值电压

对于表 7-6 给出的每一个设定电压（V_p），都需要校验脉冲群发生器的输出电压。校验时，要在其输出端分别连接 50Ω 和 1000Ω 负载的情况下，使用−3dB 带宽至少为 400MHz 的示波器测量发生器输出端的输出电压。在连接 50Ω 负载时，测得的输出电压 V_p（50Ω）应为 $0.5V_p$（开路），允差为±10%。在连接 1000Ω 负载时，测得的输出电压 V_p（1000Ω）应为 $0.95V_p$（开路），允差为±20%。

2）所有设定电压的上升时间

在脉冲群发生器输出端分别连接 50Ω 和 1000Ω 负载的情况下，其输出信号的上升时间都应满足上升时间 t_r=(5±1.5)ns。

3）所有设定电压的脉冲宽度

在脉冲群发生器输出端连接 50Ω 负载时，脉冲宽度应满足 t_w=(50±15)ns；在连接 1000Ω 负载时，脉冲宽度应满足 t_w=50ns，容许−15～+100ns 的偏差。

4）在一个脉冲群内任一设定电压的脉冲重复频率

脉冲重复频率应为设定的重复频率(5kHz 或 100kHz)×(1±20%)kHz。

5）任一设定电压的脉冲群持续时间

在重复频率为 5kHz 时，脉冲群持续时间应为(15±3)ms。在重复频率为 100kHz 时，脉冲群持续时间应为(0.75±0.15)ms。

6）任一设定电压的脉冲群周期

脉冲群周期应为(300±60)ms。

2. CDN

在对 CDN 进行校准时，应在共模耦合方式下进行，即将脉冲同时耦合到所有线（L_1、L_2、L_3、N 和 PE）。为确保每根耦合线功能正常且符合标准，需要对 CDN 的每根线分别校准。图 7-21 是 L_1 对参考地校准的连接示例。校准时，将脉冲群发生器连接到 CDN 的输入端。将待校准的输出端连接 50Ω 负载，其他输出端开路。将脉冲群发生器的输出电压设置为 4kV，记录该输出端的峰值电压和波形。脉冲的上升时间应为(5.5±1.5)ns，脉冲宽度应为(45±15)ns，峰值电压应为(2±0.2)kV。

断开 EUT 和供电网络的连接，将脉冲群发生器的输出电压设置为 4kV，CDN 设置在共模耦合方式，即把瞬变脉冲同时耦合到所有网络，每个输入端子（L_1、L_2、L_3、N 和 PE）分别端接 50Ω 负载时，在 CDN 电源输入端测量到的残余电压不应超过 400V。

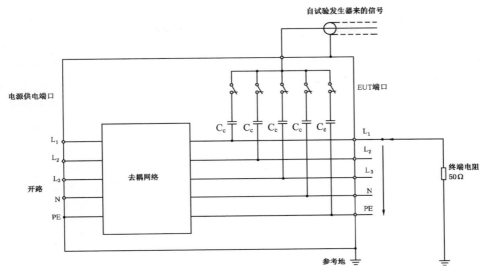

图 7-21　CDN 输出端校准

3．容性耦合夹

　　容性耦合夹能在与 EUT 的端口、电缆等部分没有任何电连接的情况下将脉冲群耦合到 EUT 上。容性耦合夹由盖住 EUT 的上下两片金属夹板组成。使用时，应将容性耦合夹放置在接地参考平面上，且距离接地参考平面的周边应至少0.1m。使用时，应尽可能合拢容性耦合夹，以便在被测的电缆与容性耦合夹之间产生最大的耦合电容。图 7-22 给出了容性耦合夹的结构，其物理尺寸如下。

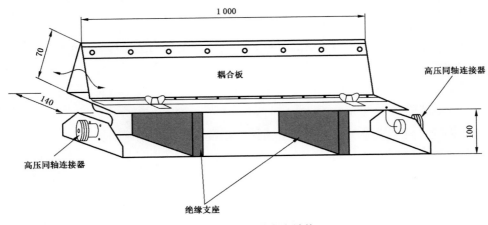

图 7-22　容性耦合夹结构

　　（1）底部耦合板高度：(100±5)mm。
　　（2）底部耦合板宽度：(140±7)mm。

（3）底部耦合板长度：(1000±50)mm。

在对容性耦合夹进行校准时，要将一块感应板插入耦合夹中，如图 7-23 所示。感应板是一块长 1050mm、宽 120mm、厚度不超过 0.5mm 的金属片，其正、反面用 0.5mm 厚、耐压至少 2.5kV 的绝缘材料绝缘。感应板的一端通过长度不超过 30mm 的低阻抗连接器与适配器相连。适配器与参考地平面相连接，用于 50Ω 同轴测量终端或衰减器接地。耦合板与 50Ω 同轴测量终端或衰减器之间的距离不超过 0.1m。

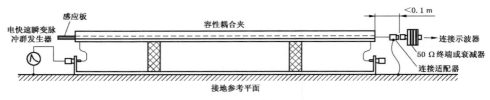

图 7-23　使用感应板校准容性耦合夹

校准时，将脉冲群发生器的输出电压设为 2kV。通过示波器测量位于容性耦合夹另一端的感应板输出峰值电压和波形，其波形特性应符合以下指标。

（1）上升时间：(5±1.5)ns。

（2）脉冲宽度：(50±15)ns。

（3）峰值电压：(1000±200)V。

7.7.3　试验布置和试验方法

电快速瞬变脉冲群抗扰度试验分为在实验室内进行的型式试验（即符合性试验）和在最终安装条件下对设备进行的安装后试验。如果条件允许，应优先选用在实验室内进行的型式试验。试验时需要使用的装备包括脉冲群发生器、耦合装置（CDN 或容性耦合夹）和接地参考平面。由于周围电磁环境对试验结果的影响不大，试验不需要在屏蔽室内进行，在一般实验室进行即可。

1．试验仪器验证

为了确保测试系统在校准之后能保持正常，应对其系统功能进行验证。验证时，应检查 CDN 输出端和容性耦合夹的电快速瞬变脉冲群信号。验证时，测试系统不连接 EUT，使用示波器在任意试验等级验证瞬变脉冲群是否符合标准要求。容性耦合夹的验证布置图如图 7-24 所示。

2．在实验室内进行型式试验

相对于在设备安装现场进行测试，在实验室内进行测试时，接地电阻等各种环境条件更加可控，测试结果更容易复现。因此，在实验室内进行试验是优先选择的方式。

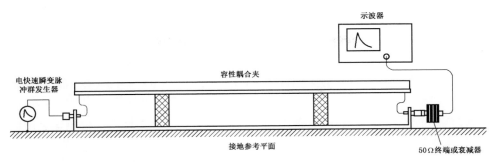

图 7-24　容性耦合夹验证布置图

在实验室内进行试验时，应该按照设备安装规范安装布置 EUT，以满足其功能要求。因为接地方式的改变对试验结果有比较大的影响，所以除了安装规范要求的接地之外，EUT 不能有额外的接地。

落地式 EUT 和设计安装在其他配置中的 EUT 都应放置在接地参考平面上，并用厚度为(0.1±0.05)m 的绝缘支座与接地参考平面隔开。台式设备、嵌入式设备和通常安装在天花板或墙壁上的设备应用厚度为(0.1±0.01)m 的绝缘支座与接地参考平面隔开。大型的台式设备或多系统的试验可按落地式进行布置，应维持与台式设备试验布置相同的距离。试验布置示意图如图 7-25 所示。

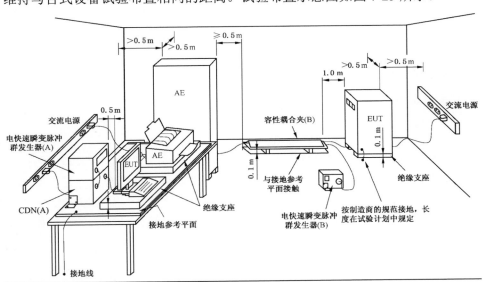

（A）—电源线耦合位置；　（B）—信号线耦合位置。

图 7-25　在实验室内进行型式试验的布置图

试验发生器和 CDN 应与参考接地平面搭接。接地参考平面为一块厚度不小于 0.25mm 的铜板或铝板，也可使用其他材料的金属板，但其厚度至少为

0.65mm。接地参考平面尺寸取决于 EUT 的尺寸，其各边至少应比 EUT 超出 0.1m，最小不能小于 0.8m×1m。为了保证试验安全，接地参考平面与保护接地相连接。

除了接地参考平面以外，EUT 和所有其他任何导电性结构（包括脉冲群发生器、辅助设备和屏蔽室的墙壁）之间的最小距离应大于 0.5m。与 EUT 相连接的所有电缆都应通过 0.1m 厚的绝缘材料与接地参考平板隔开。不经受电快速瞬变脉冲的电缆布线尽量远离被测电缆，以尽量减小电缆间的耦合。

试验时，应根据线缆类型的不同使用直接耦合或容性耦合夹施加试验电压。脉冲群信号应逐一耦合到 EUT 的所有端口，包括 EUT 两单元之间的端口，除非两单元之间互连线的长度过短，无法施加试验电压。

在使用耦合夹进行试验时，除了接地参考平面以外，耦合板和所有其他导电性材料（包括脉冲群发生器）之间的最小距离为 0.5m。除非产品标准另有规定，对于台式设备试验，耦合设备和 EUT 间的距离为 0.5m～0.6m；对于落地式设备试验，该距离为 0.9～1.1m。当实际条件无法满足上述距离时，应在试验报告中记录实际采用的距离。

如果被测端口连接的电缆长度是可调整的，应调整电缆长度以符合耦合设备和 EUT 间距的要求。如果被测端口连接的电缆长度不可调整，且其长度超过耦合装置和 EUT 间距要求，则应捆扎超长部分并放置在参考地平面上方 0.1m 处。在使用容性耦合夹进行试验时，应在辅助设备侧捆扎超长部分。

对于不进行试验且互连线缆长度小于 3m 的 EUT 部件，试验时应根据设备属于落地设备还是台式设备，将其放置在相应高度的绝缘支撑上。EUT 部件间的距离为 0.5m，并捆扎超出长度的线缆。

为了保护辅助设备、实验室内其他设备以及公共电源网络上的设备，在试验时应使用去耦合网络或共模吸收装置进行去耦。

将电快速瞬变脉冲群骚扰电压耦合到 EUT 上的方法与 EUT 端口类型有关。对于电源端口，优先使用耦合/去耦网络将电快速瞬变脉冲群骚扰电压直接耦合到被测端口。如果电源端口中无接地端子，那么试验电压仅需施加在 L 和 N 线上。如果由于电源端口的电流过大而导致没有适合的耦合/去耦网络，例如电流大于 100A，则对于共模和非对称模式，首选使用(33±6.6)nF 电容直接注入的耦合方法，如果不能进行直接注入，也可使用容性耦合夹。

对于信号和控制端口，通常使用容性耦合夹将骚扰试验电压施加到被测端口。试验时要注意把与被测端口连接的线缆放置在耦合夹的中间。连接的非受试设备或者辅助设备要做适当的去耦。

对于电源端口有接地端且外壳为金属材料的 EUT，其接地端的测试点应是保护接地点的导电端子。在耦合/去耦网络不可使用的情况下，可以使用(33±6.6)nF 的耦合电容将试验电压施加到保护地连接点。

3．安装后试验

由于抗扰度试验可能会对 EUT 造成不可挽回的损坏，放置于同一地点的其他设备也可能由于试验的原因造成损坏或者存储数据丢失等不可接受的影响，因此对 EUT 安装后的现场试验只有在制造商和用户间充分沟通达成一致后才可进行。

试验时，应将 EUT 按照最终使用的状态进行配置和安装。为了模拟实际的电磁环境，在进行现场试验时通常不使用耦合/去耦网络作为耦合装置。如果在试验过程中，除了 EUT 以外有其他设备受到试验的影响，那么经过制造商和用户协商同意后，可以使用去耦网络对其他设备进行保护。

对电源/接地端口进行试验时，试验电压应通过(33±6.6)nF 的耦合电容同时施加在接地参考平面和交/直流供电电源的接线端子，以及 EUT 的保护接地或者功能接地端子之间，如图 7-26 所示。

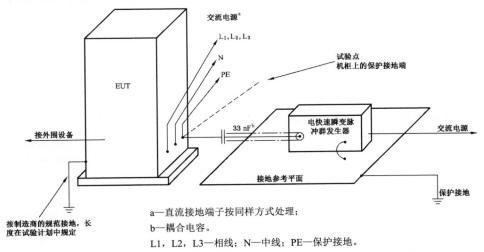

a—直流接地端子按同样方式处理；
b—耦合电容。
L1，L2，L3—相线；N—中线；PE—保护接地。

图 7-26　固定的落地式 EUT 交流/直流电源端口和保护接地端子现场试验示例

对信号和控制端口进行试验时，优先选择容性耦合夹作为耦合方式。电缆应放置在耦合夹的中央。如果因为电缆尺寸、电缆布线方式等电缆铺设过程中的机械方面的原因而不能使用耦合夹时，也可以使用金属带或导电箔包覆被试线路。另外一种替代的方法是用分立的(100±20)pF 电容代替耦合夹的分布电容把电快速瞬变脉冲群耦合到线路的端子。从电快速瞬变脉冲群发生器引出的同轴电缆在耦合点附近接地，不能把试验电压施加到同轴电缆或屏蔽线的接头上。在施加试验电压时，应注意不能降低设备的屏蔽保护。试验布置如图 7-27 所示。

在现场进行安装后试验时，经过制造商与用户协商同意，可以将所有外部电缆同时放入耦合夹之内进行试验。

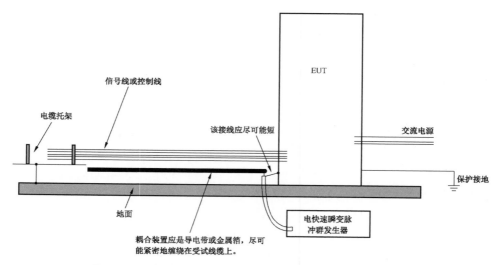

图 7-27 不使用容性耦合夹的信号和控制端口现场试验示例

7.7.4 试验过程

电快速瞬变脉冲群抗扰度试验的流程如下。

（1）验证测试仪器。

（2）验证实验室参考条件。

（3）验证 EUT 能否正确操作。

（4）进行试验。

（5）对试验结果进行评定。

实验室参考条件包括气候条件和电磁条件两个部分。实验室的气候条件应在 EUT 制造商及试验设备制造商规定的范围之内。如果相对湿度过高，以致引起 EUT 或试验设备凝露，那么就不能开展试验。需要用空调或者除湿机降低实验室的湿度，消除凝露之后才能开展试验。为了不影响试验结果，实验室的电磁条件应能保证 EUT 的正常工作，不能存在较强的电磁场。

在试验开始之前，首先需要制订试验计划，然后进行试验。试验计划要包括以下内容。

（1）试验的类型（在试验室进行试验或是在安装现场进行试验）。

（2）试验等级。

（3）耦合模式。

（4）试验电压的极性（通常正负两种极性均需进行试验）。

（5）每个端口的试验持续时间（持续时间不能小于 EUT 运行和反应的时间，但最短不能小于 1min）。

（6）重复频率。

（7）EUT 需要进行试验的端口。

（8）EUT 的典型工作条件。

（9）依次对 EUT 各端口施加试验电压。

（10）辅助设备（AE）。

（11）技术规范所规定的 EUT 性能的检验。

电快速瞬变脉冲群为瞬态信号，对电快速瞬变脉冲群抗扰度试验结果进行判定时，应采用 7.3.2 节给出的瞬态抗扰度测试的性能判据。

7.8　浪涌（冲击）抗扰度

根据 GB/T 4365 中的定义，浪涌（冲击，以下简称浪涌）是沿着线路传送的电流、电压或功率的瞬态波。这种波形的特征是先快速上升然后缓慢下降。雷击、避雷器的电流、电网中设备和系统对地短路和电弧故障以及电容器组的切换等开关操作都有可能在电网或通信线路上引发浪涌。浪涌通常为单极性脉冲，其波前时间为几微秒，脉冲的半峰值时间从几十微秒到几百微秒，脉冲电压幅度为几百伏到几万伏，脉冲电流幅度为几百安到上百千安。浪涌是一种能量很高的脉冲信号。如果防护不当，很容易造成设备损坏。

国家标准 GB/T 17626.5 规定了电气电子设备对由开关和雷电瞬变过电压引起的单极性浪涌的抗扰度要求、试验方法和推荐的试验等级范围。该标准适用于电气电子设备，不适用于电子元器件。

7.8.1　试验等级

表 7-7 是 GB/T 17626.5 给出的在进行浪涌抗扰度试验时，优先选择的试验等级。

表 7-7　浪涌抗扰度试验等级

等　　级	开路试验电压/kV	
	线—线	线—地②
1	/	0.5
2	0.5	1.0
3	1.0	2.0
4	2.0	4.0
X①	特定	特定

① X 是可以高于、低于或在其他等级之间的任何等级。该等级应在产品标准中规定。

② 对于对称互连线，试验能够同时施加在多条线缆和地之间，如多线一地。

5G 通信终端产品的浪涌抗扰度试验要求交流电源端口的试验电压为 2kV（线对地）、1kV（线对线），试验波形为 1.2/50(8/20)μs 组合波。直流电源端口的试验电压为 1kV（线对地）、0.5kV（线对线），试验波形为 1.2/50(8/20)μs 组合波。对于直接与室外线缆连接的有线网络端口以及连接对称线缆的端口，试验电压为 1kV（线对地），试验波形为 10/700(5/320)μs 组合波。对于连接非对称线缆的端口，试验电压为 1kV（线对地）、0.5kV（线对线），试验波形为 1.2/50(8/20)μs 组合波。对于与室内线缆相连且连接线缆长度大于 10m 的有线网络端口，试验电压应为 0.5kV（线对地），试验波形为 1.2/50(8/20)μs 组合波。

7.8.2 试验设备

从上面给出的 5G 通信终端产品的浪涌试验等级可以看出，浪涌信号分为 1.2/50(8/20)μs 组合波和 10/700(5/320)μs 组合波两种波形。这两种波形适用于不同类型的端口。对于连接到户外对称通信线的端口适用于 10/700(5/320)μs 组合波，其他类型的端口适用于 1.2/50(8/20)μs 组合波。

1．1.2/50(8/20)μs 组合波发生器

浪涌波形由开路电压波形和短路电流波形定义。1.2/50(8/20)μs 组合波发生器的输出波形为开路电压波前时间 1.2μs、持续时间 50μs，短路电流波前时间 8μs、持续时间 20μs。这一波形指的是浪涌发生器没有连接 CDN 时输出的波形，如图 7-28 和图 7-29 所示。

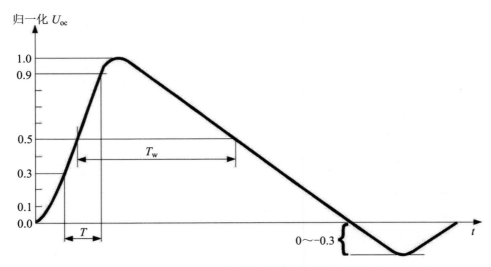

图 7-28　未连接 CDN 的浪涌发生器输出端的开路电压波形（1.2/50μs）

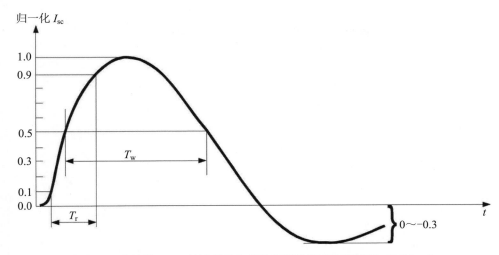

图 7-29　未连接 CDN 的浪涌发生器输出端的短路电流波形（8/20μs）

浪涌电压波形的波前时间 T_f 是一个虚拟参数，是 30%峰值和 90%峰值两点之间所对应时间间隔 T 的 1.67 倍，1.67 是 0.9 和 0.3 阈值之差的倒数，T_f=1.67T=1.2×(1±30%)μs。浪涌电压波形的持续时间 T_d 是浪涌电压从上升至峰值电压一半大小的时刻起，到下降至峰值电压一半的时刻，两个时刻之间的时间间隔 T_w，即 T_d=T_w=50×(1±20%)μs。

浪涌电流的波前时间 T_f 是一个虚拟参数，是 10%峰值和 90%峰值两点之间所对应时间间隔 T 的 1.25 倍，1.25 是 0.9 和 0.1 阈值之差的倒数，T_f=1.25T_r=8×(1±20%)μs。浪涌电流波形的持续时间 T_d 是一个虚拟参数，是浪涌电流从上升至峰值电流一半大小的时刻起，到下降至峰值电流一半的时刻，两个时刻之间的时间间隔 T_w 乘以 1.18，1.18 是一个经验值，T_d=1.18T_w=20×(1±20%)μs。

图 7-28 和图 7-29 中浪涌波形下冲的规定只适用于浪涌发生器的输出端。在 CDN 的输出端，对浪涌波形下冲或过冲都没有限制。

浪涌发生器的有效输出阻抗为同一输出端口的开路输出电压峰值与短路输出电流峰值之比。1.2/50(8/20)μs 组合波发生器的有效输出阻抗为 2Ω。当浪涌发生器的输出端连接 EUT 时，输出电压和电流波形与 EUT 输入阻抗有关。当浪涌施加至 EUT 时，EUT 安装的保护装置启动以及其内部元器件飞弧或击穿，其输入阻抗都会发生变化。

2．10/700(5/320)μs 组合波发生器

公共交换电话网络等户外通信网络使用的电缆，其长度通常从数百米到数千米。1.2/50(8/20)μs 浪涌波形与户外通信网络实际遇到的浪涌波形差别较大，10/700(5/320)μs 波形更接近实际的波形。因此，在测试直接与户外通信网络相连接的对称通信线时，应使用 10/700(5/320)μs 浪涌波形。

10/700(5/320)μs 组合波发生器的输出波形为开路电压波前时间 10μs、持续时间 700μs，短路电流波前时间 5μs、持续时间 320μs，有效输出阻抗为 40Ω，如图 7-30 和图 7-31 所示。

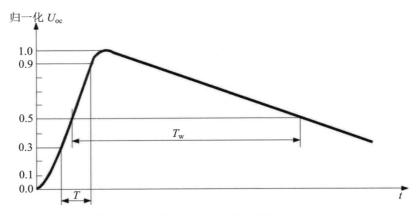

图 7-30 浪涌开路电压波形（10/700μs）

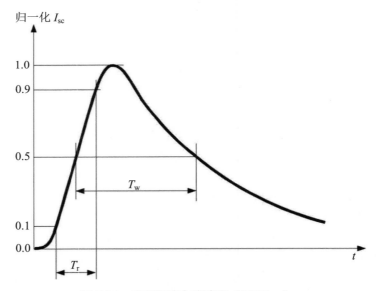

图 7-31 浪涌短路电流波形（8/320μs）

与 1.2/50(8/20)μs 电压波形的波前时间 T_f、持续时间 T_d 的定义一样，10/700(5/320)μs 浪涌电压波形的波前时间 T_f 是 30%峰值和 90%峰值两点之间所对应时间间隔 T 的 1.67 倍，$T_f=1.67T=10×(1±30\%)$μs。持续时间 T_d 是浪涌电压从上升至峰值电压一半大小的时刻起，到下降至峰值电压一半的时刻，两个时刻之间的时间间隔 T_w，即 $T_d=T_w=700×(1±20\%)$μs。

与 1.2/50(8/20)μs 电流波形的波前时间 T_f 定义一样，10/700(5/320)μs 浪涌电流波形的波前时间 T_f 是 10%峰值和 90%峰值两点之间所对应时间间隔 T 的 1.25 倍，$T_f=1.25T=5×(1±20\%)$μs。10/700(5/320)μs 浪涌电流波形的持续时间 T_d 与 1.2/50(8/20)μs 电流波形的持续时间定义不同，是浪涌电流从上升至峰值电流一半大小的时刻起，到下降至峰值电流一半的时刻，两个时刻之间的时间间隔 T_w，即 $T_d=T_w=320×(1±20\%)$μs。

3．CDN

CDN 由耦合网络和去耦合网络两部分组成。耦合网络的作用是将浪涌脉冲的能量从一个电路传送到另一个电路。去耦合网络的作用是防止施加到 EUT 上的浪涌脉冲影响其他非 EUT。

CDN 根据线路类型的不同采用了不同的设计。对于交/直流电源线，去耦合网络对于浪涌脉冲呈现较高的阻抗，同时允许电流流过 EUT。这一阻抗可以使电压波在 CDN 的输出端产生，同时又可以组织浪涌电流反向流回交/直流电源。这种情况下，可以使用高压电容作为耦合器件，其电容值要能够使整个浪涌波形耦合到 EUT 一端。对于输入/输出线和通信线，去耦合网络的串联阻抗限制数据传输的带宽。耦合元件可以使用电容、钳位器件避雷器。

试验时，需要根据 EUT 的端口选择不同的 CDN。CDN 的类型包括交/直流单相电源线 CDN、交/直流三相电源线 CDN、非屏蔽不对称互连线 CDN、非屏蔽对称互连线 CDN 等。

7.8.3　试验过程

浪涌抗扰度试验的流程如下。
（1）制订试验计划。
（2）验证实验室参考条件。
（3）验证试验仪器。
（4）进行试验。
（5）对试验结果进行评定。

1．制订试验计划

在试验开始之前，首先需要制订试验计划，然后进行试验。试验计划包括以下内容。
（1）试验等级。
（2）每一个耦合路径施加的浪涌次数，通常对于直流电源线和互连线施加正、负极性各 5 次浪涌脉冲，对于交流电源端口分别在 0°、90°、180°、270°相位施加正、负极性各 5 次浪涌脉冲。

（3）两次脉冲之间的时间间隔，通常为 1min 或更短的时间。

（4）EUT 需要进行试验的端口。

（5）EUT 的典型工作条件。

（6）试验后如何对 EUT 性能进行检验。

2．验证实验室参考条件

实验室参考条件包括气候条件和电磁条件两部分。实验室的气候条件应在
EUT 制造商及试验设备制造商规定的范围之内。如果相对湿度过高，以致引起
EUT 或试验设备凝露，那么就不能开展试验。需要用空调或者除湿机降低实验
室的湿度，消除凝露之后才能开展试验。为了不影响试验结果，实验室的电磁
条件应能保证 EUT 的正常工作，不能存在较强的电磁场。

3．验证试验仪器

试验开始时，首先要对浪涌发生器和 CDN 进行验证。验证的目的是确保
由浪涌发生器、CDN 及其互连线缆组成的试验仪器能够正常工作。验证时，试
验仪器不需要连接 EUT，使用示波器或其他合适的仪表检查 CDN 输出端的浪
涌脉冲是否正常。验证时，仅需要验证任何一个试验等级。

4．进行试验

对 EUT 的电源端进行浪涌试验时，为了将规定的浪涌脉冲施加到 EUT 上，
同时还要为浪涌脉冲提供足够的去耦阻抗，避免对使用同一电源供电的其他设
备产生不利影响，因此使用 CDN 作为耦合方式。选择 CDN 时，要注意 CDN
的额定电流要大于 EUT 的额定电流。EUT 和 CDN 之间电源线长度不超过 2m。
对直流电源端口进行试验时，浪涌要施加在线—线之间（如 0V 和-48V 之间）
以及每一根线和地之间（如 0V 和地之间、-48V 和地之间）。对于没有任何专
门接地端子的双重绝缘产品，不需要在线—地之间施加浪涌。对三相电源端口
进行试验时，同步相位角应取相同的被测线。例如，当在 L_1 和 L_2 之间施加浪
涌脉冲时，相位角应该与 L_1 和 L_2 之间电压的相位同步。

对非屏蔽不对称互连线进行浪涌试验时，要注意选择使用的 CDN 不能影
响 EUT 的功能状态。EUT 和 CDN 之间互连线长度不超过 2m。对于没有任何
专门接地端子的双重绝缘产品，不需要在线—地之间施加浪涌。

对非屏蔽对称互连线进行浪涌试验时，EUT 和耦合网络之间互连线长度不
超过 2m。对于高速互连线，如果 EUT 由于 CDN 的影响而无法保持正常的工
作状态，那么不应对其进行浪涌试验。

对屏蔽线进行浪涌试验时，将 EUT 与地绝缘，其被测端口连接的辅助设备
接地。如果 EUT 的外壳是金属外壳，则将浪涌信号直接施加在其金属外壳上。
如果 EUT 的外壳是非金属材质，则将浪涌信号施加在 EUT 连接的屏蔽线靠近

EUT 的位置。被测端口连接的电缆长度优先选择为 20m，如果不能提供 20m 长的电缆，其最短长度也要超过 10m。该电缆要放在绝缘支撑物上，与大地隔开，并采用非感性捆扎或双线绕法。除了被测端口之外，EUT 的其他端口要采用合适的 CDN 或安全隔离变压器与地隔离。

如果试验时两次脉冲之间的时间间隔小于 1min，且 EUT 出现了不合格现象，但是按照脉冲时间间隔 1min 测试时，EUT 能正常工作，那么应按照脉冲时间间隔 1min 进行浪涌试验。

5．试验结果评定

浪涌脉冲为瞬态信号。对浪涌抗扰度试验结果进行判定时，应采用 7.3.2 节给出的瞬态抗扰度测试的性能判据。

7.9　射频场感应的传导骚扰抗扰度

来自射频发射机的电磁场可能作用于连接电气电子设备的整条电缆，使其成为无源的接收天线或有用或无用信号的传导路径，影响设备的正常工作。射频场感应的传导骚扰抗扰度试验是使 EUT 处于骚扰源模拟实际发射机形成的电场和磁场（由试验装置所产生的电压或者电流形成的近区电场和磁场近似表示）中，以评估电气电子设备在遭受电磁辐射感应的传导骚扰对设备产生的影响。

国家标准 GB/T 17626.6-2017《电磁兼容　试验和测量技术　射频场感应的传导骚扰抗扰度》对射频场感应的传导骚扰抗扰度的试验设备、试验配置、试验程序进行了规定。

7.9.1　试验等级

表 7-8 是 GB/T 17626.6 给出的在进行射频场感应的传导骚扰抗扰度试验时，可选择的试验等级。表中电压是以有效值表示的未调制骚扰信号的开路试验电压。

表 7-8　射频场感应的传导骚扰抗扰度试验等级

等　　级	电压/V	电压/dB（μV）
1	1	120
2	3	129.5
3	10	140
X[①]		指定

① X 是一个开放的试验等级，其电压可以为任意值。此等级可在产品标准中规定。

对于 5G 终端设备，交/直流电源端口以及连接线缆超过 3m 长的信号或控制端口、有线网络都应通过射频场感应的传导骚扰抗扰度试验，试验应在150kHz～80MHz 的频率范围内进行。在该频率范围内，频率增加步长为 50kHz。在 5～80MHz 频率范围内，频率增加的步长为前一频率的 1%，每个频点的驻留时间应不短于 EUT 动作及响应所需的时间，且最短不得短于 0.5s。试验信号经过 1kHz 的正弦音频信号进行 80% 的幅度调制，来模拟实际骚扰信号的影响。

7.9.2 试验设备要求及参考电平的建立

射频场感应的传导骚扰抗扰度测试系统，主要由信号发生设备和信号注入装置组成。

信号发生设备包括在适当的注入点以规定的信号电平将骚扰信号施加到每个耦合装置输入端口的全部设备和部件，配置如图 7-32 所示。

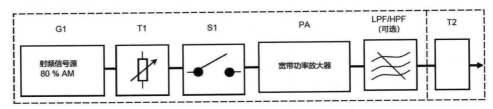

图 7-32 信号发生设备的配置

图 7-32 中各设备或配件均应满足以下要求。

（1）射频信号发生器 G1：覆盖全部测试频率，可通过手动控制/编程控制输出信号的频率、幅度、调制度、频率步进、驻留时间等参数。

（2）可变衰减器 T1：典型值为 0～40dB，可集成在信号发生器内部，用于控制信号源的输出电平。

（3）射频开关 S1：用于接通和断开骚扰信号，可集成在信号发生器内部。

（4）宽带功率放大器 PA：当射频信号发生器的输出功率不足时，用于放大输出功率。

（5）固定衰减器 T2：典型值≥6dB，额定功率大于功率放大器输出功率，降低从功率放大器到耦合装置的阻抗失配。

（6）低通滤波器和/或高通滤波器 LPF/HPF：避免谐波或次谐波对射频接收机产生干扰。应加在功率放大器和衰减器 T2 之间。

总之，信号发生设备应能输出足够大的射频信号，覆盖测试需要的试验电平。在信号注入装置的 EUT 端口或功率放大器输出端口测得的任何杂散信号应至少比载波电平低 15dB。

信号注入装置用于将骚扰信号合适地（覆盖全部频率，在 EUT 端口上具有规定的共模阻抗）耦合到连接 EUT 的各种电缆上，并具备去耦功能，防止骚扰信号影响到 EUT 以外的装置和系统。包括耦合/去耦合网络（CDN）、钳注入装置和直接注入装置。出于对试验重现性和保护辅助设备方面的考虑，首选的注入装置为 CDN。

CDN 是将耦合、去耦装置组装在一起，其特性由 EUT 端口上的共模阻抗表示，合适的共模阻抗可保证测量结果的重现性，具体可通过定期的计量校准来确定其符合性。CDN 的主要应用情况如表 7-9 所示。

表 7-9　CDN 的主要应用情况

电 缆 类 型	工 作 情 况	CDN 类 型
电源线	正常情况	CDN-M1（单线）、CDN-M2（双线）、CDN-M3（三线）
	可分开走线	使用分立的 CDN-M1
	具有功能接地端子（为射频目的或大的漏电流）	如允许使用 CDN-M1 接地，供电电源通过合适的 CDN-Mx 提供。 如不允许使用 CDN-M1，则将接地端子直接连接到接地参考平面上。供电电源由 CDN-M2 提供（防止形成射频短路）
非屏蔽平衡线	1 对、2 对、4 对线缆	CDN-T2（2 线）、CDN-T4（4 线）、CDN-T8（8 线）
	平衡多对线缆	无合适 CDN，使用钳注入法
非屏蔽不平衡线	/	CDN-AF2（2 线）、CDN-AF2（4 线）等 如果没有适合的 CDN，则可使用钳注入法
屏蔽电缆	/	CDN-Sx 型

对于钳注入装置，分为电流钳和电磁钳。对连接到 EUT 的电缆建立感应和容性耦合，耦合和去耦是分开的。由钳合式装置提供耦合，而去耦装置一般由各种电感组成，在整个频段呈现高阻抗。150kHz 频率以上至少达到 280μH 的电感。26MHz 以下频率电抗≥260Ω，26MHz 以下频率电抗≥150Ω。

对于电流钳，应注意三点。第一，插入电流钳时试验夹具传输损耗的增高不得超过 1.6dB。第二，EUT 端口呈现的功率放大器产生的谐波电平不应高于基波电平。第三，要使线缆穿过钳的中心位置，以使电容耦合最小。对于电磁钳，GB/T 17626.6 的附录 A 给出了典型电磁钳的规格及特性参数要求，在此不再赘述。对于直接注入装置，一般通过 100Ω 的电阻直接注入同轴电缆的屏蔽层上，并在辅助设备和注入点之间，尽可能靠近注入点插入去耦装置，同时确保注入装置输入端口的地与参考地平面良好连接。

试验前，试验电平必须在 150Ω 共模阻抗的环境中校验，一般通过 150Ω/50Ω 适配器将 50Ω 的测量设备连接到适当的共模点上来实现。适配器的插入损耗应在（9.5±0.5）dB 范围内。以 CDN 为例，参考电平的建立和验证可通过如下方法实现。

参考电平的建立是通过调整耦合装置的 EUT 端口上输出电平来实现的。

首先，按图 7-33 的配置连接各测量设备。信号发生设备连接到耦合装置的射频输入端，耦合装置的 EUT 端口以共模方式通过 150Ω 转 50Ω 适配器连接到 50Ω 的测量设备（一般为功率探头）上，AE 端口以共模方式通过 150Ω 转 50Ω 适配器连接 50Ω 电阻。一般有专门的校准支架可以实现 CDN 和 150Ω 转 50Ω 适配器的连接。此测试配置图也适用于电流钳、电磁钳的参考电平建立。

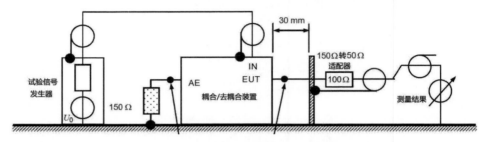

图 7-33　参考电平的建立方法示意图

然后，在试验频段范围内，以最大不超过当前频率 1%的步进，在逐个频点处，调整信号发生器输出电平（无调制），使 150Ω 转 50Ω 适配器输出端口的电压，即测量设备上获得的电平值 U_{mr} 满足式（7-1）或式（7-2）的要求，并记录信号发生器的输出电平 P_{gen} 和/或功率放大器的前向功率 P_{for}。

$$U_{mr} = \frac{U_0}{6}(1-16\%,\ 1+19\%) \tag{7-1}$$

$$U_{mr} = U_0 - 15.6\text{dB} \pm 1.5\text{dB} \tag{7-2}$$

式中：U_0 为表 7-8 中定义的试验电压。

如功率放大器处于线性状态，以上程序所得信号发生器的输出电平和/或功率放大器的前向功率，即可用于选定试验电压的抗扰度测试。对于具有放大器输出功率控制的试验系统或确认功率放大器处于线性状态，仅需在最高目标试验等级完成参考电平的建立程序。

为确保功率放大器处于线性状态，可使用上面获得的数据调整信号发生器的输出电平来验证以下项目。

（1）按照频率步进，信号发生器的输出电平增加 5.1dB。

（2）记录功率放大器的输出功率 $P_{for,inc}$ 或 150Ω 转 50Ω 适配器输出端口的电压 $U_{mr,inc}$。

（3）计算 $P_{for,inc}$ 与 P_{for}，或 $U_{mr,inc}$ 与 U_{mr} 的差值（对数形式）。

（4）如果差值在 3.1～7.1dB，则认为功率放大器处于线性状态，且试验系统在选定试验等级上满足需求。

7.9.3　试验方法及测试布置

射频场感应的传导骚扰抗扰度试验应在屏蔽室中进行，测试前需进行参考电平的建立程序，确认注入电平满足所选试验电压的要求后，即可开始正式注入测试。如果 EUT 有多个相同的端口，至少要选择其中一个端口进行试验，以确保试验包含了不同类型的端口。如果从 EUT 引出的各种电缆彼此相邻紧密，并且其接近部分长度大于 10m，或从 EUT 到另一设备是用电缆槽或管道走线时，则应将它们视为一根电缆来处理。

1．测试布置

EUT 应该放在接地参考平面上方(0.1±0.05)m 高的绝缘支架上。所有与 EUT 连接的电缆应放置于接地参考平面上方至少 3cm 的位置上。如果 EUT 被设计成安装在面板、支架或者机柜上，那么它应该在这种配置下进行试验。接地应与生产商的安装说明一致。

所需的耦合/去耦装置与 EUT 之间的距离 L 应在 0.1～0.3m。

EUT 距试验设备以外的金属物体至少 0.5m。

对于单个单元构成的 EUT，EUT 应放在接地参考平面上 0.1m 高的绝缘支架上。对于台式设备，接地参考平面可以放在一张桌子上。全部的被测电缆上应插入耦合和去耦装置，耦合和去耦装置放在接地参考平面上，距受试设备 0.1～0.3m 处并与接地参考平面直接接触。耦合和去耦装置与 EUT 之间线缆尽量短，不可捆扎和弯曲，且线缆置于接地参考平面上方至少 3cm，布置示例如图 7-34 所示。注意，EUT 距离试验设备以外的金属物体至少 0.5m。不用于注入的 CDN 中只有一个通过 50Ω 负载端接，提供唯一的返回路径，其他 CDN 作为去耦网络。

对于多个单元组成的 EUT，可按下列方法之一进行测量。

优先法：每个子单元作为一个 EUT 分别进行测试。其他所有单元视为辅助设备。耦合/去耦合装置应置于被认为是 EUT 的分单元的电缆上。应依次测量全部单元。

代替法：总是由短电缆（不超过 1m）连接在一起的多个单元可以认为是一个设备。互连的电缆不进行测试，作为系统内部电缆考虑。布置示例如图 7-35 所示，注意 EUT 距离试验设备以外的金属物体至少 0.5m，试验要求如下。

（1）各个分单元应尽可能相互靠近但不互相接触地放置。

（2）各个分单元均置于距接地参考平面 0.1m 高的绝缘支架上。

（3）互连电缆也应置于绝缘支架上。

（4）不用于注入的 CDN 中只有一个通过 50Ω 负载端接，提供唯一的返回路径。所有其他的 CDN 作为去耦网络。

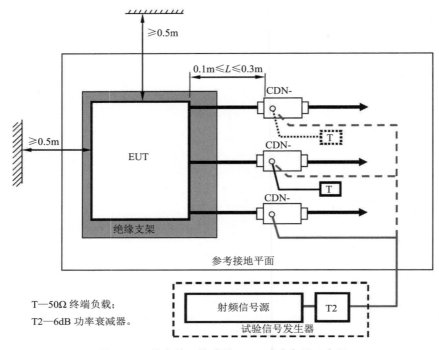

T—50Ω 终端负载；
T2—6dB 功率衰减器。

图 7-34 单个单元构成的 EUT 试验布置示意图

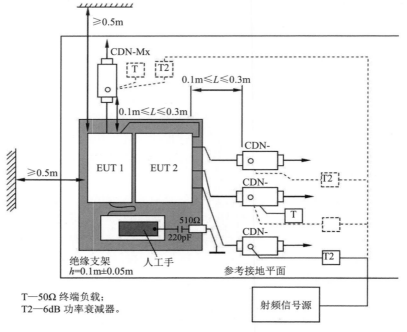

T—50Ω 终端负载；
T2—6dB 功率衰减器。

图 7-35 多个单元组成的 EUT 试验布置示意图

2．CDN 注入法

测试时需要两个 150Ω 的网络，用于将试验信号注入的网络可以在不同的被测端口之间转换，当一个 CDN 从一个端口上移除后，可以用一个去耦网络来代替。

当使用 CDN 注入时，依据试验原则，需采取以下措施。

（1）一个 CDN 应连接在被测端口上，另一个端接有 50Ω 的 CDN 连在另一个端口（如果 EUT 有两个以上的端口），确保只有一个端接 150Ω 的环路，其他更多的端口只需做去耦处理，如使用 CDN 或带铁氧体磁环的去耦钳。

（2）如果 EUT 连接了多个辅助设备，且辅助设备未经过去耦直接连在 EUT 上，则其中一个 EUT 通过 50Ω 端接的 CDN 来接地，其他辅助设备应做去耦处理。确保只有一个已端接 150Ω 的环路。

（3）被端接的 CDN 的选择优先次序是：① CDN-M1 用于连接接地端；② CDN-M3/M4/M5 用于电源端口；③ CDN-S$_n$（n＝1，2，3，…）应该最靠近注入点（到测试端口最短的几何距离）；④ CDN-M2 用于电源端口；⑤ 其他 CDN 应最靠近注入点（到测试端口最短的几何距离）。

（4）如果 EUT 只有一个端口，此端口应连接到 CDN 上用作注入用途。

（5）如果 EUT 有两个端口但只有一个端口可以连接到 CDN，另一个端口应连接到辅助设备，该辅助设备的一个端口按照上述优先次序连接到一个端接 50Ω 负载的 CDN，该辅助设备的所有其他连接均应做去耦处理（见图 7-36）。

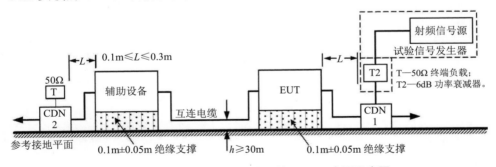

图 7-36　仅连接一个 CDN 的二端口 EUT 布置示意图

（6）如果 EUT 有多于两个端口但只有一个端口可以连接 CDN，则应按照两端口 EUT 所描述的方法进行试验，EUT 的所有其他端口应进行去耦处理。

（7）如果连接到 EUT 的辅助设备在试验过程中出现错误，则应在辅助设备与 EUT 之间（见图 7-37）连接一个去耦装置（最好是插入一个已端接的电磁钳）。

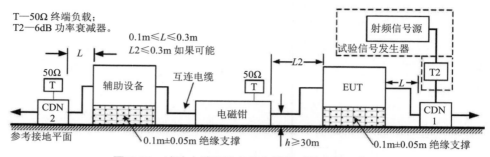

图 7-37　试验中辅助设备发生错误时的布置示意图

3．钳注入法

1）对于满足共模阻抗要求时的钳注入

辅助设备的配置应尽可能呈现 150Ω 的共模阻抗，每个辅助设备应尽可能体现实际应用时的安装条件。

应采用以下措施来满足共模阻抗要求。

（1）辅助设备应放在接地参考平面 0.1m 上方的绝缘支架上。

（2）去耦网络应置于除被测线缆外，EUT 和辅助设备之间的每一条线缆上。

（3）连接到辅助设备的所有线缆除了被测线缆外也都需要去耦网络。

（4）连接到辅助设备的去耦网络距离辅助设备距离应不超过 0.3m，EUT 和辅助设备之间的线缆不应捆扎、盘绕，应保持在距离接地参考平面 3～5cm 的高度上。

（5）当使用多个 CDN 连接 EUT 和辅助设备时，EUT 及辅助设备上同时各只有一个 CDN 被端接 50Ω。

（6）当使用多个注入钳时，每根电缆应该一根一根依次进行，没有测试的电缆应做去耦处理。

典型试验原理图如图 7-38 所示。

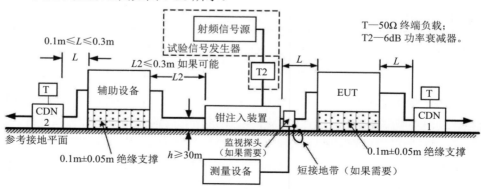

图 7-38　钳注入法的典型试验原理图

2）对于不满足共模阻抗要求时的钳注入

此种情况在实际应用中更为常见。

辅助设备的共模阻抗应小于或等于 EUT 被测端口的共模阻抗，否则应在辅助设备端采取措施（如使用 CDN-M1 或者在辅助设备和地之间增加 150Ω 电阻）。

与前文所述钳注入方法不同的是，此处应将低插入损耗的电流监视探头插入注入钳和 EUT 之间，并监视感应电压产生的电流。电流应满足式（7-3）的要求，否则应降低信号源输出电平。

$$I_{max}=U_0/150 \tag{7-3}$$

当试验电平为 3V 时，$I_{max}=20\text{mA}$。

4．直接注入法

采取直接注入法时，试验信号通过 100Ω 电阻直接注入电缆的屏蔽层。EUT 应置于接地参考平面上方 0.1m 高的绝缘支架上。在被测线缆上，去耦网络应位于注入点和辅助设备之间，尽可能靠近注入点。第二个端口应用 150Ω 的负载端接（CDN 用 50Ω 负载端接）。在所有其他与 EUT 相连的线缆上应安装去耦网络。注入点应在接地参考平面上方，距离 EUT 的几何投影 0.1～0.3m。典型试验原理图如图 7-39 所示。

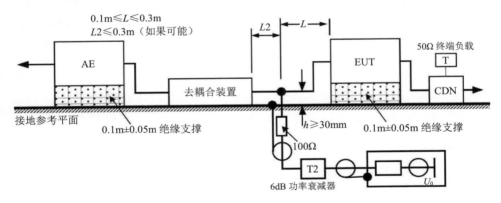

图 7-39　直接注入法的典型试验原理图

7.9.4　试验过程

射频场感应的传导骚扰抗扰度试验的流程包括以下几个步骤。

（1）制订试验计划。

（2）验证被测样品能否正确操作。

（3）进行试验。

（4）对试验结果进行评定。

在试验开始之前，首先需要制订试验计划，然后进行试验。试验计划要包括以下内容。

（1）EUT 的典型工作状态。

（2）EUT 作为单个单元还是多个单元进行试验。

（3）互连电缆的类型、长度和连接到 EUT 上的端口。

（4）每根电缆使用的耦合/去耦合装置。

（5）EUT 需要进行试验的端口。

（6）试验等级。

（7）试验的频率范围、扫描频率、驻留时间、频率步进。

（8）对 EUT 性能的检验方式。

射频场感应的传导骚扰抗扰度试验可在屏蔽室进行，也可不在屏蔽室进行。如果不在屏蔽室进行，需要确保环境引入的传导干扰满足相应标准的要求。

试验时依次将试验信号发生器连接到每个耦合装置上进行试验。在不影响 EUT 正常运行的前提下，其他所有非被测电缆应断开或使用去耦网络去耦。在试验信号发生器的输出端可能需要一个低通和/或高通滤波器以防止试验信号的谐波对 EUT 造成不必要的影响。低通滤波器的带阻特性应对谐波有足够的抑制，使其不影响试验结果。滤波器应在调整试验电平之前插入试验信号发生器之后。

射频场感应的传导骚扰抗扰度试验施加的信号为连续信号，对试验结果进行判定时，应采用 7.3.2 节给出的连续抗扰度测试的性能判据。

7.9.5 试验设备的校准与验证

1. CDN 的 EUT 端口上共模阻抗的校准

共模阻抗是指在某一端口上共模电压和共模电流之比。CDN 的 EUT 端口上共模阻抗的模值必须满足表 7-10 所示的要求。

表 7-10 耦合去耦装置的共模阻抗要求

参 数	频 率 范 围	
	150kHz～24MHz	24～80MHz
共模阻抗/Ω	150±20	（150-40）～（150+60）

共模阻抗的校准过程分为两个步骤。

步骤一，对网络分析仪进行自校准。校准装置的布置如图 7-40 所示。校准装置放置在参考地平面上，参考地平面的尺寸超过装置所有边的几何投影尺寸至少 0.2m。同轴连接器由铜、黄铜或铝制成，并具有良好的射频接触。左侧的同轴—共模适配器端面定义为阻抗参考面，右侧端口的 N 型连接器内导体端面定义为自校准端面。使用网络分析仪校准件对右侧端口进行单端口自校准。

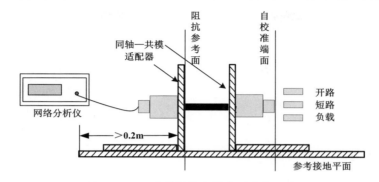

图 7-40　网络分析仪自校准测试布置图

步骤二，共模阻抗校准。如图 7-41 所示，接入待校准的 CDN，阻抗参考面与 CDN 端面之间的距离≤0.3m。在 CDN 的射频输入端口端接 50Ω 负载，分别在辅助设备端口开路和短路两种状态下，使用网络分析仪测量阻抗参考平面上连接器的共模阻抗，该值均应满足表 7-10 所示的要求。

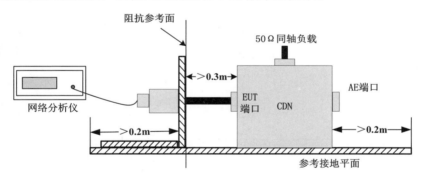

图 7-41　EUT 端口共模阻抗校准的测试布置图

2．150Ω 转 50Ω 适配器插入损耗的校准

150Ω 转 50Ω 适配器是 150Ω 共模阻抗环境建立的必需设备，其插入损耗值应在(9.5±0.5)dB。

图 7-42 是插入损耗的测量原理图。被校的 150Ω 转 50Ω 适配器用短线连成对，并置于参考地平面上，且参考地平面应超过测试配置所有边的几何尺寸至少 0.2m。插入损耗（dB）为无适配器时（开关切换到位置 2），EUT 的接收电压和接入适配器后（开关切换到位置 1），EUT 的接收电压之差，表示为：

$$插入损耗\ IL=U_{mr2}-U_{mr1} \tag{7-4}$$

式中，U_{mr2} 为开关置于位置 2 时的测量电压（dBμV）；U_{mr1} 为开关置于位置 1 时的测量电压（dBμV）。

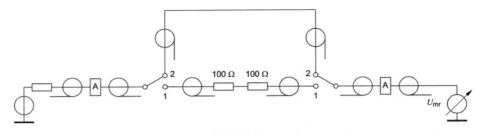

图 7-42　150Ω 转 50Ω 适配器插入损耗的校准原理图

3．电流监测探头插入损耗的校准

电流探头是专用的卡式电流传感器，用来测量导线上的不对称电流，同时不需要与导线电接触，也不用改变其电路。插入损耗是其最基本的指标特性。

校准过程同样也需要两个步骤。

步骤一，做直通校准。选用配套的夹具，电流探头输出端口端接 50Ω 负载，校准布置如图 7-43（a）所示。

步骤二，按图 7-43（b）所示的连接方式，夹具的输出端口端接 50Ω 负载，再次测量。

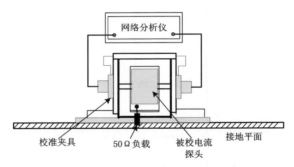

（a）网络分析仪自校准

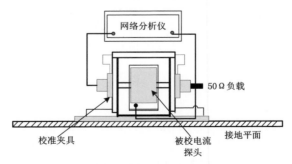

（b）转移阻抗（转移导纳/插入损耗）

图 7-43　电流监测探头插入损耗校准示意图

步骤一与步骤二的测量结果之差，即为电流探头的插入损耗。

7.10　工频磁场抗扰度

通有电流的导体周围存在磁场，磁场中任意位置的磁场强度与导体中的电流及该位置与导体的相对距离有关。磁场强度用 A/m 表示，1A/m 相当于自由空间的磁感应强度为 1.25μT。工频磁场通常是由导体中的工频电流产生的，变压器的漏磁通也会产生磁场。

工频磁场的影响可以分为两种不同的情况。一种情况是处于正常运行条件下的电流产生的稳定磁场，其幅值相对较小。另一种情况是故障条件下的电流产生的磁场，其幅值相对较高，但持续时间较短，到保护装置断开电路时（通常为几毫秒至几秒）该磁场就会消失。稳定磁场试验适用于公用或工业低压配电网络或发电厂的各种电气设备。故障情况下短时磁场试验要求与稳定的试验等级不同，其最高等级主要适用于安装在电力设施内部的设备。

国家标准 GB/T 17626.8-2006《电磁兼容　试验和测量技术　工频磁场抗扰度试验》对工频磁场抗扰度试验的试验设备、试验配置、试验程序进行了规定。

7.10.1　试验等级

表 7-11 是 GB/T 17626.8 给出的在进行工频磁场抗扰度试验时，稳定持续和短时作用的工频磁场试验优选选择的试验等级。

表 7-11　工频磁场抗扰度试验等级

等　　级	稳定持续磁场试验等级	1～3s 的短时磁场试验等级
	磁场强度/（A/m）	磁场强度/（A/m）
1	1	/
2	3	/
3	10	/
4	30	300
5	100	1000
X	特定	特定

注：X 是一个开放等级，可在产品规范给出。

5G 通信终端产品的工频磁场抗扰度试验要求试验磁场强度为 3A/m，并且仅适用于带有对磁场敏感装置（如磁场传感器）的 EUT。如果 EUT 中没有磁场敏感装置，则无须进行工频磁场抗扰度试验。

7.10.2 试验设备

工频磁场抗扰度试验的试验磁场由流入感应线圈中的电流产生，试验时用浸入法将试验磁场施加至 EUT，如图 7-44 所示。试验设备包括电流源（即工频磁场试验发生器）、感应线圈和辅助试验仪器。

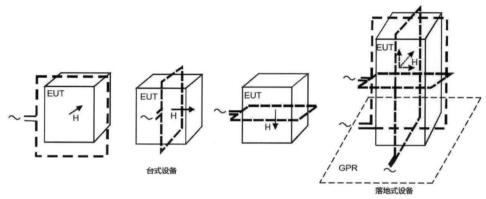

GRP—接地参考平面；H—工频磁场。

图 7-44　用浸入法施加工频磁场

1. 试验发生器

试验发生器输出波形应与试验磁场的波形一致，为 50Hz 正弦波，并能为感应线圈提供需要的电流。试验发生器容量的大小由试验选择的最高试验等级和线圈因数确定。感应线圈因数的范围通常在 $0.87\sim0.66\mathrm{m}^{-1}$。试验发生器在短路情况下也要可操作，其接地端要与实验室的安全地相连。

典型的试验发生器由一台调压器、一台电流互感器和控制电路组成。试验发生器能在连续方式和短时方式下运行。在稳定持续方式工作时，其输出电流除以线圈因数得到的值能满足 $1\sim100\mathrm{A}$ 电流范围。在短时方式工作时，其输出电流除以线圈因数得到的值能满足 $300\sim1000\mathrm{A}$ 电流范围，整定时间为 $1\sim3\mathrm{s}$。如果试验发生器配套的线圈为标准线圈，那么试验发生器在稳定持续方式的输出电流为 $1.2\sim120\mathrm{A}$，短时方式的输出电流为 $350\sim1200\mathrm{A}$。

在对试验发生器进行校验时，将试验发生器与不长于 3m、截面适中的双绞线相连接，使用电流探头和准确度优于±2%的测量仪表对试验发生器的输出电流值和总畸变率进行校验。

2．感应线圈

感应线圈通常由铜、铝或其他导电的非磁性材料制成，其机械结构和横截面可以在试验期间使线圈保持稳定。感应线圈可以是单匝线圈也可以是多匝线圈。感应线圈的尺寸应大小适当，可以在 3 个互相垂直的方位上包围 EUT。根据 EUT 的大小，可以使用不同尺寸的线圈。

对台式设备进行试验时，标准尺寸的感应线圈是边长为 1m 的正方形或直径为 1m 的圆形线圈。标准正方形线圈的试验体积为 0.6m×0.6m×0.5m（长×宽×高）。标准尺寸线圈产生的场均匀性为±3dB。为了获得更均匀的磁场或对更大的设备进行试验，可以使用标准尺寸的双重线圈，即亥姆霍兹线圈。间隔距离为 0.8m 的标准尺寸双重线圈，其 3dB 场均匀性的试验体积为 0.6m×0.6m×1m（长×宽×高）。

对落地式设备进行试验时，可根据 EUT 的尺寸和磁场的不同极化方向制造感应线圈。感应线圈要能包围 EUT，并且线圈的一边到 EUT 外壳的最小距离等于 EUT 尺寸的 1/3。制作线圈时，应注意使用横截面较小的导体，为了增加线圈的机械稳定性，导体可以用 C 形截面或 T 形截面。线圈可以用来试验的 EUT 最大尺寸为长、宽等于线圈每条边的 60%，高度等于线圈较短的边长的 50%。

7.10.3　试验布置

工频磁场抗扰度试验的接地参考平面与实验室的安全接地系统连接，通常采用 0.25mm 的铜或铝等非磁性金属薄板，也可以使用厚度≥0.65mm 的其他金属薄板，其最小尺寸为 1m×1m，最终尺寸决定于 EUT 的大小。

测试时，EUT 和辅助设备应放在接地参考平面上，两者之间放置 0.1m 厚的绝缘支撑。EUT 的接地端子与接地参考平面的安全接地相连接。EUT 应使用制造商提供或推荐的电缆，如果没有推荐，则应选取适用于 EUT 信号的非屏蔽电缆，所有电缆应有 1m 长度暴露于工频磁场中。如果 EUT 连接了防逆滤波器，则应将防逆滤波器连接在距离 EUT 1m 长的电缆处，并与接地平面连接。

试验发生器与感应线圈之间的距离不超过 3m，并与参考接地平面相连接。试验时，EUT 放在感应线圈的中心。在不同垂直方向进行试验时，可以选择不同尺寸的感应线圈。进行垂直位置试验时，可以将感应线圈一根垂直导体的根部直接与接地参考平面相连接，此时接地参考平面起到线圈底边的作用。在这种情况下，EUT 和接地参考平面间距 0.1m 是符合要求的。

台式设备和落地式设备的试验布置分别如图 7-45 和图 7-46 所示。

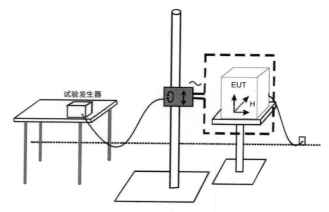

图 7-45 台式设备的试验布置示意图

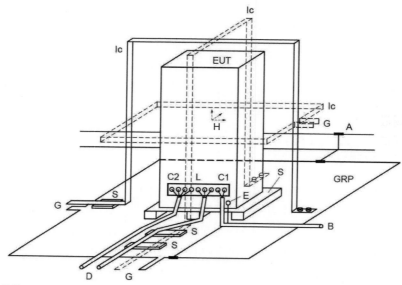

A—安全接地；B—连接至电源；C1—供电回路；C2—信号回路；D—连接至通信信号模拟器；E—接地端子；
EUT—被测设备；G—连接至试验发生器；GRP—接地参考平面；I_c—感应线圈；L—通信线路；S—绝缘支座。

图 7-46 落地式设备的试验布置示意图

7.10.4 试验过程

工频磁场抗扰度试验的试验过程包括以下几个步骤。

（1）制订试验计划。

（2）验证环境条件。

（3）验证被测样品能否正确操作。

（4）进行试验。

（5）对试验结果进行评定。

在试验开始之前，首先需要制订试验计划，然后进行试验。试验计划要包括以下内容。

（1）试验选择的感应线圈的类型。

（2）EUT 的典型工作状态。

（3）互连电缆的类型、长度和连接到 EUT 上的端口。

（4）试验等级。

（5）对 EUT 性能的检验方式。

工频磁场抗扰度试验的气候环境为温度 15℃～35℃，相对湿度 25%～75%，大气压力 86～106kPa。电磁环境应能保证 EUT 正常工作，不会影响试验结果，且背景电磁场比选定的试验等级至少低 20dB，否则试验应在屏蔽室或法拉第笼中进行。

试验时，按照试验计划确定的试验磁场类型和试验等级采用浸入法对 EUT 施加试验磁场。进行台式 EUT 的试验时，应将 EUT 放置在标准尺寸（1m×1m）感应线圈产生的试验磁场中。完成一个方向的试验后，将感应线圈旋转 90°，使 EUT 暴露在不同方向的试验磁场中。依次完成 3 个正交方向的试验。进行落地式 EUT 的试验时，将 EUT 放置在适当大小的感应线圈产生的试验磁场中。以线圈最短边 50%的长度为步长，沿着 EUT 的侧面将线圈移动到不同位置重复进行试验，完成一个方向的试验。为了使 EUT 暴露在不同方向的磁场中，将感应线圈旋转 90°，完成 3 个正交方向的试验。

工频磁场抗扰度试验施加的信号为连续信号，对试验结果进行判定时，应采用 7.3.2 节给出的连续抗扰度测试的性能判据。

7.11　电压暂降、短时中断和电压变化的抗扰度

当供电网络出现电压暂降、短时中断和电压变化时，使用其供电的电气电子设备可能会受到影响。为了检验电气、电子设备在供电网络出现电压暂降、短时中断和电压变化时对设备性能的影响程度，国家标准 GB/T 17626.11-2008《电磁兼容　试验和测量技术　电压暂降、短时中断和电压变化的抗扰度试验》和 GB/T 17626.29-2006《电磁兼容　试验和测量技术　直流电源输入端口电压暂降、短时中断和电压变化的抗扰度试验》分别规定了交/直流电源端口电压暂降、短时中断和电压变化的抗扰度的试验设备、试验配置、试验程序进行了规定。

7.11.1　试验等级

电压暂降、短时中断和电压变化的抗扰度试验是以 EUT 额定工作电压 U_T

作为确定试验等级的基础电压。当 EUT 的额定电压是一个范围时，如果额定电压的范围不超过其低端电压的 20%，则在额定电压范围中选定一个电压作为试验等级的基准 U_T。如果额定电压的范围超过其低端电压的 20%，则需要将额定电压范围的最低端电压和最高端电压分别作为试验等级的基准 U_T 进行试验。

对于 5G 终端设备，交流电源端口的试验等级如下。

（1）电压下降 100%，持续时间 10ms。

（2）电压下降 100%，持续时间 20ms。

（3）电压下降 30%，持续时间 500ms。

（4）电压下降 100%，持续时间 5s。

直流电源端口的试验使用电源端口输入电压发生暂降或变化后的电压即剩余电压与额定电压（U_T）的比值作为试验等级。0% 对应电压中断；40%U_T 和 70%U_T 分别对应电压暂降 60% 和 30%；80%U_T 和 120%U_T 分别对应电压变化 ±20%。具体等级如表 7-12～表 7-14 所示。

表 7-12　直流电源端口电压暂降试验等级和性能判据

试 验 项 目	试验等级（剩余电压）/%U_T	持续时间/s
电压暂降	70	0.01
		1
	40	0.01
		1

表 7-13　直流电源端口电压短时中断试验等级和性能判据

试 验 项 目	试 验 条 件	试验等级（剩余电压）/%U_T	持续时间/s
电压短时中断	高阻抗（试验发生器输出阻抗）	0	0.001
			1
	低阻抗（试验发生器输出阻抗）	0	0.001
			1

表 7-14　直流电源端口电压变化试验等级和性能判据

试 验 项 目	试验等级（剩余电压）/%U_T	持续时间/s
电压变化	80	0.1
		10
	120	0.1
		10

7.11.2　交流电源端口试验

在试验开始之前，首先需要制订试验计划，然后根据试验计划进行试验。试验计划包括以下内容。

（1）EUT 的类型。

（2）EUT 的典型工作状态。

（3）EUT 的电源输入端口类型。

（4）电源端子、插座和相应电缆以及辅助设备的信息。

（5）试验等级。

（6）对 EUT 性能的检验方式。

为了降低环境条件对试验结果的影响，提高试验结果的可复现性，实验室的气候条件应在 EUT 制造商及试验设备制造商规定的适用范围之内。如果相对湿度过高导致 EUT 设备或试验设备凝露，则不能进行试验，需要使用空调或除湿机降低环境湿度至合适的范围。实验室的电磁环境条件也要能保证 EUT 可以正常工作。

试验时，使用 EUT 制造商规定的最短长度的电源线将 EUT 连接到试验设备上。如果制造商没有规定电缆长度，则使用适用于 EUT 的最短电缆。按照标准规定的试验等级和持续时间的组合，按顺序进行 3 次电压暂降或短时中断试验。两次试验之间的最小间隔时间为 10s。在进行电压暂降试验时，试验电源的电压变化发生在电压过零处，相位分别选择 45°、90°、135°、180°、225°、270°和 315°。进行短时中断试验时，相位选择 0°进行试验。对于三相电源的短时中断试验，应同时在三相上试验。对于带有一根以上电源的 EUT，需要在每根电源线上分别进行试验。

试验时，要监测试验设备的输出电压，确保其准确度优于±2%。

对于电压下降 100%、持续时间 10ms，电压下降 100%、持续时间 20ms 及电压下降 30%、持续时间 500ms 的试验，对试验结果进行判定时，应采用 7.3.2 节给出的瞬态抗扰度测试的性能判据。

对于电压降低 100%、持续时间 5s 的试验，应采用以下性能判据。

（1）如果 EUT 装配有后备电池或与后备电池相连，应采用 7.3.2 节给出的连续抗扰度测试的性能判据。

（2）如果 EUT 仅由交流电源供电（不使用后备电池），应采用 7.3.2 节给出的间断现象抗扰度测试的性能判据。

（3）如果 EUT 出现用户功能丧失或用户存储数据丢失的情况，应记录在测试报告中。

7.11.3　直流电源端口试验

对直流电源端口进行电压暂降、短时中断和电压变化抗扰度试验时，对环境的要求以及试验计划应包含的内容与交流电源端口试验时的要求一致，此处不再赘述。

试验时，使用 EUT 制造商规定的最短长度的电源线将 EUT 连接到试验设备上。如果制造商没有规定电缆长度，则使用适用于 EUT 的最短电缆。要按每一种规定的试验等级和持续时间的组合，按顺序进行三次电压暂降或短时中断试验。两次试验之间的最小间隔时间为 10s。试验应在 EUT 每种典型的工作模式下分别进行。在进行短时中断试验时，试验设备要分别设置在阻断来自负载的反向电流（高阻抗）和吸收负载的反向冲击电流（低阻抗）两种情况下进行试验。如果电压暂降和短时中断试验时出现了因试验引起瞬变过电压作用在 EUT 的输入端，那么需要在报告中进行说明。在进行电压变化试验时，对于每一种规定的电压变化，要在 EUT 最典型的工作模式下进行三次试验，间隔时间为 10s。

试验时，要监测试验设备的输出电压，确保其准确度优于±2%。

工频磁场抗扰度试验施加的信号为连续信号，对试验结果进行判定时，应采用 7.3.2 节给出的连续抗扰度测试的性能判据。

对直流电源端口电压暂降、短时中断和电压变化抗扰度试验的试验结果进行判定时，如果 EUT 在试验时安装了后备电源或采取双路电源供电，则采用 7.3.2 节给出的连续抗扰度测试的性能判据，否则应采用间断现象抗扰度测试的性能判据。

7.12　瞬变和浪涌抗扰度

随着汽车向智能化演进，尤其是 5G+车联网的发展，汽车内使用的电子、电气元器件数量越来越多。为保障汽车安全平稳地行驶，汽车内部成千上万个部件需要切换各种工作状态以实现汽车启动、变速和停止以及电气功能有序开展。汽车内部的电气部件在工作状态切换时，产生一些瞬态脉冲干扰信号，这些干扰信号使汽车内部抗干扰能力不强的部件无法正常工作。如影响辅助驾驶中汽车雷达、高清摄像头等部件的感知，从而导致出现驾驶安全问题。

国家标准 GB/T 21437.2-2021《道路车辆 电气/电子部件对传导和耦合引起的电骚扰试验方法 第 2 部分：沿电源线的电瞬态传导发射和抗扰性》和 GB/T 21437.3-2021《道路车辆 电气/电子部件对传导和耦合引起的电骚扰试验方法 第 3 部分：对耦合到非电源线电瞬态的抗扰性》中对汽车内部容易发生的几种瞬态脉冲干扰的试验设备、试验配置、试验程序进行了规定。虽然 GB/T 21437.2 现行有效版本为 GB/T 21437.2-2021 等同于 ISO 7637-2:2011，但是欧盟通信行业电磁兼容产品系列标准 ETSI EN 301 489 以及国内通信行业的电磁兼容产品系列标准 YD/T 2583 相关测试内容引用的基础标准仍是 GB/T 21437.2-2008 和

ISO 7637-2:2004 这两个互相等同的旧标准。因此，下面内容所依据的标准是 GB/T 21437.2-2008 和 GB/T 21437.3-2021。标准中对车辆内部的瞬态脉冲干扰进行了分类和定义，分别是：

脉冲 1：模拟电源与感性负载断开时的瞬态现象，适用于各种 EUT 在车辆上使用时与感性负载保持直接并联的情况。

脉冲 2a：模拟由于线束电感的原因，使与 EUT 并联装置内的电流突然中断所产生的瞬态现象。

脉冲 2b：模拟点火开关断开后，直流电机作为发电机时的瞬态现象。

脉冲 3a 和脉冲 3b：模拟汽车内部各种开关过程产生的瞬态现象。

脉冲 4：模拟内燃机的启动机电路通电时产生的电源电压的降低，不包括启动时的尖峰电压。

脉冲 5a 和脉冲 5b：模拟抛负载瞬态现象，也就是模拟在断开电池（亏电状态）的同时，交流发电机正在产生充电电流，而发电机电路上仍有其他负载时所产生的瞬态现象。

7.12.1　试验等级

表 7-15 和表 7-16 分别是 GB/T 21437.2 给出的在进行瞬变和浪涌抗扰度试验时，12V 系统和 24V 系统可选择的试验等级。表 7-17 和表 7-18 分别是 GB/T 21437.3 给出的在进行瞬变和浪涌抗扰度试验时，12V 系统和 24V 系统可选择的试验等级。

表 7-15　12V 系统推荐使用的电源线耦合试验等级

试验脉冲	选择的试验等级						
	试验等级 U_a/V				最大脉冲数或试验时间	短脉冲循环时间或脉冲重复时间	
	I	II	III 最低	IV 最高		最大	最小
1	—①	—①	−75	−100	5000 个脉冲	0.5s	5s
2a			+37	+50	5000 个脉冲	0.2s	5s
2b			+10	+10	10 个脉冲	0.5s	5s
3a			−112	−150	1h	90ms	100ms
3b			+75	+100	1h	90ms	100ms
4			−6	−7	1 个脉冲	—②	—②
5			+65	+87	1 个脉冲	—②	—②

① 因为 I 级和 II 级不能确保道路车辆有足够的抗干扰性能，所以被删除。

② 脉冲 4 和脉冲 5 试验时最小脉冲只有 1 个，因此未给出循环时间。当施加多个脉冲时，应允许 1min 的最小延迟时间。

表 7-16 24V 系统推荐使用的电源线耦合试验等级

试验脉冲	选择的试验等级						
	试验等级 U_a/V				最大脉冲数或试验时间	短脉冲循环时间或脉冲重复时间	
	I	II	III 最低	IV 最高		最大	最小
1	—	/	−450	−600	5000 个脉冲	0.5s	5s
2a	—	/	+37	+50	5000 个脉冲	0.2s	5s
2b	—	/	+20	+20	10 个脉冲	0.5s	5s
3a	—	/	−150	−200	1h	90ms	100ms
3b	—	/	+150	+200	1h	90ms	100ms
4	—	/	−12	−16	1 个脉冲	—	
5	—	/	+123	+173	1 个脉冲	—	

表 7-17 12V 系统推荐使用的非电源线耦合试验等级

试验脉冲	试验等级 U_s/V				测试时间/min
	I 最小	II	III	IV 最高	
快脉冲 3a（DCC 和 CCC）	−30	−60	−80	−110	10
快脉冲 3b（DCC 和 CCC）	+18	+37	+60	+75	10
DCC 慢脉冲+	+8	+15	+23	+30	5
DCC 慢脉冲−	−8	−15	−23	−30	5
ICC 慢脉冲+	+3	+4	+5	+6	5
ICC 慢脉冲−	−3	−4	−5	−6	5

注：1. CCC（容性耦合钳）法为 CCC 的输出电压。

2. DCC（直接电容耦合）法为电容器的输出端电压。

3. ICC（感性耦合钳）法为校准夹具输出电压。

表 7-18 24V 系统推荐使用的非电源线耦合试验等级

试验脉冲	试验等级 U_s/V				测试时间/min
	I 最小	II	III	IV 最高	
快脉冲 3a（DCC 和 CCC）	−37	−75	−110	−150	10
快脉冲 3b（DCC 和 CCC）	+37	+75	+110	+150	10
DCC 慢脉冲+	+15	+25	+35	+45	5
DCC 慢脉冲−	−15	−25	−35	−45	5
ICC 慢脉冲+	+4	+6	+8	+10	5
ICC 慢脉冲−	−4	−6	−8	−10	5

对 5G 车载终端设备开展瞬变和浪涌抗扰度试验时，瞬态脉冲 1 试验和瞬

态脉冲 2a 试验的试验电压和脉冲重复时间按照等级 III 的要求开展，脉冲数量需要改为 10 个。瞬态脉冲 2b 试验的所有参数按照等级 III 开展。瞬态脉冲 3a 试验和瞬态脉冲 3b 试验的试验电压和短脉冲循环时间或脉冲重复时间按照等级 III 的要求开展，但是试验时间为 20min。瞬态脉冲 4 的试验电压按照等级 III 的要求开展，最大脉冲数为 10 个，脉冲重复时间为 1min。国内 5G 车载终端设备相关产品标准未对瞬态脉冲 5 试验进行要求。

7.12.2　试验设备

瞬变和浪涌抗扰度测试系统主要由供电电源、示波器、无极性电容、感性耦合钳、容性耦合钳、瞬态脉冲发生器组成。

（1）供电电源的主要作用是在测试过程中为 EUT 提供电能，保障设备达到规定的工作状态。供电电源的内阻应小于直流 0.01Ω。在低于 400Hz 的频段内，供电电源内部阻抗应该等于内阻。由于负载变化导致的输出电压的变化不应超过 1V，并能在 100μs 的时间内恢复其最大电压的 63%。叠加纹波电压的峰—峰值应不超过 0.2V，最低频率应为 400Hz。当使用蓄电池时，其充电电源的输出电压应能达到测试要求的电压 13.5V 或 27V。当使用具有足够的载流量的标准电源进行供电时，该标准电源还应具备与蓄电池一致的低内阻特性。

（2）示波器用于在瞬变和浪涌抗扰度测试中核查干扰波形，确定各干扰波形是否符合标准要求。示波器优先选用采样率大于等于 2GS/S 的数字示波器，其模拟带宽频率范围大于 DC-400MHz，输入灵敏度大于等于 5mV/刻度，衰减倍数至少是 10/1（如果需要还应包含 100/1），最大输入电压至少为 500V，直流输入阻抗大于等于 1MΩ。如使用模拟长余辉同步示波器，其记录速度应大于等于 100cm/μS，其他参数与数字示波器要求一致。

（3）无极性电容主要用于直接电容耦合法（DCC），其作用是将干扰信号（慢速脉冲或快速脉冲）耦合至 EUT 非电源线。该电容的参数要求如表 7-19 所示。

表 7-19　无极性电容参数要求

测 试 波 形	电 容 值	可承受电压
快脉冲	0.1±0.01μF	≥2 倍测试电压
慢脉冲	100±10pF	

（4）感性耦合钳主要用于 ICC 法，其作用是将慢速脉冲干扰信号耦合至 EUT 非电源线。

（5）容性耦合钳主要用于 CCC 法，其作用是将快速脉冲干扰信号耦合至 EUT 非电源线。

（6）瞬态脉冲发生器主要作用是模拟产生 GBT 21437.2 和 GBT 21437.3 要求的车载环境下的脉冲波形，一般包含 1、2a、2b、3a、3b、4、5a、5b 波形，以及慢脉冲 2a 正脉冲、慢脉冲 2a 负脉冲波形、快脉冲 3a 和快脉冲 3b。通常情况下瞬态脉冲发生器具备电源耦合端口，通过该端口可以直接将干扰信号注入 EUT 的电源线上。

适用于电源线注入试验的瞬态脉冲 1 的波形如图 7-47 所示，波形试验参数如表 7-20 所示。其中 U_A 为发电机工作时 EUT 的供电电压。U_S 为开路试验脉冲的峰值幅度，瞬态脉冲发生器的脉冲 1 输出的 U_S 应在试验等级 III 要求的 −75V 和试验等级 IV 要求的 −100V 之间可调，U_S 的允差范围为规定试验脉冲的 $\begin{pmatrix} +10 \\ 0 \end{pmatrix}$%。波形时间参数 t_d、t_2 和发生器内阻 R_i 的允差范围均为 ±20%，其他波形时间参数应在表 7-20 要求的范围内。

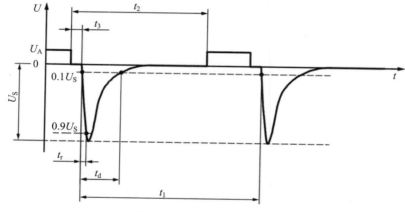

图 7-47　瞬态脉冲 1 波形

表 7-20　瞬态脉冲 1 抗扰度试验参数

参　　数	12V 系统	24V 系统
U_S/V	−75～−100	−450～−600
R_i/Ω	10	50
t_d/ms	2	1
t_r/μs	0.5～1	1.5～3
t_1/s	0.5～5	
t_2/ms	200	
t_3/μs	<100	
U_A/V	13.5±0.5	27±1

注：1. t_1 为猝发周期/脉冲重复时间。
　　2. t_3 为断开电源与施加脉冲之间所需的最短时间。

适用于电源线注入试验的瞬态脉冲 2a 的波形如图 7-48 所示，波形试验参数如表 7-21 所示。瞬态脉冲发生器的脉冲 2a 输出的 U_S 应在试验等级 III 要求的 37V 和试验等级 IV 要求的+50V 之间可调，U_S 的允差范围为规定试验脉冲的 $\binom{+10}{0}$ %。波形时间 t_d、t_r 和发生器内阻 R_i 的允差范围均为±20%。其他波形时间参数应在表 7-21 要求的范围内。

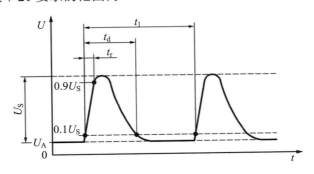

图 7-48　瞬态脉冲 2a 波形

表 7-21　瞬态脉冲 2a 抗扰度试验参数

参　　数	12V 系统	24V 系统
U_S/V	+37～+50	
R_i/Ω	2	
t_d/ms	0.05	
t_r/μs	0.5～1	
t_1/s	0.2～5	
U_A/V	13.5±0.5	27±1

注：根据开关的情况，重复时间 t_1 可短些。使用短的重复时间可以缩短试验时间。

适用于电源线注入试验的瞬态脉冲 2b 的波形如图 7-49 所示，波形试验参数如表 7-22 所示。在 12V 系统时，瞬态脉冲发生器的脉冲 2a 输出可选的峰值幅度 U_S 应该包含 10V。在 24V 系统时，可选的峰值幅度 U_S 应该包含 20V。U_S 的允差范围为规定试验脉冲的 $\binom{+10}{0}$ %。

波形时间参数和内阻 R_i 应在表 7-22 要求的范围内。

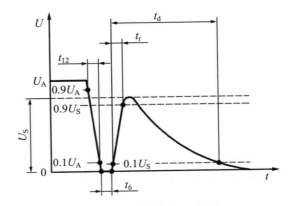

图 7-49　瞬态脉冲 2b 波形

表 7-22　瞬态脉冲 2b 抗扰度试验参数

参　　数	12V 系统	24V 系统
U_S/V	10	20
R_i/Ω	0～0.05	
t_d/s	0.2～2	
t_{12}/ms	0.5～1.5	
t_r/ms	0.5～1.5	
t_6/ms	0.5～1.5	
U_A/V	13.5±0.5	27±1

适用于电源线注入试验的瞬态脉冲 3a 的波形如图 7-50 所示，波形试验参数如表 7-23 所示。在 12V 系统时，瞬态脉冲发生器的脉冲 3a 输出的峰值幅度 U_S 应该在试验等级 III 要求的-112V 和试验等级 IV 要求的-150V 之间可调。在 24V 系统时，瞬态脉冲发生器的脉冲 3a 输出的峰值幅度 U_S 应该在试验等级 III 要求的-150V 和试验等级 IV 要求的-200V 之间可调。U_S 的允差范围为规定试验脉冲的 $\left(\begin{array}{c}+10\\0\end{array}\right)$ %。波形时间参数 t_1、t_4、t_5 和发生器内阻 R_i 的允差范围均为±20%，其他波形时间参数应在表 7-23 要求的范围内。

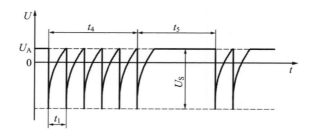

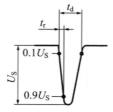

图 7-50　瞬态脉冲 3a 波形

表 7-23　瞬态脉冲 3a 抗扰度试验参数

参　　数	12V 系统	24V 系统
U_S/V	−112～−150	−150～−200
R_i/Ω	50	
t_d/ns	100～200	

续表

参　　数	12V 系统	24V 系统
t_r/ns	5±1.5ns	
t_1/μs	100	
t_4/ms	10	
t_5/ms	90	
U_A/V	13.5±0.5	

　　适用于电源线注入试验的脉冲 3b 的波形如图 7-51 所示，波形试验参数如表 7-24 所示。在 12V 系统时，瞬态脉冲发生器的脉冲 3b 输出的峰值幅度 U_S 应该在试验等级 III 要求的+75V 和试验等级 IV 要求的+100V 之间可调。在 24V 系统时，瞬态脉冲发生器的脉冲 3b 输出的峰值幅度 U_S 应该在试验等级 III 要求的+150V 和试验等级 IV 要求的+200V 之间可调。U_S 的允差范围为规定试验脉冲的 $\binom{+10}{0}$%。波形时间参数 t_1、t_4、t_5 和发生器内阻 R_i 的允差范围均为±20%，其他波形时间参数应在表 7-24 要求的范围内。

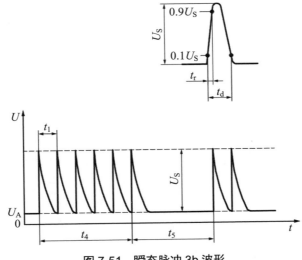

图 7-51　瞬态脉冲 3b 波形

表 7-24　瞬态脉冲 3b 抗扰度试验参数

参　　数	12V 系统	24V 系统
U_S/V	+75～+100	+150～+200
R_i/Ω	50	
t_d/ns	100～200	
t_r/ns	5±1.5	

续表

参　数	12V 系统	24V 系统
$t_1/\mu s$	100	
t_4/ms	10	
t_5/ms	90	
U_A/V	13.5±0.5	27±1

　　适用于电源线注入试验的瞬态脉冲 4 的波形如图 7-52 所示，波形试验参数如表 7-25 所示。在 12V 系统时，瞬态脉冲发生器的脉冲 4 输出的峰值幅度 U_S 应该在试验等级 III 要求的-6V 和试验等级 IV 要求的-7V 之间可调。在 24V 系统时，瞬态脉冲发生器的脉冲 4 输出的峰值幅度 U_S 应该在试验等级 III 要求的 -12V 和试验等级 IV 要求的-16V 之间可调。U_S 的允差范围为规定试验脉冲的 $\begin{pmatrix} +10 \\ 0 \end{pmatrix}$%。波形时间参数 t_{10} 的允差范围均为±20%，其他波形时间参数和内阻 R_i 应在表 7-25 要求的范围内。

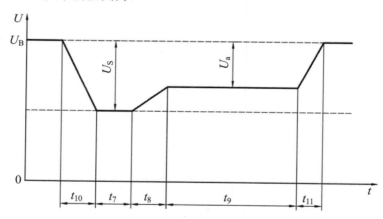

图 7-52　瞬态脉冲 4 波形

表 7-25　瞬态脉冲 4 抗扰度试验参数

参　数	12V 系统	24V 系统
U_S/V	-6～-7	-12～-16
U_a/V	-2.5～-6 并且 $|U_a| \leqslant |U_S|$	-5～-12 并且 $|U_a| \leqslant |U_S|$
R_i/Ω	0～0.02	
t_7/ms	15～40	50～100
t_8/ms	≤50	
t_9/s	0.5～20	
t_{10}/ms	5	10ms

续表

参　　数	12V 系统	24V 系统
t_{11}/ms	5～100	10～100
U_B/V	12±0.2	24±0.4

注：1．车辆制造商和设备供应商对 U_a 值进行协商，以满足所提申请的要求。

　　2．t_{11}=5ms 是曲轴转动后发动机启动时的典型值，而 t_{11}=100ms 是发动机未启动的典型值。

　　3．t_{11}=10ms 是曲轴转动后发动机启动时的典型值，而 t_{11}=100ms 是发动机启动的典型值。

　　适用于电源线注入试验的瞬态脉冲 5a 的波形如图 7-53 所示，波形试验参数如表 7-26 所示。在 12V 系统时，瞬态脉冲发生器的脉冲 5a 输出的峰值幅度 U_S 应该在试验等级 III 要求的 65V 和试验等级 IV 要求的 87V 之间可调。在 24V 系统时，瞬态脉冲发生器的脉冲 5a 输出的峰值幅度 U_S 应该在试验等级 III 要求的 123V 和试验等级 IV 要求的 174V 之间可调。U_S 的允差范围为规定试验脉冲的 $\binom{+10}{0}$%。波形时间参数和内阻 R_i 应在表 7-26 要求的范围内。

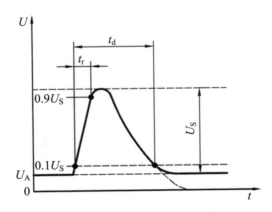

图 7-53　瞬态脉冲 5a 波形

表 7-26　瞬态脉冲 5a 抗扰度试验参数

参　　数	12V 系统	24V 系统
U_S/V	65～87	123～174
R_i/Ω	0.5～4	1～8
t_r/ms	40～400	100～350
t_d/ms	5～10	
U_A/V	13.5±0.5	27±1

　　适用于电源线注入试验的瞬态脉冲 5b 的波形如图 7-54 所示，其中，a 为未抑制的波形，b 为抑制的波形；波形试验参数如表 7-27 所示。在 12V 系统时，瞬态脉冲发生器的脉冲 5b 输出的峰值幅度 U_S 应该在试验等级 III 要求的 65V

和试验等级 IV 要求的 87V 之间可调。在 24V 系统时，瞬态脉冲发生器的脉冲 5b 输出的峰值幅度 U_S 应该在试验等级 III 要求的 123V 和试验等级 IV 要求的 174V 之间可调。U_S 的允差范围为试验脉冲的 $\binom{+10}{0}$%。波形时间参数应在表 7-27 要求的范围内。

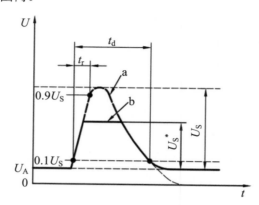

图 7-54　瞬态脉冲 5b 波形

表 7-27　瞬态脉冲 5b 抗扰度试验参数

参　数	12V 系统	24V 系统
U_S/V	65～87	123～174
U_S^*/V	由客户规定	
t_d/ms	与未抑制的值相同	
U_A/V	13.5±0.5	27±1

适用于非电源线注入试验的慢速瞬态脉冲 2a 正脉冲的波形如图 7-55 所示，波形试验参数如表 7-28 所示。U_S 为开路试验脉冲的峰值幅度，U_S 的允差范围为试验脉冲的 $\binom{+10}{0}$%，试验前应根据产品标准或和客户协商选择适合的耦合方式和峰值幅度 U_S。波形时间参数应在表 7-28 要求的范围内。发生器内阻 R_i 的允差范围均为±20%。

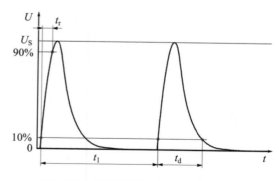

图 7-55　慢速瞬态脉冲 2a 正脉冲波形

表 7-28　慢速瞬态脉冲 2a 正脉冲试验参数

参	数
U_S	在试验计划中指定
$t_r/\mu s$	0.5~1
t_d/ms	0.05
t_1/s	0.5~5
R_i/Ω	2

适用于非电源线注入试验的慢速瞬态脉冲 2a 负脉冲的波形如图 7-56 所示，波形试验参数如表 7-29 所示。U_S 为开路试验脉冲的峰值幅度，U_S 的允差范围为试验脉冲的 $\binom{+10}{0}$%，试验前应根据产品标准或和客户协商选择适合的耦合方式和峰值幅度 U_S。波形时间参数 t_d 和发生器内阻 R_i 的允差范围均为±20%，其他波形时间参数应在表 7-29 要求的范围内。

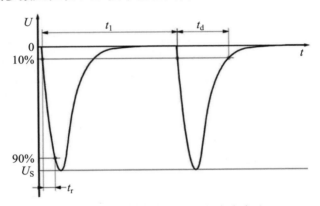

图 7-56　慢速瞬态脉冲 2a 负脉冲波形

表 7-29　慢速瞬态脉冲 2a 负脉冲试验参数

参	数
U_S	在试验计划中指定
$t_r/\mu s$	0.5~1
t_d/ms	0.05
t_1/s	0.2~5
R_i/Ω	2

适用于非电源线注入试验的快速瞬态脉冲 3a 负脉冲的波形如图 7-57 所示，波形试验参数如表 7-30 所示。U_S 为开路试验脉冲的峰值幅度，U_S 的允差范围为试验脉冲的 $\binom{+10}{0}$%，试验前应根据产品标准或和客户协商选择适合的耦合

方式和峰值幅度 U_S。波形时间参数 t_1、t_4、t_5 和发生器内阻 R_i 的允差范围均为 ±20%，其他波形时间参数应在表 7-30 要求的范围内。

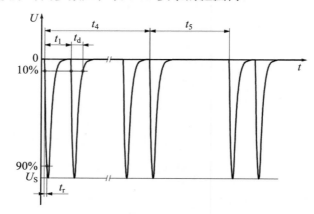

图 7-57　快速瞬态脉冲 3a 负脉冲波形

表 7-30　快速瞬态脉冲 3a 波形试验参数

参　　数	12V 电气系统	24V 电气系统
U_S	见表 7-17	见表 7-18
$t_r/\mu s$	5±1.5	5±1.5
t_d/ms	0.15±0.045	0.15±0.045
t_1/s	100	100
t_4/ms	10	10
t_5/ms	90	90
R_i/Ω	5	50

适用于非电源线注入试验的快速瞬态脉冲 3a 负脉冲的波形如图 7-58 所示，波形试验参数如表 7-31 所示。U_S 为开路试验脉冲的峰值幅度，U_S 的允差范围为试验脉冲的 $\begin{pmatrix} +10 \\ 0 \end{pmatrix}$%，试验前应根据产品标准或和客户协商选择适合的耦合方式和峰值幅度 U_S。波形时间参数 t_1、t_4、t_5 和发生器内阻 R_i 的允差范围均为±20%，其他波形时间参数应在表 7-31 要求的范

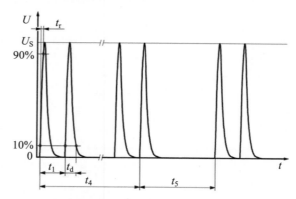

图 7-58　快速瞬态脉冲 3b 负脉冲波形

围内。

表 7-31　快速瞬态脉冲 3b 波形试验参数

参　　数	12V 电气系统	24V 电气系统
U_S	见表 7-17	见表 7-18
$t_r/\mu s$	5±1.5	5±1.5
t_d/ms	0.15±0.045	0.15±0.045
t_1/s	100	100
t_4/ms	10	10
t_5/ms	90	90
R_i/Ω	50	50

7.12.3　试验布置

瞬态和浪涌测试的对应测试端口可以分为电源线端口和非电源线端口。

1. 电源线端口

对于电源线端口的瞬态和浪涌测试，标准中只对瞬态脉冲 3a 和 3b 进行了规范，为保障测试的易操作性和测试效率，建议所有瞬态脉冲测试的电源线端口的布置都按瞬态脉冲 3a 和 3b 的要求实施。如图 7-59 所示，在瞬态脉冲 3a 和 3b 测试中，使用木块或低介电常数（如聚苯乙烯泡沫）等绝缘材料将 EUT 与瞬态脉冲发生器端口之间的导线垫高，使导线平行放置在接地平板的上方 50～60mm 处，导线长度为 0.4～0.6m。

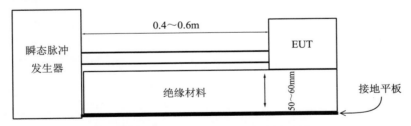

图 7-59　电源线端口的瞬态和浪涌测试布置

2. 非电源线端口

非电源线端口的瞬态浪涌测试方法有 3 种，即 CCC 法、ICC 法和 DCC 法。每种方法在细节上对测试布置要求有所不同，但也有几处共性的要求，如下。

（1）EUT 的各接口应连接试验线束或产品线束，并端接辅助设备（负载传感器等），以保障 EUT 正常运行。

（2）测试中可能受限于试验条件和辅助设备的抗干扰能力的影响，无法使用实际工作中的辅助设备作为信号源，那么也可使用模拟信号源以保障 EUT 正常运行。如在对 5G 车载终端设备开展瞬态浪涌测试时，需使 5G 车载终端进入 5G 通信状态。如果使用运营商网络，网络质量和信号选择等参数将不受实验室控制，导致 5G 通信状态难以建立，以及测试过程中因非测试因素的加入造成监控的数据不再可信。在这种情况下，实验室通常使用基站模拟器替代运营商网络，使 5G 车载终端达到正常的 5G 通信状态。

（3）对于有独立接地并且直接安装在车辆底盘上的车载终端设备，应直接放置在接地平板上。对于无独立接地的车载终端设备，应放置在 0.05～0.1m 厚的绝缘支撑物上，绝缘支撑物直接放置在接地平板上。

（4）EUT 接地方式和接地数量应按照车辆制造商的要求进行布置，不应再做额外的接地。

（5）如果辅助设备需要接地时，则使用尽可能短的接地线缆连接至接地平板。

（6）为保障 EUT 尽量小地受到干扰信号反射波的影响，被测系统（含 EUT、辅助系统和连接线缆）应距离除接地平板以外的有源物体至少 0.5cm。

CCC 法的布置图如图 7-60 和图 7-61 所示，具体要求如下。

（1）受试线缆在容性耦合钳内应有 1m 的长度。

（2）受试线缆在容性耦合钳外部分应使用 80～120mm 厚的绝缘材料垫起并放置在接地平板上，并且与容性耦合钳的纵向轴的夹角为 90°±15°。

（3）在耦合器钳外的供电线缆长应为 1m。

（4）EUT 和容性耦合器之间的距离为 350～450mm。

（5）辅助设备和容性耦合钳之间的距离为 350～450mm。

（6）容性耦合钳的铰链盖与试验线束应尽可能放平，以确保铰链盖与试验线束的接触。

（7）EUT 和脉冲信号发生器应在容性耦合钳的同一端。

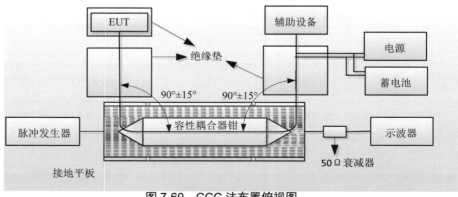

图 7-60 CCC 法布置俯视图

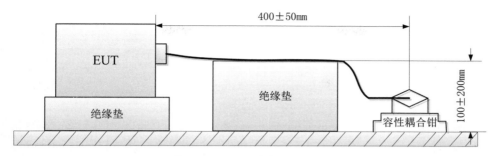

图 7-61　CCC 法布置正视图

DCC 法的布置图如图 7-62 所示，具体要求如下。

（1）线束的长度应在 1000～2000mm。

（2）所有线束均在接地平板上方 50±5mm 处。

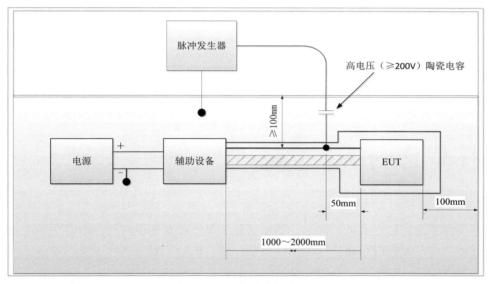

图 7-62　DCC 法布置俯视图

ICC 法的布置图如图 7-63 所示，具体要求如下。

（1）受试线缆长度≤2m。

（2）绝缘板厚度为(50±10)mm。

（3）50Ω 同轴线缆长度≤500mm。

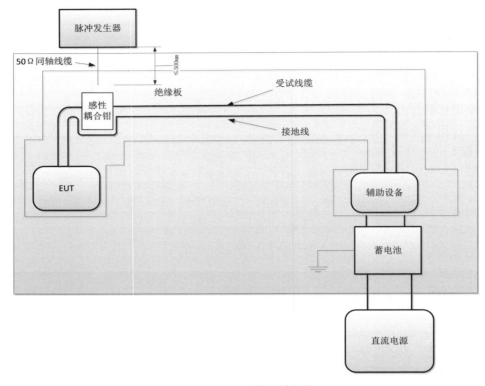

图 7-63   ICC 法布置俯视图

7.12.4   试验过程

1．试验计划

为了达到较好的试验效果、增加试验结果的可复现性，在开始瞬变和浪涌试验之前，应根据产品的情况制订试验计划。试验计划应包含以下内容。

（1）EUT 典型工作条件。

（2）试验端口类型。

（3）使用的试验等级。

（4）EUT 功能状态的分类。

2．测试时的环境条件

瞬变和浪涌抗扰度的试验结果与试验时所在环境的温度等密切相关。在进行试验时，EUT 应在预期的气候条件下工作。

在空气放电试验的情况下，测试时环境温度应在 18℃～28℃之间。

3．瞬变和浪涌

一般来说，该项目 EUT 的供电电压为 DC 12V 或 DC 24V。如 EUT 是 DC 12V 供电，当测试是模拟 EUT 在使用蓄电池供电的情况时，那么供电电压应在 DC(12±0.2)V 范围内。当测试是模拟 EUT 在发电机工作时供电的情况，那么供电电压应在 DC(13.5±0.5)V 范围内。如 EUT 是 DC 24V 供电，当测试是模拟 EUT 在使用蓄电池供电的情况，那么供电电压应在 DC(24±0.4)V 范围内。当测试是模拟 EUT 在发电机工作时供电的情况，那么供电电压应在 DC(27±1)V 范围内。测试前应使用在计量校准期内的仪器（如万用表）进行核查。

如果测试涉及非电源线部分，那么需要从 CCC 法、DCC 法和 ICC 法中选出两个耦合方法以覆盖瞬态快脉冲和瞬态快脉的注入。其中 CCC 法和 ICC 法可以在多条线束上同时施加干扰，而 DCC 法只能向一条线束施加干扰。出于测试效率的考虑，一般选择 CCC 法完成瞬态快脉冲测试，ICC 法完成瞬态慢脉冲测试。

测试前，根据测试计划调整试验脉冲发生器以产生特定的脉冲极性、幅度、宽度和阻抗，使用示波器核查测试计划中要求的测试波形，如波形符合标准要求方可继续进行测试。

按照 7.12.3 节布置 EUT，并记录 EUT 的工作状态。开启试验脉冲发生器的加扰功能，观察并记录 EUT 在受到干扰过程中和干扰停止后工作状态的变化。

4．对试验结果的判定

瞬变和浪涌抗扰度试验过程属于瞬态抗扰度测试，试验结果进行判定时，应采用 7.3.2 节给出的瞬态抗扰度测试的性能判据。

7.12.5　设备的核查

在测试过程中，实验室要确保瞬变和浪涌测试发生器发出正确的干扰信号，以保证得到正确的测试结果。实验室对瞬变和浪涌系统进行核查有助于提高测试结果的溯源性，提升实验室的测试质量。

核查的方式分为 3 种。一是校准，CNAS-CL01-A008 对瞬变和浪涌测试发生器建议的校准周期是 1 年。二是期间核查，CNAS-CL01-A008 要求对设备进行期间核查，这里建议核查时间为两个校准日期中间时间。三是日常核查，在校准和期间核查期间可能因为人为因素或者设备老化导致设备输出波形不符要求，因此建议在每日试验开始前开展一次核查。

核查瞬变和浪涌系统需要的设备有示波器和不同阻抗的负载，示波器负载阻抗包含无负载、0.5Ω、2Ω、10Ω 和 50Ω。通常瞬变和浪涌的系统制造商会有与其系统配套的校准件，该校准件包含以上几种不同阻抗的负载。

按 GB/T 21437.2 标准要求的系统核查中，需对脉冲 1、脉冲 2、脉冲 3 和脉冲 5 进行核查。其中脉冲 1、脉冲 2 和脉冲 5 核查的端口为电源输出端口，脉冲 3 核查的端口为同轴输出端口。脉冲 1、脉冲 2、脉冲 3 和脉冲 5 核查参数和所需的负载类型如表 7-32～表 7-39 所示。

表 7-32　12V 系统试验脉冲 1

试 验 脉 冲	U_a/V	t_r/μs	t_d/μs
无负载	−100±10	0.5～1	1600～2400
10Ω 负载	−50±10	/	1200～1800

表 7-33　24V 系统试验脉冲 1

试 验 脉 冲	U_a/V	t_r/μs	t_d/μs
无负载	−600±60	1.5～3	800～1200
50Ω 负载	−300±30	/	800～1200

表 7-34　12V 和 24V 系统试验脉冲 2a

试 验 脉 冲	U_a/V	t_r/μs	t_d/μs
无负载	+50±5	0.5～1	40～60
2Ω 负载	+25±5	/	9.6～14.4

表 7-35　12V 系统试验脉冲 2b

试 验 脉 冲	U_a/V	t_r/ms	t_d/s
无负载和 0.5Ω 负载	+10±1（12V 系统）	1±0.5	2±0.4
	+20±2（24V 系统）		

表 7-36　12V 和 24V 系统试验脉冲 3a

试 验 脉 冲	U_a/V	t_r/ns	t_d/ns
无负载	−200±20	0.5±1.5	150±45
50Ω 负载	−100±20	5±1.5	150±45

表 7-37　12V 和 24V 系统试验脉冲 3b

试 验 脉 冲	U_a/V	t_r/ns	t_d/ns
无负载	+200±20	0.5±1.5	150±45
50Ω 负载	+100±20	5±1.5	150±45

表 7-38　12V 系统试验脉冲 5

试 验 脉 冲	U_a/V	t_r/μms	t_d/ms
无负载	+100±10	5～10	400±80
2Ω 负载	+50±10	/	200±40

表 7-39　24V 系统试验脉冲 5

试 验 脉 冲	U_a/V	t_r/ms	t_d/ms
无负载	+200±20	5～10	350±70
2Ω 负载	+100±20	/	175±35

EUT 的供电很容易烧毁核查所需的负载，因此在电源输出端口核查开始前，先切断 EUT 供电，再在电源输出端口端连接标准要求的各种负载。符合 7.12.2 节要求的示波器一般包含 50Ω 和 1MΩ 两种阻抗输入端口。为保护示波器不因输入电压过大而损坏，通常实验室选择 1MΩ 阻抗输入端口配合 100× 的差分探头开展电源输出端口的脉冲（脉冲 1、脉冲 2a、脉冲 2b 和脉冲 5）核查。使用 50Ω 阻抗输入端口配合有较大分压比的负载电阻开展 50Ω 同轴端口的脉冲（脉冲 3a 和脉冲 3b）核查，建议直接使用电快速瞬变脉冲群核查中使用的 50Ω 电阻负载。

以脉冲 3b 波形为例，核查中需要使用分压比为 400 的 50Ω 负载终端，核查等效电路图如图 7-64 所示。将瞬变和浪涌发生器设置为波形 3b，50Ω 输出端的开路电压设置为 200V，脉冲产生后电阻 R1 和 R2 两端的电压约等于 100V，此时测量电阻 R4 两端电压 V_m 为 1V，在 50Ω 的输入阻抗下示波器测得的电压值为 0.5V。可知如果要正确测量 50Ω 负载终端两端的电压，需将示波器分压比设置成 200。如果测量瞬变和浪涌发生器的开路电压，需将示波器分压比设置成 400。

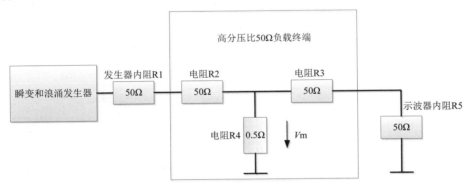

图 7-64　使用 50Ω 负载终端核查脉冲 3b 波形的等效电路图

GB/T 21437.3 要求在使用 ICC 和 CCC 法前需要对瞬态脉冲电平进行校正。ICC 法校正布置图如图 7-65 所示，ICC 法校正参数要求如表 7-40 所示。CCC 法测试前除了需要对瞬态脉冲电平进行校正，还需要对瞬变和浪涌发生器进行核查，瞬变和浪涌发生器的核查过程应在端接 50Ω 负载条件下进行，表 7-23 对应脉冲 3a 的参数要求，表 7-24 对应脉冲 3b 的参数要求。CCC 法校正布置图如图 7-66 所示，由于示波器和衰减器为 50Ω，瞬态脉冲发生器的开路电压约是规定试验电压的 2 倍。

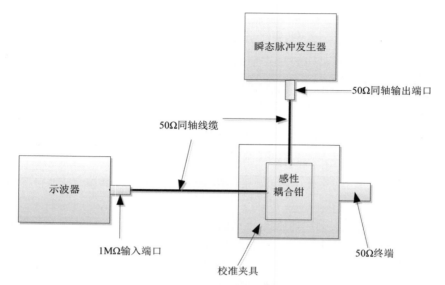

图 7-65 ICC 法校正布置图

表 7-40 ICC 法校正参数要求

参 数	12V 系统	24V 系统
t_d/μs	7×(1±30%)	7×(1±30%)
t_r/μs	≤1.2	≤1.2

图 7-66 CCC 法校正布置图

参 考 文 献

[1] 国家市场监督管理总局,中国国家标准化管理委员会.电磁兼容 试验和测量技术 静电放电抗扰度试验：GB/T 17626.2-2018[S]. 北京：中国标准出版社，2018.

[2] 中华人民共和国国家质量监督检验检疫总局，中国国家标准化管理委员会．电磁兼

容 试验和测量技术 射频电磁场辐射抗扰度试验：GB/T 17626.3- 2016[S]. 北京：中国标准出版社，2016.

[3] 国家市场监督管理总局,中国国家标准化管理委员会.电磁兼容 试验和测量技术 电快速瞬变脉冲群抗扰度试验：GB/T 17626.4-2018[S]. 北京：中国标准出版社，2018.

[4] 国家市场监督管理总局,中国国家标准化管理委员会.电磁兼容 试验和测量技术 浪涌（冲击）抗扰度试验：GB/T 17626.5-2019[S]. 北京：中国标准出版社，2019.

[5] 中华人民共和国国家质量监督检验检疫总局，中国国家标准化管理委员会. 电磁兼容 试验和测量技术 射频场感应的传导骚扰抗扰度：GB/T 17626.6-2017[S]. 北京：中国标准出版社，2017.

[6] 中华人民共和国国家质量监督检验检疫总局，中国国家标准化管理委员会. 电磁兼容 试验和测量技术 工频磁场抗扰度试验：GB/T 17626.8- 2006[S]. 北京：中国标准出版社，2006.

[7] 中华人民共和国国家质量监督检验检疫总局，中国国家标准化管理委员会. 电磁兼容 试验和测量技术 电压暂降、短时中断和电压变化的抗扰度试验：GB/T 17626.11-2008[S]. 北京：中国标准出版社，2008.

[8] 中华人民共和国国家质量监督检验检疫总局，中国国家标准化管理委员会. 道路车辆 由传导和耦合引起的电骚扰 第 2 部分：沿电源线的电瞬态传导：GB/T 21437.2-2008[S]. 北京：中国标准出版社，2008.

[9] 国家市场监督管理总局，中国国家标准化管理委员会. 道路车辆 电气/ 电子部件对传导和耦合引起的电骚扰试验方法 第 3 部分：对耦合到非电源线电瞬态的抗扰性：GB/T 21437.3-2021[S]. 北京：中国标准出版社，2021.

[10] 中华人民共和国国家质量监督检验检疫总局，中国国家标准化管理委员会. 电磁兼容 试验和测量技术 直流电源输入端口电压暂降、短时中断和电压变化的抗扰度试验：GB/T 17626.29-2006[S]. 北京：中国标准出版社，2006.

[11] 中华人民共和国工业和信息化部.蜂窝式移动通信设备电磁兼容性能要求和测量方法 第 18 部分：5G 用户设备及其辅助设备：YD/T 2583.18[S]. 北京：人民邮电出版社，2019.

[12] 中华人民共和国工业和信息化部. 电流探头和电流注入钳校准规范：JJF（通信）030—2018[S]. 北京：中国质检出版社，2019.

[13] 江苏省市场监督管理局. 耦合去耦合网络校准规范：JJF（苏）213-2018[S]. 南京：江苏省计量协会，2018.

[14] International Electrotechnical Commission. Electromagnetic compatibility (EMC) – Part 4-2: Testing and measurement techniques – Electrostatic discharge immunity test: IEC 61000-4-2:2008[S/OL]. https://webstore.iec.ch/publication/4189.

[15] International Electrotechnical Commission. Electromagnetic compatibility (EMC) – Part 4-3: Testing and measurement techniques – Radiated, radio-frequency electromagnetic field

immunity test: IEC 61000-4-3:2020[S/OL]. https://webstore. iec.ch/publication/59849.

[16] International Electrotechnical Commission. Electromagnetic compatibility (EMC) - Part 4-4: Testing and measurement techniques - Electrical fast transient/ burst immunity test: IEC 61000-4-4:2012[S/OL]. https://webstore.iec.ch/publication/ 4222.

[17] International Electrotechnical Commission. Electromagnetic compatibility (EMC) – Part 4-5: Testing and measurement techniques – Surge immunity test: IEC 61000-4-5:2014+AMD1: 2017[S/OL]. https://webstore.iec.ch/publication/61166.

[18] International Electrotechnical Commission. Electromagnetic compatibility (EMC) - Part 4-6: Testing and measurement techniques - Immunity to conducted disturbances, induced by radio-frequency fields: IEC 61000-4-6:2013[S/OL]. https://webstore.iec.ch/publication/4224.

[19] International Electrotechnical Commission. Electromagnetic compatibility (EMC) - Part 4-8: Testing and measurement techniques - Power frequency magnetic field immunity test: IEC 61000-4-8:2009[S/OL]. https://webstore.iec.ch/publication/22272.

[20] International Electrotechnical Commission. Electromagnetic compatibility (EMC) - Part 4-11: Testing and measurement techniques - Voltage dips, short interruptions and voltage variations immunity tests for equipment with input current up to 16 A per phase: IEC 61000-4-11:2020[S/OL]. https://webstore.iec.ch/publication/66487.

[21] International Electrotechnical Commission. Electromagnetic compatibility (EMC) - Part 4-29: Testing and measurement techniques - Voltage dips, short interruptions and voltage variations on d.c. input power port immunity tests: IEC 61000-4-29:2000[S/OL]. https://webstore. iec.ch/publication/4206.

[22] 全国无线电干扰标准化技术委员会，全国电磁兼容标准化技术委员会. 电磁兼容标准实施指南（修订版）[M]. 北京：中国标准出版社，2010.

[23] 国家市场监督管理总局，中国国家标准化管理委员会. 道路车辆 电气/电子部件对传导和耦合引起的电骚扰试验方法 第 2 部分：沿电源线的电瞬态传导发射和抗扰性：GB/T 21437.2-2021[S]. 北京：中国标准出版社，2021.

第8章

测量不确定度评定

测量是为了得到准确的测量结果，但在任何领域，测量都存在一定的缺陷，所有的测量结果都不可能与被测量的参考值完全一致。因此，在给出测量结果的同时，往往也会给出表征测量结果可靠程度的参量。在电磁兼容测量领域，当对 EUT 进行标准化符合性判定时，应考虑影响量（如测量设备和设施）所引入的不确定度，该值即表征测量结果的可信程度。要合理评定测量的不确定度，需要了解测量不确定度的基本概念和方法，但最主要的还是要全面了解测量方法并能找出影响测量结果的所有不确定度来源。本章从基本概念出发，以实例的形式详细描述了测量不确定度的评定步骤，帮助读者正确理解测量不确定度的评定及其应用。

与发射测量有所区别，由于抗扰度试验的被测量经常是 EUT 的功能属性而不是一个量，根据 CNAS-CL01-G003:2021《测量不确定度的要求》，如果检测结果不是用数值表示或不是建立在数值基础上（如合格/不合格，阴性/阳性，或基于视觉和触觉等的定性检测），则不要求对不确定度进行评定，但鼓励实验室在可能的情况下了解结果的可变性。限于篇幅，本书仅对发射测量中不确定度的评定进行描述，有关不确定的理解和评定步骤同样适用于抗扰度试验的不确定度评定。

8.1 概　　述

8.1.1 基本概念

为帮助读者深刻理解测量不确定度的概念，本节从各测量领域经常使用的一些术语的定义出发，给出关于这些术语的基本概念及其区别，以利于对这些术语的正确使用。

1. 测量误差

测量误差简称误差，定义为测得值减去参考值。需注意如下问题。

（1）测量误差的概念在以下两种情况下均可使用：① 当涉及存在单个参考值，如用测得值的测量不确定度可忽略的测量标准进行校准，或约定值给定时，测量误差是已知的；② 假设被测量使用唯一的参考值或范围可忽略的一组参考值表征时，测量误差是未知的。

（2）测量误差不应与出现的错误或过失相混淆。

根据定义，测量误差是两个值之差，故测量误差可以为正值也可以为负值，但不能以"±"的形式表示，也不可能是一个区间。

按误差性质，测量误差可分为系统误差和随机误差两类。

（1）系统误差是在重复测量中保持不变或按预见方式变化的测量误差的分量。一般由测量仪器本身不精确、测量方法不完善等客观因素引起，体现了测量结果的准确程度。在重复性测量条件下得到的测试结果具有相同的系统误差，即测量结果与参考值偏离一个确定的量，每次重复测量时均会出现，且大小方向保持不变，不因增加测量次数而减小或消除。

（2）随机误差是在重复测量中按不可预见方式变化的测量误差的分量。一般由不可控制的或尚未认识的因素引起，如实验操作者、被测物理量等，体现了测量结果的精密程度。某一随机误差的出现不可预知，但可通过大量的重复实验，通过测得值概率分布曲线了解其整体分布，进而采取措施以减小影响。

误差、系统误差和随机误差的关系如下：

误差=测量结果−参考值

=(测量结果−总体均值)+(总体均值−参考值)

=随机误差+系统误差

测量结果的误差、系统误差和随机误差之间关系的示意如图 8-1 所示。

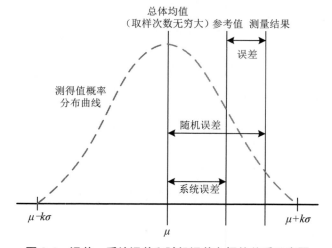

图 8-1 误差、系统误差和随机误差之间的关系示意图

2．测量准确度

测量准确度的定义是被测量的测量结果与其参考值间的一致程度。需注意如下问题。

（1）测量准确度不是一个量，不给出有数字的值。当测量提供较小的测量误差时，认为该测量是较准确的。

（2）测量准确度不应与测量正确度、测量精密度相混淆，尽管它与这两个概念有关。

（3）测量准确度有时被理解为赋予被测量的测得值之间的一致程度。

测量准确度是一个定性的概念，一般指某测量系统/设备的准确度符合某级别或某标准的技术指标要求，可以说准确度高/低、准确度为二等、准确度为三级，或准确度符合某标准，但不能用具体的量来表示，如准确度为 2%。

3．测量精密度

测量精密度定义为在规定条件下，对同一或类似被测对象重复测量所得示值或测量结果间的一致程度。需注意如下问题。

（1）测量精密度通常以数字形式表示，如在规定测量条件下的标准偏差、方差或变差系数。

（2）规定条件可以是重复性测量条件、期间精密度测量条件或复现性测量条件。

（3）测量精密度用于定义测量重复性、期间测量精密度或测量复现性。

（4）测量精密度有时用于表示测量准确度，这是错误的。

测量精密度通常以规定测量条件（如重复性测量条件、复现性测量条件、期间精密度测量条件）下对同一或类似被测对象进行多次重复测量所得数值的标准偏差来表示。测量条件不同，测量精密度也有所不同。

（1）重复性测量条件简称重复性条件，是指在相同测量程序、相同操作者、相同测量系统、相同操作条件和相同地点，并在短时间内对同一或相类似被测对象重复测量的一组测量条件。

（2）复现性测量条件是指在不同地点、不同操作者、不同测量系统，对同一或类似被测对象重复测量的一组测量条件。

（3）期间精密度测量条件简称期间精密度条件，是指除了相同测量程序、相同地点以及在一个较长时间内对同一或类似的被测对象重复测量的一组测量条件外，还可包括涉及改变的其他条件。改变的条件可包括新的校准、测量标准器、操作者和测量系统。

因此，使用测量精密度时，首先应明确测量条件，包括改变和未变的条件以及实际改变到什么程度。

4．测量不确定度

测量不确定度简称不确定度，定义为根据所用到的信息，表征赋予被测量值分散性的非负参数。需注意如下问题。

（1）不确定度包括由系统影响引起的分量，如与修正量和测量标准所赋量值有关的分量及定义的不确定度。有时对估计的系统影响未作修正，而是当作不确定度分量处理。

（2）此参数可以是诸如称为标准测量不确定度的标准偏差（或其特定倍数），或是说明了包含概率的区间半宽度。

（3）不确定度一般由若干分量组成。其中一些分量可根据一系列测量值的统计分布，按"测量不确定度的 A 类评定（以下称 A 类评定）"进行评定，并可用标准偏差表征。而另一些分量则可根据基于经验或其他信息获得的概率密度函数，按"测量不确定度的 B 类评定（以下称 B 类评定）"进行评定，也用标准偏差表征。

（4）对于一组给定的信息，测量不确定度通常是相应于所赋予被测量的值的。该值的改变将导致相应的不确定度的改变。

（5）本定义是按 2008 版《国际通用计量学基础术语》给出的，而在《测量不确定度表示指南》（*Guide to the Expression of Uncertainty in Measurement*，以下简称 GUM）中的定义是表征合理地赋予被测量之值的分散性，与测量结果相联系的参数。

以上定义中，对"被测量值"的理解尤为重要，应与《测量不确定度评定与标准》（JJF1059.1-2012）中给出的"测量结果"的定义予以区别。"测量结果"通常表示为单个测得的量值和一个测量不确定度。而此处的"被测量值"应理解为"被测量（拟测量的量）"的量值，且为被测量的许多个量值，不仅包括单次实际测得的测量结果，也包括使用相同的测量方法再次或多次测量可能测得的测量结果以及无法得到但是可能出现的测量结果。由于测量存在的缺陷性，多次测量所得测量结果将分布在一定的区间内，这些多次测量结果的分散性可由重复测量结果的标准差表示，但"被测量值"的分散性，除了包括测量结果的分散性外，还应包括系统效应所引起的部分。定义还指出，需要"根据所用到信息"进行评定，那么信息的来源、全面性以及各信息之间的相互影响关系，都会对最终的评定结果产生影响。所以，在测量不确定度的评估中，应针对具体情况合理识别并分析使用这些信息。

测量不确定度的另一个定义为：表征合理赋予被测量之值的分散性，是与测量结果相关联的一个参数，也表征了测量结果的可信程度。测量不确定度大，说明使用该特定测量方法获得的可能量值分布范围大，可信度就差，给测量结果的使用者带来的风险就大；若测量不确定度小，则结果相反。但需要提醒的是，需要考虑定义中所提的"合理"二字，不能一味追求较小的测量不确定度。

5．测试误差和测量不确定度

测量误差和测量不确定度是完全不同但又相互联系的两个概念。两者的根本区别是，测量误差表示测量结果相对参考值的偏离量，是一个确定符号的量，而测量不确定度表示被测量值的分散程度，是一个区间。

对于同一被测量，不管测量仪器、测量方法、测量条件、数据处理方法如何，如果测量结果一致，其测量误差就相同。而在重复性测量条件下，将会得到不同的测量结果，相应测量误差就会不同，但不同测量结果的测量不确定度却是相同的。

6．测量仪器的最大允许误差、准确度和测量不确定度

测量仪器的最大允许误差简称最大允许误差，又称误差限。定义为对给定的测量仪器或测量系统，由规范或规程所允许的，相对于已知参考量值的测量误差的极限值。需注意如下问题。

（1）最大允许误差或误差限通常用在有两个极端值的场合。

（2）不应该用术语容差表示最大允许误差。

最大允许误差是对某类别或型号设备规定的示值误差的允许范围，是一台合格仪器可能存在的最大误差，不是该仪器实际存在的误差。

测量仪器的准确度定义为：在规定工作条件下，符合规定的计量表征，使测试误差或仪器不确定度保持在规定极限内的测量仪器或测量系统的等级或级别。目前大部分测量仪器的技术资料中关于准确度这一指标，都使用定量数值，并且带有"±"号，实际上是指该测量仪器的最大允许误差。如某频谱分析仪的技术资料中显示，其绝对电平准确度为±0.15dB，实际上是指绝对电平的最大允许误差为±0.15dB，这种使用实际上是不规范的，但由于这是部分生产厂家的习惯用法，所以一直沿用至今。

测量仪器的测量不确定度定义为由所用的测量仪器或测量系统引起的测量不确定度的分量。经过校准的测量仪器，其示值误差的不确定度就是测量仪器的不确定度。

8.1.2　测量不确定度评定目的

上一节介绍了测量误差的概念，是测量结果减去被测量的参考值。那么，为什么不用测量误差，而要进行测量不确定度评定呢？解释如下。

（1）根据测量误差的定义，如果要得到误差就必须知道参考值。但参考值实际并不可知，因此严格意义上的误差也很难得到。

（2）误差概念混乱。误差是一个差，是具有确定符号的值。当测量结果大于参考值时，误差为正值，反之为负值。但经常会出现误用的情况，有时通过误差分析得到的所谓"误差"，实际上是测量结果可能出现的范围，不符合误差定义。

（3）误差的评定方法不统一。根据误差来源的性质，可分为随机误差和系统误差。但由于随机误差一般用标准偏差及其倍数表示，系统误差用可能产生的最大误差表示，两者是两个性质不同的量，无法在数学上解决两者之间的合成问题，因此合成方法一直不统一。同一国家不同领域，甚至不同的测量人员采用的方法也不完全相同，这种评定方法的不一致，使不同测量结果之间缺乏可比性。

因此，为统一评价测量结果的质量，1963 年美国标准局的专家提出了测量不确定度的概念，国际组织和各国计量部门均非常重视测量不确定度评定和表示的国际统一，随后国际计量局等多个国际组织成立了专门工作组，起草了关于测量不确定度评定的指导文件 GUM 和《国际通用计量学基础术语》，为测量结果的不确定度评定和表示奠定了基础，使得不同国家和地区，以及不同领域在表示测量结果及测量不确定度时，具有相同的意义。

随着不确定度理论的进一步发展以及测量不确定度评定方法的改进和完善，目前测量不确定度已成为国际上评价测量结果的约定指标。测量不确定度的使用，方便了各领域的交流与比对，对促进国际交流、合作、检测互认等具有重要意义。

目前国内常用的测量不确定度评定通用规范和标准有 JJF 1059.1-2012《测量不确定度的评定与表示》、JJF 1059.2-2012《用蒙特卡洛法评定测量不确定度》、GB/T 27418-2017《测量不确定度的测量与表示》。

电磁兼容领域的测量不确定度评定标准主要是 GB/T(Z) 6113《无线电骚扰和抗扰度测量设备和测量方法规范》系列标准的第四部分：不确定度、统计学和限值建模。

另外，中国合格评定国家认可委员会（CNAS）也发布了一些测量不确定度评定的规范文件和指南文件，如 CNAS-CL01-G003《测量不确定度的要求》。

8.1.3　发射测量中不确定度的基本考虑

在标准化的发射符合性测量中，在对电气或电子产品的发射电平进行测量后，才可对其进行限值符合性的判定。但由于存在很多对测量结果有影响的量，测得的电平仅近似于被测量的真实电平，所以需要考虑由这些影响量引入的不确定度。对于发射测量，不确定度主要来源于与受试设备有关的固有不确定度和传统的由测量设备和设施引起的不确定度。图 8-2 给出了在典型的发射测量中被测量的固有不确定度和测量设备和设施引起的不确定度如何进行合成以得到标准符合性不确定度，图中的求和符号"Σ"是一个象征性符号，这种不确定度求和的方法依赖于所涉及的两种不确定度源的概率分布和相关性。

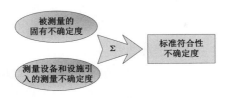

图 8-2　典型的发射测量示例

以下详细陈述在发射符合性试验中，标准符合性不确定、被测量的固有不确定度以及测量设备和设施引起的不确定度三者之间的关系，并给出不同类别不确定度的使用建议，以便更好地理解不确定度的评定及其应用。

需要明确在发射测量中考虑不确定度因素时的目的是什么，目的不同对不确定度分析的要求也不同。

发射测量的结果受到不确定度的影响，因此需要以不同的评定目的来考虑不确定度。通常，主要从以下 4 种情况来考虑。

（1）检测实验室（技术）测量能力的资质确认。

（2）测量结果相对于限值的符合性判断。

（3）不同检测实验室测量结果的比对。

（4）不同发射测量方法的比对。

下面讨论针对上述每一种情况考虑的不确定度类型。

对于情况（1），由于测量不确定度的评定目的是为了确认检测实验室的测量能力，与受试设备无关，所以只需要考虑整个测试系统从信号输入到输出全部路径所包含的测量设备和设施以及测量实施过程中所引入的不确定度即可。例如，对于测量设备和设施，测量场地、测量天线、测量接收机都是不确定度的主要贡献因素；对于测量实施过程，人员的操作和/或测量软件的数据拾取与统计方式等，都有可能对测量产生影响。对于检测实验室，如需通过检测资质认可，这项工作是必不可少的。

对于情况（2），由于需要依据给定的限值对受试设备的发射符合性进行判断，所以除了考虑整个测试系统从信号输入到输出全部路径所包含的测量设备和设施以及测量实施过程中所引入的不确定度外，还应考虑由受试设备的布置或受试设备的运行所引入的固有不确定度。因为固有不确定度的大小不仅超过了检测实验室的能力范围，也超出了受试设备制造商的控制能力。因此，在测量和被测双方对合格/不合格的判定规则没有达成一致，且相关领域无相关规范要求的情况下，建议采用 GB/T 18799.1 中规定的判定规则。在电磁兼容领域，一般依据 GB/T 6113.402 有关符合性评估的方法来判定。

对于情况（3），这属于权威机构对某个产品进行市场监管。不同检测实验室可能使用相同或不同的样品，受试设备的布置及其电缆摆放、端接不同等，都会对测量结果产生显著影响。所以，出于符合性测量的目的，不确定度评定也应考虑这一点。

对于情况（4），举一个很典型的例子，分别在 10m 法半电波暗室和 3m 法半电波暗室中用传统的辐射发射测量方法对同一受试设备进行测量，比对测试结果的一致性。由于将 10m 法的测量结果转换成 3m 法的结果比较烦琐，这种转换依赖于受试设备的类型（尺寸的大小、台式或落地式）及有关的不确定度，所以需要考虑一些额外的不确定度。

由于与受试设备有关的影响量，如单元的布置、电缆的布置以及运行模式的精确识别受到实际限制，本书后续章节主要针对测量设备和设施引入的不确定度展开讨论。

8.2   测量不确定度评定步骤

本节介绍的测量不确定度评定步骤与 CISPR、CNAS 有关文件中的 GUM 评定测量不确定度的步骤保持一致。在进行测量不确定度评定时，首先应明确被测量及可能对测试结果产生影响的所有影响量，然后分别评估每一个影响量的标准不确定度，最后再进行合成并评定扩展不确定度。评定流程如图 8-3 所示。

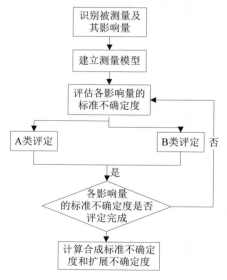

图 8-3   不确定度评定流程

8.2.1　识别被测量及其影响量

被测量的定义要求对被测的量的表述要清晰、明确。例如，辐射发射测量的被测量为 EUT 在指定距离处的最大电场强度,但没有明确如何得到该电场强度，那么在识别被测量的影响量时，容易出现遗漏、重复计算等。所以，为了识别不确定源和影响量，建议把标准或技术文件中的每一个技术要求和表述都作为一种可能的不确定度源或影响量来考虑，同时，原则上，测量步骤中的每一步均代表一种可能的不确定度源。那么，在半电波暗室中进行的与辐射发射测量有关的被测量更恰当的表述为被测量为 EUT 发射的最大场强。测量在半电波暗室内进行，EUT 放置在接地平面以上 0.8m 处，距离测量天线（混合天线）10m，EUT 在水平面内 0°～360° 旋转，测量天线分别处于水平和垂直极化状态，在接地平面以上 1～4m 高度范围内扫描。并规定如下要求：

（1）测试频率范围为 30MHz～1GHz。

（2）场强单位为 dBμV/m 。

（3）半电波暗室、试验桌、测量接收机满足 CISPR 要求。

（4）测量距离为刚好包围 EUT 测量布置的一个假想圆周边界到天线校准参考点之间的最短水平距离。

（5）使用自由空间天线系数。

被测量由式（8-1）推导得出：

$$E=V_r+ L_c+ F_A \tag{8-1}$$

式中：E 为被测量（dBμV/m）；V_r 为使用被测量表述中所规定的程序得到的最大电压读数（dBμV/m）；L_c 为天线和接收机之间测量电缆的损耗（dB）；F_A 为接收天线的自由空间天线系数（dB/m）。

准确识别被测量后，下一步需识别不确定度源和影响量。GUM 指出，测量不确定度的可能来源有以下十个方面。

（1）被测量的定义不完整。

（2）复现被测量的测量方法不理想。

（3）取样代表性不够（本类评定不涉及）。

（4）对测量过程受环境影响的认识不恰当,或对环境参数的测量与控制不完善。

（5）对模拟式仪表的读数存在认为偏差（辐射发射测量一般采用自动化软件，故不涉及）。

（6）测量仪器的计量性能。

（7）测量标准或标准物质的不确定度（本类评定不涉及）。

（8）引用数据或其他参数的不确定度。

（9）测量方法和测量程序的近似和假设。

（10）在相同条件下被测量在重复观测中的变化。

从式（8-1）可以看出，该不确定度是由接收机测得的电压的不确定度、电缆损耗的不确定度和天线系数的不确定度决定的。而测得的电压不确定度由 EUT、测量布置、测量程序、测量设备和设施以及环境引入的不确定度决定。图 8-4 给出了辐射发射测量方法有关的不确定度来源示意图。针对 8.1.3 节情况（1），因此处不考虑受试设备，图 8-4 所示受试设备的相关影响量无须考虑。

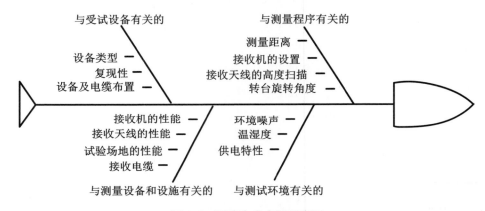

图 8-4 不确定度来源示意图

实际评定时，不确定度来源分析是最为关键也是最困难的环节，建议通过鱼骨图详细列出不确定度来源，这样做清晰明了，可有效防止对部分不确定度来源的忽略，也有助于避免对不确定度来源的重复计算。

下一步，分析确定图 8-4 列出的每一个不确定源对应的一个或多个影响量。表 8-1 给出了不确定源和影响量之间的关系。

表 8-1 辐射发射测量中不确定源与影响量之间的对应关系

不 确 定 源	对应影响量
与测量程序有关	
测量距离	测量距离
接收机的设置	接收机的设置
接收天线的高度扫描	高度扫描的步进
	起始和终止高度的允差
转台旋转角度扫描	转台旋转步进

续表

不 确 定 源	对应影响量
与测量设备和设施有关	
接收机的性能	接收机的读数准确度
	接收机正弦波电压的准确度
	接收机的脉冲幅度响应
	接收机脉冲响应随频率的变化
	接收机的本底噪声
	端口失配
接收天线的性能	自由空间天线系数
	天线系数的频率内插
	天线系数随高度的变化
	天线的方向性
	天线相位中心的变化
	天线的交叉极化响应
	天线的平衡
试验场地的性能	归一化场地衰减（NSA）的偏差
	试验桌材料的影响
	实验桌的高度允差
	接收天线塔的影响
接收电缆	天线和接收机间连接线缆的损耗
	失配
	前置放大器增益不稳定性（如使用）
与测试环境有关	
电磁环境信号	环境噪声（信号与环境电平之比）
气候环境	温湿度
电源	供电特性

8.2.2　建立测量模型

GUM 要求，在进行测量不确定度评定时，要给出被测量 Y 和各输入量 X_i 之间函数关系的数学表达式，并且该函数中应包含多种对测量结果有显著影响的量，包括修正值和修正因子。这种确定被测量与影响其测量不确定度的其他量之间关系的函数表达式，称为测量不确定度评定的测量模型，通常可表示为

$$Y = f(X_1, X_2, \cdots, X_n) \tag{8-2}$$

式中：Y 为被测量（或输出量）；X_n 为影响量（或输入量）。

建立合适的测量模型是测量不确定度评定合理与否的关键。评估不确定度

追求的是合理性和可靠性,而建立合理的测量模型是实现这一目标的关键所在。那么,测量模型的合理性如何体现?一是对被测量的测量结果的分散性有贡献的输入量(影响量)既不遗漏也不重复。二是输入量中尽量不包括或少包括相关量,以避免处理相对复杂的不确定度分量间的相关性问题。三是尽可能明确、具体地建立输出量和输入量之间的函数关系。

常用的测量模型有透明箱模型和黑箱模型,或者两者的组合。对于对测量原理比较明了可以清楚列出被测量计算公式的情况,测量模型可以从测量原理中直接得到(需要注意的是,不能机械地把测量模型等同于根据测量原理建立的被测量的计算公式,这必然会遗漏一些重要的输入量),这种测量模型称之为透明箱模型。但在很多情况下,对于许多输入量,建立与其输出量的确切的函数关系是不现实的,这时只能通过实践经验去估算其对测量结果的影响,把它们当作修正值或修正因子写进模型,这就是所谓的黑箱模型。一般测量模型的通式为透明箱模型和黑箱模型的组合。

在发射测量的不确定度评定中,通常根据理论公式、测量方法、实践经验等建立测量模型。一般,首先根据测量原理,从理论上导出初步的测量模型,即计算被测量或输出量的函数表达式。该测量模型中的所有输入量可能存在一定的不确定度,并直接影响着被测量;其次,根据测量方法、实践经验等,再一一补充初步测量模型中没有包括但对测量不确定度有显著影响的全部输入量,包括由于修正值的不可靠所引入的不确定度分量,以完善测量模型。这些输入量可能不影响输出量的估计值或者无法准确确定其对输出量估计值的影响,但根据认识或经验可以判定,它们均影响输出量的测量不确定度。

同样,以在半电波暗室中进行的辐射发射测量为例。由式(8-1),可得初步的测量模型为:

$$E_m = V_r + L_c + F_A \qquad (8\text{-}3)$$

根据测量不确定来源及其影响量的分析,应考虑测量程序、测量设备和设施以及环境对测量不确定度的影响。所以,完善后的测量模型可表示为:

$$E_m = V_r + L_c + F_A + \delta V_{sw} + \delta V_{pa} + \delta V_{pr} + \delta V_{nf} + \delta M + \delta AF_f + \delta AF_h +$$
$$\delta A_{dir} + \delta A_{ph} + \delta A_{cp} + \delta A_{bal} + \delta SA + \delta d + \delta h + \delta A_{NT}$$

式中: V_r 为使用被测量表述中所规定的程序,接收机的最大电压读数; L_c 为天线和接收机之间测量电缆的损耗; F_A 为接收天线的自由空间天线系数; δV_{sw} 为接收机正弦波电压; δV_{pa} 为接收机脉冲幅度响应; δV_{pr} 为接收机重复频率响应; δV_{nf} 为接收机噪声本底接近度; δM 为接收天线与接收机间的路径失配; δAF_f 为接收天线系数频率内插; δAF_h 为接收天线系数高度偏差; δA_{dir} 为接收天线方向性差别; δA_{ph} 为接收天线相位中心位置; δA_{cp} 为接收天线交叉极化; δA_{bal} 为接收天线平衡性; δSA 为测量场地不完善; δd 为测试距离; δh 为测量桌高度;

δA_{NT} 为台式设备测试中，放置 EUT 的测试桌材料。

8.2.3　评估各影响量的标准不确定度

8.2.2 节建立的测量模型可确定被测量（或输出量）与影响量（或输入量）之间的关系。要获得被测量 Y 的标准不确定度，首先需获得各输入量 X_i 估计值的标准不确定度 $u(X_i)$，其评定方法一般有 A 类评定和 B 类评定两类。

测量不确定度一般由若干分量组成，每个分量利用其概率分布的标准偏差估计值表征，称为标准不确定度。

A 类评定是指对在规定测量条件下测得的值，用统计分析的方法进行的测量不确定度分量的评定。规定测量条件是指重复性测量条件、期间精密度测量条件或复现性测量条件。一般用各输入量 X_i 的一系列测得值 x_i 的试验标准偏差来表征。

B 类评定是指用不同于 A 类评定的方法对测量不确定度分量进行的评定。也就是说，所有不同于 A 类评定方法的其他方法均称为 B 类评定，一般根据有关信息估计的先验概率分布得到的标准偏差来表征。有关信息主要包括：

（1）权威机构发布的量值。

（2）有证标准物质的量值。

（3）校准证书。

（4）仪器的漂移。

（5）经检定的测量仪器的准确度等级。

（6）根据人员经验推断的极限值等。

以上是关于标准不确定度的定义和解释。下面详细介绍两类评定方法。

1. 标准不确定度的 A 类评定

A 类评定的方法主要有贝塞尔法、合并样品标准差、极差法、最小二乘法等。当不便于在重复性测量条件下进行很多次测量，或者需要同时对许多个类似的被测量进行测量，并且它们的测量不确定度均相近时，可考虑采用合并样品标准差。当测量次数 $n(<10)$ 较少时，可考虑采用极差法。当输入量的估计值是由实验数据用最小二乘法拟合的曲线得到的，可以采用最小二乘法。贝塞尔法最为常用，具体方法如下。

在重复性条件或复现性条件下对同一被测量独立重复观测 n 次，得到 n 个测得值 $x_1, x_2, x_3, \cdots, x_n$，被测量 X 的最佳估计值可以用 n 个独立测得值的算术平均值 $\bar{x}$ 来表示：

$$\bar{x} = \frac{1}{n}\sum_{i=1}^{n}x_i \tag{8-4}$$

单次测得值 x_i 的实验标准差 $s(x_i)$ 可按下式计算：

$$s(x_i) = \sqrt{\frac{1}{n-1}\sum_{i=1}^{n}(x_i - \overline{x})^2} \tag{8-5}$$

式（8-5）称为贝塞尔公式。

根据定义，单次测得值的标准不确定度 $u(x_i)$ 为：

$$u(x_i) = s(x_i) = \sqrt{\frac{1}{n-1}\sum_{i=1}^{n}(x_i - \overline{x})^2} \tag{8-6}$$

实际测量中，有时采用多次（如 m 次）测量结果的平均值 $\overline{x}$ 作为被测量 X 的最佳估计值，此时 $\overline{x}$ 的标准不确定度可按下式计算：

$$u(\overline{x}) = s(\overline{x}) = \frac{s(x_i)}{\sqrt{m}} = \sqrt{\frac{1}{m(n-1)}\sum_{i=1}^{n}(x_i - \overline{x})^2} \tag{8-7}$$

需注意如下问题。

（1）以上公式中，一般要求 $n \geq 10$，如 n 值较小，可采用极差法获得标准差 $s(x_i)$。

（2）A 类评定评估的是输入量的估计值的标准不确定度，因此，首先要明确被测量的最佳估计值是什么，若估计值是单次测量的结果，则采用式（8-6）计算标准不确定度，若估计值是 m 次测量结果的平均值，则采用式（8-7）计算标准不确定度。

A 类评定方法通常比用其他评定方法所得到的不确定度更为客观，并具有统计学的严格性，但要求有充分的重复测量次数，且重复测量得到的值应相互独立，并尽可能考虑随机效应的来源，使其反应到每次的测得值中。

例如，在辐射发射测量中，接收机读数的不确定度取决于接收机的噪声、显示精确度和表的刻度内插误差。V_r 的估计值是单次测量的结果，其标准不确定度 $u(V_r)$ 可由贝塞尔公式直接得出。

2．标准不确定度的 B 类评定

B 类评定的方法是根据有关的信息或经验，获得输入量 X 估计值的扩展不确定度 U 或判断输入量的可能区间 $[\overline{x} - a, \overline{x} + a]$，假设被测量的概率分布，根据概率分布和要求的概率 p 确定置信因子 k，则 B 类标准不确定度为：

$$u_B = \frac{U}{k} \tag{8-8}$$

或

$$u_B = \frac{a}{k} \tag{8-9}$$

式中：U 为输入量 X 估计值的扩展不确定度；a 为输入量可能值区间的半宽度；k 为根据概率论获得的置信因子，当 k 为扩展不确定度的被乘因子时称为包含因子。

很明显，B 类评定的步骤如下。

（1）需要确定输入量 X 估计值的扩展不确定度 U 或输入量可能值区间的半宽度 a。

（2）进行输入量概率分布估计，选取包含因子。

扩展不确定度 U，一般通过产品说明书、校准证书、手册或其他资料中获得。但需注意核实校准证书上提供的 U 或者 U_P 是否是待评估输入量的扩展不确定度，避免对示值误差不确定度和计量标准装置不确定度的混淆使用。

区间半宽度 a，一般根据 B 类评定的定义中所提到的有关信息确定。

根据有关信息可确定输入量 X 的可能值以一定概率（如 90%）落入 $[b_-, b_+]$ 区间，则区间半宽度为 $a=\dfrac{b_+ - b_-}{2}$，假设 X 服从正态分布，则对应的标准不确定度为：

$$u(x)=\frac{b_+ - b_-}{2k_{90}} = \frac{b_+ - b_-}{2 \times 1.645} \tag{8-10}$$

通常情况下，得到的信息是输入量 X 可能值分布的极限范围，即输入量 X 的可能值落在区间 $[-a, +a]$ 范围内的概率为 100%，根据分布确定包含因子，即可得到相应的标准不确定度。常见分布在概率为 100% 时的包含因子 k 如表 8-2 所示。

表 8-2　常见分布在概率为 100% 时的包含因子 k

分 布 类 型	概率 p	包含因子 k
两点分布	1	1
反正弦分布	1	$\sqrt{2}$
矩形分布	1	$\sqrt{3}$
梯形分布	1	$\sqrt{6/(1+\beta)^2}$
三角分布	1	$\sqrt{6}$
正态分布	1	3

注：β 为梯形的上底与下底之比。

输入量概率分布估计及包含因子的选取，可遵循以下原则。

1）正态分布

（1）当输入量受许多随机影响量的影响，且它们各自之间的影响大小比较接近时，无论各影响量的概率分布是什么形式，该输入量可近似为正态分布。

（2）如果有校准证书或报告给出具有包含概率为 95%、99% 的扩展不确定度，除非另有说明，可按正态分布来估计。

2）矩形分布

（1）当利用有关信息或经验估计输入量可能值在一定区间范围内的概率为 100%，且该输入量落在该区间内的任意值处的可能性相同，则可假设为矩形分布。

（2）当对输入量的可能值落在区间内的情况缺乏了解时，一般假设为矩形分布。

（3）数字修约导致的不确定度，测量仪器的最大允许误差、分辨力导致的不确定度一般可近似为矩形分布。

3）三角分布

（1）若输入量落在区间中心的可能性最大，则可假设为三角分布。

（2）两相同宽度矩形分布的合成。

4）反正弦分布

若输入量落在区间中心的可能性最小，而落在该区间上限和下限的可能性最大，则可假设为反正弦分布。如失配引起的不确定度。

5）梯形分布

已知输入量的分布是两个不同大小的均匀分布合成时，则可假设为梯形分布。

根据以上原则确定输入量的概率分布后，即可根据概率大小直接获得包含因子。

8.2.4　计算合成标准不确定度

得到所有输入量估计值的标准不确定度后，需要将各分量合成以得到被测量 Y 的合成标准不确定度。如果各输入量之间存在相关性，合成时需要考虑相关输入量之间的协方差。如果测量模型存在显著的非线性，合成时还涉及考虑泰勒级数展开式中高阶项的问题，具体可以参见测量不确定度相关文献。

在半电波暗室中进行的辐射发射测量模型属线性模型，被测量 Y 的合成标准不确定度 $u_c(y)$ 可由如式（8-11）计算得出，通常称之为不确定度传播律。

$$u_c(y) = \sqrt{\sum_{i=1}^{N}\left[\frac{\partial f}{\partial x_i}\right]^2 u^2(x_i) + 2\sum_{i=1}^{N}\sum_{j=i+1}^{N}\frac{\partial f}{\partial x_i}\frac{\partial f}{\partial x_j}r(x_i, x_j)u(x_i)u(x_j)} \qquad （8-11）$$

式中：y 为被测量 Y 的估计值，又称输出量的估计值；x_i 为输入量 X_i 的估计值，又称第 i 个输入量的估计值；$\dfrac{\partial f}{\partial x_i}$ 为灵敏系数，表征输入量 x_i 的不确定度 $u(x_i)$ 影响被测量估计值的不确定度 $u_c(y)$ 的灵敏程度，也可用 c_i 表示；$u(x_i)$ 为输入量 x_i 的标准不确定度；$r(x_i, x_j)$ 为输入量 x_i 与 x_j 的相关系数，$r(x_i, x_j) u(x_i) u(x_j) = u(x_i, x_j)$，$u(x_i, x_j)$ 为输入量 x_i 与 x_j 的协方差。

在各输入量相互独立或各输入量之间的相关性可以忽略的情况下，相关系数 $r(x_i, x_j)=0$，被测量 Y 的合成标准不确定度 $u_c(y)$ 按式（8-12）计算：

$$u_c(y)=\sqrt{\sum_{i=1}^{N}\left[\frac{\partial f}{\partial x_i}\right]^2 u^2(x_i)} = \sqrt{\sum_{i=1}^{N} c_i^2 u^2(x_i)} \qquad (8\text{-}12)$$

其中，灵敏系数可以通过偏导数法或实验方法得到。对于线性模型，简单直接测量的灵敏系数等于 1，所以在后面的测量不确定度评定中均认为灵敏系数 c_i 等于 1。

对于各输入量相关性的处理，通过实验并计算两个输入量之间的相关系数费时费力，评定成本较高，除非确有必要，一般情况下应尽可能避免处理相关性，即尽可能取相关系数的值为 0。几种常用的相关性处理方法如下。

（1）确定数学模型时，应通过选择合适的测量方法尽量避免模型中包含具有相关性的输入量。

（2）如果已知两个输入量之间存在相关性，但相关性较弱或者两个输入量在合成标准不确定度中不起主要作用，则可忽略其相关性。

（3）如果两个输入量之间的相关性较强，可假设它们之间的相关系数为 1（此假设得到的合成不确定度会稍大，只要最终得到的扩展不确定度符合要求，合理地高估在大部分情况下是可取的），先合成，然后再按式（8-12）的方法与其他不相关的输入量估计值的标准不确定度合成。

8.2.5　计算扩展不确定度

扩展不确定度是被测量可能值包含区间的半宽度。扩展不确定度等于合成标准不确定度 $u_c(y)$ 与包含因子 k 的乘积，计算如下：

$$U=ku_c(y) \qquad (8\text{-}13)$$

测量结果可用式（8-14）表示：

$$Y=y\pm U \qquad (8\text{-}14)$$

式中：y 是被测量 Y 的估计值，被测量 Y 的可能值以较高的包含概率落在 $[y-U, y+U]$ 区间内，即 $y-U\leqslant Y\leqslant y+U$。被测量的 Y 可能值落在包含区间内的包含概率取决于包含因子 k。

扩展不确定度分为 U 和 U_p 两种。

1. 扩展不确定度 U

扩展不确定度 U 由下式计算得到：

$$U=ku_c(y) \qquad (8\text{-}15)$$

式中：k 由假设获取，一般取 2 或 3，大多数情况下取 2。如取其他值，应说明来源。

在无法判断被测量接近于何种分布时，扩展不确定度可以采用 U 表示，同时设定 $k=2$。实际上，正是由于无法判断被测量 Y 可能值的分布，即无法根据所要求的包含概率求出包含因子 k 的值，所以在缺乏相关信息的情况下，若取包含概率为 95%，可大约假设 $k=2$。对于工程和日常测量而言，取 95% 左右的包含概率已足够。

通常检测报告在给出扩展不确定度时，一般采用 $U(k=2)$ 表示，也不必评估各分量及合成标准不确定度的自由度。故本书未作自由度的相关介绍，后续关于扩展不确定度的实例介绍中也采用 $U(k=2)$ 表示。

2．扩展不确定度 U_p

扩展不确定度 U_p 由下式计算得到：

$$U_p=k_pu_c(y) \tag{8-16}$$

式中：k_p 是包含概率为 p 时的包含因子，由式（8-16）获得：

$$k_p=t_p(v_{eff}) \tag{8-17}$$

根据合成标准不确定度 $u_c(y)$ 的有效自由度 v_{eff} 和需要的包含概率 p，查阅《t 分布在不同概率 p 和自由度 v 时的 $t_p(v)$ 值（t 值）表》得到 $t_p(v_{eff})$，该值即为包含概率 p 时的包含因子 k_p。

当要求扩展不确定度所确定的区间具有接近规定的包含概率 p 时，扩展不确定度用 U_p 表示。当 p 为 95% 或 99% 时，分别表示为 U_{95} 和 U_{99}。当然，如果可以确定被测量 Y 可能值的分布不是正态分布，而是接近其他某种分布，则不应按式（8-16）计算 U_p。如 Y 可能值近似矩形分布，取 $p=95\%$ 时，$k_p=1.65$；取 $p=99\%$ 时，$k_p=1.71$。

8.3 测量不确定度评定实例

8.3.1 典型测量仪表引入的测量不确定度

本节以在半电波暗室中进行的辐射发射测量为例，对典型测量仪表引入的测量不确定度进行讨论。对于表 8-1 给出的辐射发射测量中测量设备和设施引入的不确定度源与影响量之间的对应关系，对接收机和接收天线性能的合理量化及其相应标准不确定度的评定对辐射发射测量结果的符合性评价至关重要。

1．接收机性能引入的测量不确定度

电磁骚扰测量接收机主要用于对连续波信号、脉冲信号等电磁骚扰信号的

测量，其测量动态范围大、灵敏度高。CISPR 16-1-1 规定了这种测量设备的性能指标和特性，在辐射发射测量前，需确认接收机满足规范要求，一般通过查阅设备规范书和校准报告的方式来确认。评价接收机性能指标的参数主要有输入阻抗、6dB 带宽、正弦波电压准确度、脉冲响应、选择性、互调效应的限制、接收机内噪声和机内乱真信号等。

1）端口失配

CISPR 16-1-1 规定，测量接收机的输入端口应采用非平衡式。接收机的典型输入阻抗应为 50Ω，在 9kHz～1GHz 频率范围内。当射频衰减为 0dB 时，端口电压驻波比（VSWR）不得超过 2.0。当射频衰减等于或大约 10dB 时，VSWR 不得超过 1.2。

射频电缆与接收机相连时的失配将影响被测信号的准确测量。失配取决于接收机的输入阻抗、接收机的输入衰减设置、天线阻抗、前置放大器的端口阻抗（如测量过程中使用了前置放大器）以及射频电缆的阻抗和衰减性能。一般情况下，接收天线在低频时回波损耗变差，为改善端口 VSWR 及匹配问题，需要在天线和电缆之间接入一个衰减器。当使用复杂天线时，需要确保从接收机向天线端口方向的阻抗符合驻波比小于 2.0 的要求。

通常，把天线端口接到双端口网络的端口 1 上，接收机端口连接到端口 2 上。这个双端口网络可以是电缆、衰减器、衰减器和电缆的串联或者其他部件的组合。根据如下公式，可以确定端口失配误差的极限值 $\delta M^{\pm}$ 为：

$$\delta M^{\pm} = 20\lg\left[1 \pm \left(\left|\Gamma_{e}\right|\left|S_{11}\right| + \left|\Gamma_{r}\right|\left|S_{22}\right| + \left|\Gamma_{e}\right|\left|\Gamma_{r}\right|\left|S_{11}\right|\left|S_{22}\right| + \left|\Gamma_{e}\right|\left|\Gamma_{r}\right|\left|S_{21}\right|^{2}\right)\right] \quad (8-18)$$

则端口失配估计值在 $(\delta M^{+} - \delta M^{-})$ 范围内，近似服从半宽度为 $\dfrac{\delta M^{+} - \delta M^{-}}{2}$ 的 U 型分布（即反正弦分布）。端口失配估计值的标准不确定度为：

$$u(\delta M) = \frac{\delta M^{+} - \delta M^{-}}{2\sqrt{2}} \quad (8-19)$$

如果使用前置放大器，则需要考虑天线端口和前置放大器输入端口之间以及前置放大器输出端口和接收机输入端口之间的失配不确定度。

2）正弦波电压准确度

CISPR 16-1-1 规定，当施加 50Ω 源阻抗的正弦波信号时，接收机测量的正弦波电压的允差不应超过±2dB（1GHz 以下）。如果校准报告仅表明接收机的正弦波电压测量误差在±2dB 范围内，则可认为正弦波电压准确度的估计值服从半宽度为 2dB 的矩形分布。如果校准报告表明接收机的正弦波电压测量误差优于 CISPR 16-1-1 的规定，如±adB，则该值可用于测量接收机正弦波电压准确度估计值的标准不确定度计算如下：

$$u(V_{\text{SW}}) = \frac{\alpha}{\sqrt{3}} \qquad (8\text{-}20)$$

如果校准报告给出了与参考值的偏差，则该偏差和校准实验室的测量不确定度应分别用于测量结果的修正和测量接收机的不确定度分量的计算。

3）脉冲幅度响应

CISPR 16-1-1 规定，接收机脉冲幅度响应符合±1.5dB 的允许误差限。通常，要对接收机的脉冲响应特性不理想作修正是不现实的。如果仪表规范书或校准证书表明接收机脉冲幅度响应符合±1.5dB 的允许误差限，则认为脉冲幅度响应的估计值服从半宽度为 1.5dB 的矩形分布。如果脉冲幅度响应在 CISPR 16-1-1 规定的±αdB（$\alpha \leqslant 1.5$）内得到验证，那么该值可用于测量接收机脉冲幅度响应估计值的标准不确定度计算如下：

$$u(V_{\text{pa}}) = \frac{\alpha}{\sqrt{3}} \qquad (8\text{-}21)$$

4）脉冲重复频率响应

由 CISPR 16-1-1 可知，接收机脉冲重复频率响应的允许误差限随重复频率和检波器类型的变化而变化，规定的典型允许误差限为 1.5dB。若仪表规范书或校准证书表明接收机脉冲重复频率响应符合技术指标规定的允许误差限，则认为脉冲重复频率响应的估计值服从半宽度为 1.5dB 的矩形分布。如果脉冲重复频率响应在 CISPR 16-1-1 规定的±αdB（$\alpha \leqslant 1.5$）内得到验证，那么该值可用于测量接收机脉冲重复频率响应估计值的标准不确定度计算如下：

$$u(V_{\text{pr}}) = \frac{\alpha}{\sqrt{3}} \qquad (8\text{-}22)$$

5）噪声本底接近度

对于辐射发射测量，接收机的本底噪声与限值的接近程度会影响那些接近辐射骚扰限值的测量结果。噪声的影响取决于信号类型和信噪比。较大的测量距离会减小骚扰电平与内部噪声之比，与天线相连的预放大器也会影响本底噪声，因此，很难给出由接收机的内部噪声电平引起的作为测量距离函数的不确定度的估计值，一般采用实际内部本底噪声与适用的发射限值的接近程度来评估噪声本底接近度的不确定度，服从矩形分布。

具体通过比较测量系统实际本底噪声（准峰值检波）与测量采用的限值，得到信噪比 S/N，在从图 8-5 获得该信噪比时，接收机测得的相对输入信号电平的偏差 αdB，那么该值可用于噪声本底接近度估计值的标准不确定度计算如下：

$$u(V_{\text{nf}}) = \frac{\alpha}{\sqrt{3}} \qquad (8\text{-}23)$$

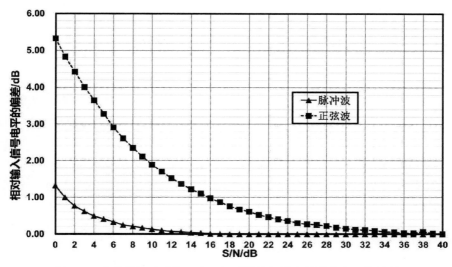

图 8-5 准峰值检波器指示电平相对接收机输入端信号电平的偏差

2. 接收天线性能引入的测量不确定度

接收天线的作用是空间电波能量与导行波（或高频电流）之间的转换。作为能量转换器，为了有效完成这种能量转换，需要接收天线只接收指定方向的来波，尽量减少其他方向的噪声，需要接收天线能够接收预定极化的电磁波，还要求接收天线与它的负载匹配。用于评价接收天线工作质量的电参数主要有天线系数/增益、方向图、方向性系数、输入阻抗、驻波比、极化系数、效率等。

1）自由空间天线系数

天线系数是入射电磁波在天线极化方向上电场强度与天线所接负载两端电压的比。用来表征天线的接收性能，并据此确定接收天线处的实际场强，由式（8-1）可知，天线系数的准确获得，直接影响测量结果的准确性。

因使用自由空间天线系数代替几何特定天线因子产生的测量不确定度最低，故 CISPR/A 建议使用自由空间天线系数。实际校准自由空间天线系数时，均以一定的频率间隔进行校准，天线为水平极化，位于参考地面以上 2m 高度，且校准过程会引入校准不确定度。故天线系数引入的测量不确定与校准频率间隔、校准不确定度有关。如实际测量时天线高度不断变化，则天线系数随高度的变化也会引入测量不确定度。如天线为对数周期天线，其相位中心随频率变化，而天线校准时一般以天线的几何中心作为相位中心来标定测量距离，如果天线系数校准不确定度未考虑该因素，那么需要在骚扰测量不确定度中考虑。下面将对各影响量分别讨论。自由空间天线系数的估计值以及扩展不确定度和包含因子都可以从校准报告中获得，所以自由空间天线系数估计值的标准不确定度为：

$$u(F_A) = \frac{U_{F_A}}{k} \qquad (8-24)$$

式中：U_{F_A} 为自由空间天线系数估计值的扩展不确定度；k 为包含因子。

2）天线系数的频率内插

天线校准报告通常给出若干离散频率处的天线系数的数据。一般情况下，商用接收天线的天线系数随着频率平滑地变化，所以两个频率中间处的频率对应的天线系数通常通过线性内插得到。与天线系数的频率内插有关的不确定度取决于校准报告中给出的最初频点的数量。两个相邻校准频率点对应的天线系数之差的一半的最大值用来评估天线系数频率内插的不确定度，且服从矩形分布。所以天线系数频率内插估计值的标准不确定度为：

$$u(\delta AF_f) = \frac{\delta AF_{f\,max}^{\pm}}{\sqrt{3}} \qquad (8-25)$$

式中：$\delta AF_{f\,max}^{\pm}$ 为两个相邻校准频率点对应的天线系数之差的一半的最大值。

还有一些天线，其天线系数随频率急剧变化，对于这种情况，按照式（8-25）计算的不确定度较大，可通过在天线校准中使用较小的频率步进来减小这种不确定度。

3）接收天线系数高度偏差

由于天线与其在接地平面内的镜像之间的互耦会导致天线系数的变化。在良好的导电接地平面上，当天线随高度扫描时，平均天线系数在幅值上与自由空间天线系数相近，所以通常情况下，用自由空间天线系数来代替与高度相关的天线系数。

天线系数随高度的变化与天线极化、天线类型和频率有关。对于水平极化存在实质影响，而对于垂直极化的影响大部分可以忽略。频率越高，距离相对波长更远，天线与其镜像的耦合就越小，一般 300MHz 以上天线系数随高度的变化可忽略。被测量为辐射发射的最大场强，测得最大场强时的天线高度和极化状态不定，假设可得到不同高度和极化状态下的天线系数（如从校准实验室获得），该天线系数与自由空间天线系数之差的最大值可用来评估与天线系数高度偏差有关的不确定度，且服从矩形分布。此时，天线系数高度偏差估计值的标准不确定度可由下式计算：

$$u(\delta AF_h) = \frac{\left| \delta AF_{h\,max}^{\pm} \right|}{\sqrt{3}} \qquad (8-26)$$

式中：$\left| \delta AF_{h\,max}^{\pm} \right|$ 为所有高度、极化状态下天线系数与自由空间天线系数之差的最大值。

4）天线的方向性

辐射发射测量用天线一般为定向宽带天线。在测量中，接收天线需要在 1～

4m 高度范围内升降，其接收方向不随高度变化，或天线垂头升降时，虽然其接收方向随高度变化，但因 EUT 尺寸、测量距离、天线波瓣宽度等因素的不同，且被测电场的入射角并不固定，也无法保证被测电场的入射角一直处在接收天线的半功率波瓣宽度范围内，因此被测电场场强会受到测量天线方向图的影响。GB/T 6113.104 对天线方向性有一定要求。假设试验场地具有接地平板，当 EUT 到天线的直射波和反射波两者或者之一不能进入到天线辐射方向图主瓣峰值位置时，则接收到的信号幅度将会减小。该峰值通常出现在天线的视轴方向上。这种幅度的减小被认为是辐射骚扰测量中的误差，其引入的测量不确定度允差基于其波瓣宽度 2φ。

图 8-6 给出了试验场地上 EUT 辐射发射的直射波和地面反射波（距离天线视轴的角度 φ 为波瓣宽度的一半）到达对数周期天线（未垂头）的示意图。图中量的定义见式（8-26）。

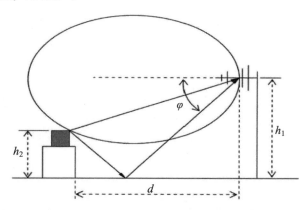

图 8-6　EUT 辐射发射的直射波和地面反射波到达对数周期天线的示意图

为确保天线方向性对辐射发射所引入的误差不大于 1dB，在 10m 测试距离时，需满足条件（1）；在 3m 测试距离时，需满足条件（2）。

（1）对于 10m 半电波暗室，天线的视轴平行于接地平板时，直射波方向上天线的响应与视轴上的幅值几乎相等。当反射方向上天线的响应比天线视轴上的响应低不到 2dB 时，骚扰测量中方向性分量的不确定度将小于 1dB。为确保这种条件，在与天线最大增益相差 2dB 的范围内，测量天线垂直方向上的总波瓣宽度 2φ 应满足以下条件：

$$\varphi > \tan^{-1}\left[\left(h_1 + h_2\right)/d\right] \tag{8-27}$$

（2）对于尺寸小于 10m 的场地，典型为 3m，在与天线最大增益相差 1dB 的范围内，测量天线垂直方向上的总波瓣宽度 2φ 应满足以下条件：

$$2\varphi > \left(\tan^{-1}\frac{h_1 + h_2}{d}\right) - \left(\tan^{-1}\frac{h_1 - h_2}{d}\right) \tag{8-28}$$

式中：h_1 为测量天线参考点与参考地面之间的距离；h_2 为 EUT 中心与参考地面之间的距离；d 为测试距离，是 EUT 与测量天线相位中心之间的水平距离。

为此，需要向下倾斜天线使得直射波和反射波全部包含在天线的主波瓣宽度内，如图 8-7 所示。如果没有采用向地面倾斜的方法来减小相关的不确定度，则应通过辐射方向图的计算结果来修正所减小的幅度，或作为方向性的不确定度的估值。

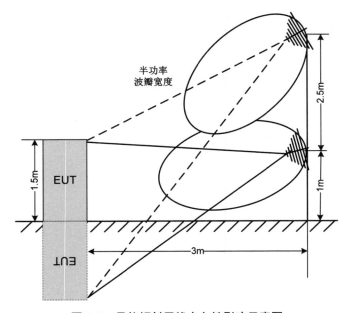

图 8-7　最佳倾斜天线方向性影响示意图

对于在垂直面内具有非均匀的辐射方向图的天线，假设方向性的影响为 $-x_i$，那么可以用 x_i 来计算不确定度。例如，在图 8-6 中，假定测试距离为 3m，x_i 约为 6.4dB，服从矩形分布，则方向性引入的不确定度 $u(\delta A_{\mathrm{dir}})$=1.8dB；具有最佳倾斜的非均匀辐射方向图的垂直极化天线，x_i 约为 1.5dB，因此，不确定度 $u(\delta A_{\mathrm{dir}})$=0.43dB。

5）天线相位中心的变化

大多数天线的相位中心并不在同一点上。而在实际使用中，一般把天线的几何中心默认为天线的相位中心。使用接收天线的相位中心作为参考点有利于确定 EUT 和接收天线之间的测试距离，因为相位中心是天线上应用自由空间天线系数的点。对于对数周期天线或者混合天线，天线的相位中心随着频率的变化而发生变动，故实际测量距离是作为频率的函数发生变化的。测试距离（天线参考点与 EUT 之间的距离）越小，这种距离变化的影响就越大。对于相位中心与参考点一致的天线，如调谐偶极子天线和双锥天线，这种不确定度可以忽略。

与天线相位中心的变化有关的不确定度与天线类型有关，其半宽度需考虑实际相位中心与标识相位中心的差异所引起的误差的影响、并假设场强与距离呈反比来评估。具体可以通过确定天线相位中心随频率变化的范围来进行该不确定度分量的评定，符合矩形分布。

对于对数周期天线，相位中心均处在对数周期天线的辐射区内，即振子臂长接近谐振长度（$\lambda/2$）附近。如图 8-8 所示，对数周期天线相位中心随频率变化直接导致测试距离的变化，不同频率时接收天线相位中心与天线参考点之间的最大水平距离之差 $\Delta R_{\max} = \max\left(|d_1 - R|, |d_2 - R|\right)$，服从矩形分布。

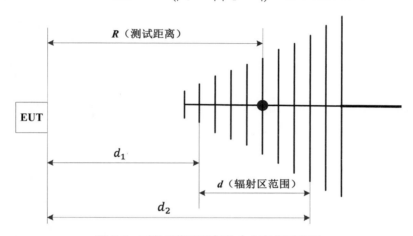

图 8-8　对数周期天线相位中心变化示意图

故天线相位中心变化估计值的标准不确定度可由下式计算：

$$u(\delta A_{\mathrm{ph}}) = \frac{\left|20\lg\left(\dfrac{R \pm \Delta R_{\max}}{R}\right)\right|}{\sqrt{3}} \tag{8-29}$$

式中：R 为测试距离，即天线参考点与 EUT 之间的距离；$\Delta R_{\max}$ 为不同频率时接收天线相位中心与天线参考点之间的最大水平距离之差。

6）天线的交叉极化响应

天线的极化通常是指天线在其最大辐射方向上波的极化。天线的交叉极化则表明相对于同极化的入射平面波，天线是如何对交叉极化的入射平面波产生响应的。在辐射发射测量中，要求测量天线分别在水平和垂直两种极化情况下进行测量，但由于交叉极化响应的存在，天线除接收预定极化（主极化）的波以外，还接收非预定极化（交叉极化）的波，天线的这种特性将影响辐射发射的测量结果。CISPR 16-1-4 要求，当天线置于线极化的电磁场中时，天线和场交叉极化时的端电压应至少比它们在同极化时的端电压低 20dB。

双锥天线的交叉极化性能响应可以忽略，对数周期天线的交叉极化响应通常不可忽略。交叉极化响应的误差定义为 $201\mathrm{g}\left(1\pm10^{(y-x)/20}\right)$，其中 x 为线性响应，y 为交叉极化响应，单位为 dBμV。可通过测量获得天线的线性响应 x 和交叉极化响应 y，进而根据定义计算交叉极化响应误差限；也可从天线的技术资料中获得交叉极化抑制，假设为 $M\mathrm{dB}$（$M\geqslant20$），对应于交叉极化响应误差定义公式，如 x 为 0dB，则 y 为$-M\mathrm{dB}$，则天线交叉极化响应估计值的可能范围可由下式计算：

$$\delta A_{\mathrm{cp}}^{\pm} = 201\mathrm{g}\left(1\pm10^{-M/20}\right) \tag{8-30}$$

因此，对于对数周期天线，天线交叉极化响应估计值的标准不确定度可计算如下：

$$u(\delta A_{\mathrm{cp}}) = \frac{\max\left(\left|\delta A_{\mathrm{cp}}^{+}\right|, \left|\delta A_{\mathrm{cp}}^{-}\right|\right)}{\sqrt{3}} \tag{8-31}$$

式中：$\delta A_{\mathrm{cp}}^{+}$ 为天线交叉极化响应估计值可能范围的上限；$\delta A_{\mathrm{cp}}^{-}$ 为天线交叉极化响应估计值可能范围的下限。

7）天线的平衡性

辐射发射测试中，与接收天线连接的射频电缆上可能会产生共模（CM）电流，产生的主要因素有：

（1）EUT 产生的电场有平行于天线馈线的分量；

（2）受接收天线平衡—不平衡转换器的非理想特性的影响，接收天线接收的差模（DM）信号（有用信号）转变为共模信号，由此产生的电磁场可能被接收天线接收，影响测试结果。

以上射频电缆上产生共模电流的影响因素（1）尚在考虑中，实际测量时可通过延长原有水平走线数米的办法来减小。以下主要就平衡—不平衡转换器的影响展开讨论。偶极子天线、双锥天线和混合天线具有显著的 DM/CM 转换，作为接收天线，应具有很好的平衡性。即收发天线同时处于垂直极化时，接收天线在正常使用时的垂直极化状态和将天线旋转 180°后的垂直极化状态下分别测试，所得测试结果的差异应足够小。CISPR16-1-4 要求，该差异应在±1dB以内，可以将 1dB 作为不确定度估计值的半宽度来评估天线平衡性估计值的标准不确定度，服从矩形分布。也可以通过比较接收天线在以上两种状态下的测试结果，计算 DM/CM 转换系数 $\left|201\mathrm{g}(U_1/U_2)\right|$，将此值作为不确定度估计值的半宽度来评估，由此得到的标准不确定度相对更小。天线平衡性估计值的标准不确定度计算如下：

$$u(\delta A_{\mathrm{bal}}) = \frac{\left|201\mathrm{g}(U_1/U_2)\right|}{\sqrt{3}} \tag{8-32}$$

式中：U_1 为接收天线在正常使用时的垂直极化状态下测得的结果；U_2 为将天线旋转 180° 后的垂直极化状态下测得的结果。

8.3.2　辐射发射测量不确定度评定

本节给出了假设 EUT 为台式设备、测量距离为 10m，在半电波暗室内进行辐射发射测试的典型不确定度评估示例。EUT 放置在 0.8m 高度的测试桌上，测量天线为混合天线，测量结果取天线水平和垂直极化状态下测量数据的最大值。

1．识别被测量及其影响量

根据测试原理，确定被测量为 EUT 辐射发射的最大场强。

通过对测试系统组成、测试步骤的详细分解、测试结果的计算等，识别到接收机性能、接收天线性能、半电波暗室场地性能、测试电缆、前置放大器、测试系统的重复性对测试结果有不可忽略的影响。

2．建立测量模型

按照 8.2.2 节的介绍建立测量模型。

3．标准不确定度评定

1）接收机读数——V_r

V_r 的估计值是对稳定信号多次测量（测量次数在 10 次以上）所得读数的平均值，其标准不确定度 $u(V_r)$ 可由式（8-7）直接得出（$k=1$）。

射频线缆（尽量短）的两端分别接信号发生器（发射稳定）的输出端和接收机的输入端，使用接收机测量信号发生器的输出电平，接收机设置与实际测试相同，独立进行 10 次重复测量，得到若干频点处的 10 组数据，按式（8-7）计算各频点处的实验标准差，取所有标准差的最大值作为接收机读数估计值的标准不确定度。计算得 108MHz 时实验标准差最大，为 0.1dB，则标准不确定度为：

$$u(V_r)=0.1dB$$

2）天线和接收机之间测量电缆的损耗——L_c

测试系统中，天线和接收机之间除了连接测量电缆外，还连接了前置放大器，此处将前置放大器作为测量电缆的一部分。使用网络分析仪校准测量电缆和前置放大器，独立进行 10 次重复测量，每次测量时间间隔 30min。计算得 933MHz 时，10 次校准值间的偏差最大，为 0.16dB，可认为 L_c 估计值服从半宽度为 0.08dB 的矩形分布，标准不确定度为：

$$u(L_c) = \frac{0.08}{\sqrt{3}} dB = 0.05dB$$

注意，此处未考虑网络分析仪校准引入的测量不确定度。

3）自由空间天线系数——F_A

从天线校准报告中获得，自由空间天线系数估计值的扩展不确定度为1.2dB，包含因子为2。则标准不确定度为：

$$u(F_A) = \frac{1.2}{2}dB = 0.6dB$$

4）接收机正弦波电压——δV_{SW}

校准报告表明接收机的正弦波电压测量误差在±1dB 范围内，服从矩形分布。则标准不确定为：

$$u(\delta V_{SW}) = \frac{1}{\sqrt{3}}dB = 0.58dB$$

5）接收机脉冲幅度响应——δV_{pa}

仪表规范书表明接收机脉冲幅度响应符合±1.5dB 的允许误差限，服从矩形分布。标准不确定度为：

$$u(\delta V_{pa}) = \frac{1.5}{\sqrt{3}}dB = 0.87dB$$

6）接收机脉冲重复频率响应——δV_{pr}

仪表规范书表明接收机脉冲重复频率响应符合±1.5dB 的允许误差限，服从矩形分布。标准不确定度为：

$$u(\delta V_{pr}) = \frac{1.5}{\sqrt{3}}dB = 0.87dB$$

7）接收机噪声本底接近度——δV_{nf}

使用日常测试方法，测得系统实际本底噪声（准峰值检波的最大值），与B 级设备在测试距离为 10m 处的辐射骚扰限值相比，得到最小信噪比 $S/N=15dB$。从图 8-5 中获得该信噪比时，相对输入信号电平的偏差为 1.06dB，服从矩形分布。标准不确定度为：

$$u(\delta V_{nf}) = \frac{1.06}{\sqrt{3}}dB = 0.62dB$$

8）接收天线与接收机间的路径失配——δM

分别考虑天线端口和前置放大器输入端口之间以及前置放大器输出端口和接收机输入端口之间的失配不确定度。

使用网络分析仪测量天线端口与前置放大器之间路径的 S 参数值，从设备说明书中获得天线端口、前置放大器输入端口的驻波比，计算得天线端口的反射系数 $\Gamma_e = 0.20$，前置放大器输入端口的反射系数 $\Gamma_r = 0.46$，代入式（8-18），计算的端口失配误差的极限值 $\delta M_1^+ = 0.79dB$，$\delta M_1^- = -0.86dB$。近似服从 U 型分布（即反正弦分布）。则标准不确定度为：

$$u(\delta M_1) = \frac{\delta M_1^+ - \delta M_1^-}{2\sqrt{2}} = \frac{0.79 + 0.86}{2\sqrt{2}}\text{dB} = 0.58\text{dB}$$

前置放大器输出端口和接收机输入端口之间的路径失配同上，可得前置放大器输出端口和接收机输入端口之间路径失配误差的极限值 $\delta M_2^+ = 0.27\text{dB}$，$\delta M_2^- = -0.28\text{dB}$。则标准不确定度为：

$$u(\delta M_2) = \frac{\delta M_2^+ - \delta M_2^-}{2\sqrt{2}} = \frac{0.27 + 0.28}{2\sqrt{2}}\text{dB} = 0.19\text{dB}$$

接收天线与接收机间的路径失配标准不确定度为：

$$u(\delta M) = \sqrt[2]{u(\delta M_1)^2 + u(\delta M_2)^2} = 0.61\text{dB}$$

9）接收天线系数频率内插——δAF_f

计算出所有相邻校准频率点对应的天线系数之差的一半，取最大值 $\delta AF_{\text{f}\ \text{max}}^{\pm} = 1.75\text{dB}$ 为分布区间半宽度，服从矩形分布。所以天线系数频率内插估计值的标准不确定度为：

$$u(\delta AF_\text{f}) = \frac{1.75}{\sqrt{3}}\text{dB} = 1.01\text{dB}$$

10）接收天线系数高度偏差——δAF_h

由于无法得到接收天线随高度变化特性的有效数据，此处参考 CISPR 16-4-2 给出的建议值，取分布区间半宽度为 1dB，服从矩形分布。则标准不确定度为：

$$u(\delta AF_\text{h}) = \frac{1}{\sqrt{3}}\text{dB} = 0.58\text{dB}$$

11）接收天线方向性差别——δA_dir

实际测试时，接收天线未垂头，测试距离为 10m。依据 CISPR 16-4-2 建议，对数周期天线的方向性的影响在 ±0.5dB 以内，服从矩形分布。则标准不确定度为：

$$u(\delta A_\text{dir}) = \frac{0.5}{\sqrt{3}}\text{dB} = 0.29\text{dB}$$

注意，复合天线的对数周期部分较对数周期天线更接近于 EUT，考虑到该距离差相对 10m 测试距离很小，在此忽略。

12）接收天线相位中心位置——δA_ph

天线的技术规范书中没有给出天线的相位中心在水平距离上随频率变化的范围，天线校准证书中有关天线系数的校准结果也未包含对天线相位中心的修正。天线振子间最大距离为 0.93m，不同频率时接收天线相位中心与天线参考点之间的最大水平距离之差 ΔR_max 不会超过 0.47m。则分布区间为

$$\left(20\lg\left(\frac{10-0.47}{10}\right),20\lg\left(\frac{10+0.47}{10}\right)\right)，\text{即}（-0.42\text{dB}，0.40\text{dB}），服从矩形分布，$$

天线相位中心变化估计值的标准不确定度为：

$$u(\delta A_{\text{ph}})=\frac{0.42}{\sqrt{3}}\text{dB}=0.24\text{dB}$$

13）接收天线交叉极化——δA_{cp}

从天线技术规范书中获得，天线交叉极化抑制比小于 20，则天线测量的同极化场强的误差为±0.9dB，服从矩形分布。标准不确定度为：

$$u(\delta A_{\text{cp}})=\frac{0.9}{\sqrt{3}}\text{dB}=0.52\text{dB}$$

14）接收天线平衡性——δA_{bal}

天线技术规范书表明，天线的 DM/CM 转换系数在±1dB 以内，服从矩形分布。则标准不确定度为：

$$u(\delta A_{\text{bal}})=\frac{1}{\sqrt{3}}\text{dB}=0.58\text{dB}$$

15）测量场地不完善——δSA

从测试场地检测报告中获得归一化场地衰减（NSA）满足±2.46dB，服从三角分布。则标准不确定度为：

$$u(\delta SA)=\frac{2.46}{\sqrt{6}}\text{dB}=1.00\text{dB}$$

16）测试距离——δd

理论测试距离为 10m，根据经验确定在标定测试距离时可能出现的偏差范围为±0.1m，服从矩形分布。分布区间半宽度为 $\left(20\lg\left(\frac{10-0.1}{10}\right),20\lg\left(\frac{10+0.1}{10}\right)\right)$，即（-0.09dB，0.09dB），标准不确定度为：

$$u(\delta d)=\frac{0.09}{\sqrt{3}}\text{dB}=0.05\text{dB}$$

17）测量桌高度——δh

该不确定度分量符合正态分布，测试桌高度误差范围为±0.01m，95%包含概率时（$k=2$），扩展不确定度为±0.1dB，所以标准不确定度为：

$$u(\delta h)=\frac{0.1}{2}\text{dB}=0.05\text{dB}$$

18）放置 EUT 的测试桌材料——δA_{NT}

在有测试桌和无测试桌两种情况下（发射天线位于测试桌上方），用网络分析仪测试收发天线之间的 $S21$ 参数，计算所有频点上测得的两种情况下 $S21$ 参数的差异。结果显示，在 31.5MHz 时，两者差异最大，为 0.92dB，如表 8-3

所示。

表 8-3　有测试桌和无测试桌情况下的测试结果差异

频率/MHz	有测试桌 S21/dB	无测试桌 S21/dB	最大差异/dB
31.5	−77.11	−78.03	0.92

服从矩形分布。则标准不确定度为：

$$u(\delta A_{\mathrm{NT}}) = \frac{0.92}{\sqrt{3}}\,\mathrm{dB}=0.53\mathrm{dB}$$

4．计算合成标准不确定度和扩展不确定度

将上述所有不确定度评估要素汇总并计算得出合成标准不确定度和扩展不确定度，如表 8-4 所示。

表 8-4　不确定度评估值（30MHz～1GHz）

输入量 X_i		不确定度类别	X_i 的不确定度		标准不确定度 $u(x_i)$ /dB	灵敏度系数 c_i /dB	$c_i u(x_i)$ /dB
			不确定度 /dB	概率分布包含因子 k			
接收机读数	V_r	A	±0.10	1	0.10	1	0.10
天线和接收机之间测量电缆的损耗	L_c	B	±0.08	$\sqrt{3}$	0.05	1	0.05
自由空间天线系数	F_A	B	±1.2	2	0.60	1	0.60
接收机正弦波电压	δV_{sw}	B	±1	$\sqrt{3}$	0.58	1	0.58
接收机脉冲幅度响应	δV_{pa}	B	±1.5	$\sqrt{3}$	0.87	1	0.87
接收机脉冲重复频率响应	δV_{pr}	B	±1.5	$\sqrt{3}$	0.87	1	0.87
接收机噪声本底接近度	δV_{nf}	B	±1.06	$\sqrt{3}$	0.62	1	0.62
接收天线与接收机间的路径失配	δM	B	−0.86/0.79	$\sqrt{2}$	0.83	1	0.58
			−0.28/0.27		0.28		0.19
接收天线系数频率内插	δAF_f	B	±1.75	$\sqrt{3}$	1.01	1	1.01
接收天线系数高度偏差	δAF_h	B	±1	$\sqrt{3}$	0.58	1	0.58
接收天线方向性差别	δA_{dir}	B	±0.5	$\sqrt{3}$	0.29	1	0.29
接收天线相位中心位置	δA_{ph}	B	±0.42	$\sqrt{3}$	0.24	1	0.24

续表

输入量 X_i		不确定度类别	X_i 的不确定度		标准不确定度 $u(x_i)$ /dB	灵敏度系数 c_i /dB	$c_i u(x_i)$ /dB
			不确定度 /dB	概率分布包含因子 k			
接收天线交叉极化	δA_{cp}	B	±0.9	$\sqrt{3}$	0.52	1	0.52
接收天线平衡性	δA_{bal}	B	±1	$\sqrt{3}$	0.58	1	0.58
测量场地不完善	δSA	B	±2.46	$\sqrt{6}$	1.00	1	1.00
测试距离	δd	B	±0.09	$\sqrt{3}$	1.00	1	0.05
测量桌高度	δh	B	±0.1	2	0.05	1	0.05
放置 EUT 的测试桌材料	δA_{NT}	B	±0.92	$\sqrt{3}$	0.53	1	0.53

注: 1. 合成标准不确定度为 2.52dB。

2. 取包含因子 $k=2$。

3. 扩展不确定度为 5.04dB。

8.4　测量不确定度的应用

8.4.1　两个或多个实验室之间的比对

为评估某种测量方法的性能特征，验证设备状态或人员能力，或者验证实验室测量能力的持续保持，经常需要对同一个被测量做两次或多次重复测量或者比较两个或多个实验室测量结果的一致性。在电磁兼容检测实验室的认可工作中要求检测实验室每两年应至少参加一次能力验证活动，以监控实验室能力水平，能力验证的基本方法也就是进行多个实验室之间的比对。

比对实施中需要进行统计分析和评价，以更直观地显示比对结果的一致性程度，并得出合理的比对结论。

1. 有约定量值的比对统计分析方法

假设比对测量时，两次或多次测量中所有的不确定度分量均不相关，被测量的约定值，即测量对象的参考值 y_{ref} 及其扩展不确定度 U_{ref} 已知（一般由权威机构给出），通常取包含因子 $k=2$。则每个实验室的测量结果 y_{lab} 与参考值 y_{ref} 之差不应超过两者的扩展不确定度的合成，可得：

$$\left| y_{lab} - y_{ref} \right| \leqslant \sqrt{U_{lab}^2 + U_{ref}^2} \tag{8-33}$$

式中：U_{lab} 为实验室测得值对应的扩展不确定度；U_{ref} 为参考值对应的扩展不确定度。

在能力验证的统计分析中，一般将各参加实验室的测量结果与参考值相比，此时应考虑各参加实验室声称的测量不确定度和参考值的不确定。通常用指标 E_n 来评价各参加实验室给出的测量结果，定义为：

$$E_n = \frac{y_{\text{lab}} - y_{\text{ref}}}{\sqrt{U_{\text{lab}}^2 + U_{\text{ref}}^2}} \tag{8-34}$$

若 $|E_n| \leqslant 1$，表明参加实验室的测量能力为满意，否则实验室参加本次能力验证失败，测试结果不满意，需要采取措施。值得一提的是，对于参加实验室，评定并给出合适的测量不确定度，与给出准确的测量结果一样重要。如给出的测量不确定度过小，可能使得原本相对比较满意的测量结果因 E_n 值大于 1 而出现不满意的结论；如果测量不确定度过大，虽会使 E_n 值变小，但同时比较大的不确定度又表示测量水平相对较差。所以，应谨慎使用 E_n，特别是在无法保证测量不确定度是否值得信任的情况下。或者组织方会对参加实验室提供的不确定度作规定，如不能低于某一值。

2．无约定量值的比对统计分析方法

如果被测量的约定量值未知，分以下几种情况讨论。

1）同一实验室内两次测量结果之间的比对

假设对被测量 Y 在相同条件下进行两次重复测量，测得值分别为 y_1 和 y_2，对应的测量不确定度 $U(y_1)=U(y_2)=U(y)$。假设两次测量中所有的不确定度分量均由随机效应引起，都不相关，由式（8-31）可得

$$|y_1 - y_2| \leqslant \sqrt{U(y_1)^2 + U(y_2)^2} = \sqrt{2}U(y) \tag{8-35}$$

2）两个实验室间比对

因两个被比较的测量结果是由两个不同的实验室在规定条件下测量的，两次测量中所有的不确定度分量一般均不相关。可采用下式分析和评定比对结果：

$$|y_1 - y_2| \leqslant \sqrt{U(y_1)^2 + U(y_2)^2} \tag{8-36}$$

需要注意的是，无论是同一实验室内的比对还是实验室间比对，在被测量的约定量未知的情况下，一般仅可判定两组测得值之间的一致程度，无法得出满意或不满意的结论，既无法判定两次测量的系统偏差大小，也无法判定哪个实验室的系统偏差大。

3）多个实验室间比对

在无法给出被测对象的约定量的情况下，一般采用各参加比对实验室提供的测量结果的算术平均值、中位值或其他稳健统计量作为被测量的约定值。当然，需要通过技术手段确认各参加实验室测量结果中是否存在离群值，如有须将其剔除后再计算约定值。

以所有参加实验室测量结果的算术平均值作为被测量的约定量值为例，使

用 E_n 来评价各参加实验室的测试结果。假设各实验室的测量结果分别为 y_1, y_2, y_3, $\cdots$, y_n，所有参加实验室所提供的测量不确定度很接近（该情况很常见），即 $u(y_1) \approx u(y_2) \approx \cdots \approx u(y_n) = U_{\text{lab}}$，则所有参加实验室测试结果的算术平均值 $\overline{y}$ 为：

$$\overline{y} = \frac{1}{n} \sum_{i=1}^{n} y_i$$

$$y_j - \overline{y} = \frac{n-1}{n} y_j - \frac{1}{n} \sum_{i=1, i \neq j}^{n} y_i$$

等式两边求方差，可得：

$$u^2 \left(y_j - \overline{y} \right) = \left(\frac{n-1}{n} \right)^2 u^2(y_j) + \left(\frac{1}{n} \right)^2 \sum_{i=1, i \neq j}^{n} u^2(y_i) = \frac{n-1}{n} u^2(y_j)$$

于是，

$$u \left(y_j - \overline{y} \right) = \sqrt{\frac{n-1}{n}} \cdot u(y)$$

或

$$U \left(y_j - \overline{y} \right) = \sqrt{\frac{n-1}{n}} \cdot U_{\text{lab}}$$

因此，每个实验室的测量结果与算术平均值之差应满足

$$\left| y_j - \overline{y} \right| \leqslant \sqrt{\frac{n-1}{n}} \cdot U_{\text{lab}} \tag{8-37}$$

用 E_n 表示，第 j 个实验室的 E_{nj} 为：

$$E_{nj} = \frac{y_j - \overline{y}}{\sqrt{\frac{n-1}{n} \cdot U_{\text{lab}}}} \tag{8-38}$$

若 $\left| E_{nj} \right| \leqslant 1$，表明该实验室测量结果为满意，否则为不满意，需查找原因，采取措施。

在能力验证的统计分析中，由于离群值的剔除在实际操作中非常困难，一般采用受离群值影响比较小的统计量，如用中位值代替平均值作为约定量值 X，用标准四分位距（IQR）代替标准偏差作为能力评定标准差 σ。一种稳健统计法，Z 比分数表示为：

$$Z = \frac{x - X}{\sigma} \tag{8-39}$$

评定方法为：

$|Z| \leqslant 2$，表明测量结果满意；

$2 < |Z| < 3$，表明测量结果可疑，应仔细检查测量结果是否存在问题；

$|Z| \geqslant 3$，表明测量结果不满意，应采取措施。

8.4.2　测量仪器或系统的期间核查

为保持检测设备、设施、系统校准状态的可信度，实验室需制定专门的期间核查要求和程序，并按照相关要求或程序对需要进行期间核查的电磁兼容检测用设备、设施、系统开展期间核查。期间核查是检测设备、设施、系统在相邻两次校准之间或在使用过程中，按照规定程序验证其计量特性或功能能否持续满足方法要求或规定要求而进行的操作。

首先，选择合适的比较稳定的实物量具（其对测量结果的影响相对较小，可以忽略）用作核查标准，确定参考值 x_s，即为核查标准赋值。一般有如下两种方法。

方法一：由高一级的计量标准将参考值 x_s 赋予核查标准。

方法二：实验室通过附加测量自行将参考值 x_s 赋予核查标准。

测量仪器经高一级计量标准检定（或校准）后，认为此时仪器状态可信，应立即按照规定的方法使用该测量仪器进行一组附加测量，如重复测量 k 次（$k \geq 10$），以 k 次测量结果的算术平均值 $\bar{x}_0$ 作为参考值 x_s，即 $x_s = \bar{x}_0$。

或者如果可以从仪器校准证书中查到仪器待核查参数的示值误差 δ，可以用式（8-38）确定参考值 x_s。

$$x_s = \bar{x}_0 - \delta \tag{8-40}$$

接着，按照期间核查计划的时间间隔（一般为两次校准之间），使用测量仪器同样按照核查标准赋值的方法对核查标准进行重复测量。记录 m 次（$m \geq 10$，m 可以不等于 k）重复测量结果的算术平均值 $\bar{x}_1$。

最后，引入判定规则：

$$H = \left| \frac{\bar{x}_1 - x_s}{U} \right| \tag{8-41}$$

或

$$H = \left| \frac{\bar{x}_1 - x_s}{MPE} \right| \tag{8-42}$$

式中：U 为测量仪器的扩展不确定度；MPE 为测量仪器的最大允许误差。

当 $H \leq 1$ 时，认为期间核查合格，设备的状态得到有效保持；当 $H > 1$ 时，认为期间核查不合格。

参 考 文 献

[1] 国家质量监督检验检疫总局. 测量不确定度评定与表示：JJF 1059.1-2012[S]. 北京：

中国质检出版社，2013.

[2] 中华人民共和国国家质量监督检验检疫总局，中国国家标准化管理委员会. 无线电骚扰和抗扰度测量设备和测量方法规范 第 1-4 部分：无线电骚扰和抗扰度测量设备辐射骚扰测量用天线和试验场地：GB/T 6113.104-2021[S]. 北京：中国标准出版社，2021.

[3] 中华人民共和国国家质量监督检验检疫总局，中国国家标准化管理委员会. 无线电骚扰和抗扰度测量设备和测量方法规范 第 4-1 部分：不确定度、统计学和限值建模标准化 EMC 试验的不确定度：GB/Z 6113.401-2018/ CISPR/TR 16-4-1:2009[S]. 北京：中国标准出版社，2018.

[4] 中华人民共和国国家质量监督检验检疫总局，中国国家标准化管理委员会. 无线电骚扰和抗扰度测量设备和测量方法规范 第 4-2 部分：不确定度、统计学和限值建模测量设备和设施的不确定：GB/T 6113.402-2018/CISPR 16-4-2:2014[S]. 北京：中国标准出版社，2018.

[5] 中国合格评定国家认可委员会. 无线电领域测量不确定度评估指南及实例：CNAS-GL026：2018[S/OL]. [2018-03-01]. https://www.cnas.org.cn/rkgf/sysrk/rkzn/2018/03/889148.shtml.

[6] 倪育才. 实用测量不确定度评定[M]. 北京：中国质检出版社，中国标准出版社，2016.

[7] 刘春浩. 测量不确定度评定方法与实践[M]. 北京：电子工业出版社，2019.

[8] 丁晓磊，王建，林场禄. 对数周期偶极子天线相位中心的分析和计算[D]. 北京：电子学报，2003.

第 9 章

5G 终端及电磁兼容
测试技术展望

本章从终端技术和基础测量设备技术两个方面，介绍电磁兼容测试技术的未来发展趋势。在终端技术发展部分介绍了未来 6G 可能采用的太赫兹技术和空天地一体化技术与虚拟现实、物联网等其他通信设备的发展趋势。在基础测量设备技术发展部分，介绍了电磁兼容测量设备的技术发展趋势和业界主要设备厂商及其产品。

9.1　终端技术演进

9.1.1　概述

1．技术的发展

移动通信终端由硬件与软件构成，因此其技术的发展本质上是诸如芯片、存储等硬件和移动应用等软件技术的发展。

1）硬件

伴随着移动通信技术和电子电路技术的快速发展，移动通信终端也获得了飞速发展，其性能不断提升、功能不断丰富，从只具备简单通话和文字传输功能的电子设备发展为同时具备音视频在线播放和下载、游戏娱乐、拍照摄影等多种功能的综合性电子设备，存储空间和处理芯片性能不断提升。

2）软件

在移动通信技术发展的早期，手机等移动通信终端并没有属于自己的独立操作系统软件，但从诺基亚开始引入塞班操作系统以后，独立的移动终端操作系统逐渐成为业界的标准配置。目前，业界中较为主流的操作系统有 3 种：开源的安卓平台、微软的 Windows Mobile 平台和苹果的 iOS 平台。其中安卓平台因其开源和低成本的优势，获得了众多手机厂商的青睐。操作系统只是移动通信终端的基础软件，要想使其功能充分发挥还需要终端厂商自身和第三方开发商所开发的大量应用软件，移动应用软件开发的热潮也因此肇始，进一步促进了移动应用软件的发展。

2．终端需求的变化

随着移动通信技术的快速迭代升级，用户对于移动通信终端的需求也由最开始的简单语音通话和简单文字传输进化为能查阅文件、浏览网页、观看视频电影、听音乐、办公和娱乐全方位需求。如今，人们出门可以不带现金，却不能不带手机，以手机为代表的移动通信终端的功能越来越多，通过手机自带或由第三方开发的移动应用，人们可以完成支付、乘车、就医、娱乐、摄影、办公等多种任务。同时，随着这些功能的愈发强大，大有取代具备这些功能的原有设备的趋势，如手机的拍照像素越来越高，已开始取代大众消费类相机。

3．未来发展趋势

目前，鉴于 5G 移动通信技术的飞速发展和 6G 移动通信的快速研发，移动通信终端也向着融合化、模块化及高速化与高可靠化方向快速发展。

1）融合化

自 20 世纪 80 年代第 1 代移动通信技术开始大规模商用以来，在很长的一段时间内，移动通信终端的类型及提供的业务服务较为单一，主要为语音通话业务及短信等简单的文字业务。直至第 3 代移动通信技术开始商用，包括视频、音乐等移动互联网多媒体业务开始慢慢占据移动通信业务的主体。而移动通信终端作为移动通信业务的主要承载设备，也由只能处理语音通话等简单业务转变为能够进行互联网浏览、音视频在线播放和下载等数种较为复杂的多媒体业务。同时，不同通信终端的业务功能也出现重合、融合的趋势，如智能手表也可以提供短信等通信业务服务。

2）模块化

万物智联成为 5G 及后 5G 时代移动通信技术的主要目标，要求移动通信终端向着模块化发展。未来，通过各种芯片及传感器组成的通信终端模块将遍布在人们日常使用的各种物品及公共设施之中，构建一张由无线电波作为传播媒介的巨大智能网络。进而更大幅度地提升物流及管理效率，同时也使得人们日常的工作和生活更为方便快捷。

3）高速化与高可靠化

自移动通信技术肇始以来，极大地提高了人们的通信效率，降低了原始通信手段的巨大成本，从而极大地提升了社会劳动生产率。现如今，发展至第 4 代和第 5 代的移动通信技术，已基本满足了人们日常上网浏览、观看电影视频、聆听高保真音乐等生活娱乐需求，向着万物智联、智能制造的方向快速发展。在不远的将来，可能会出现无人驾驶汽车，无人制造工厂等之前只能在科幻电影中才能出现的场景。这些新的应用场景对移动通信技术的高速率和高可靠提出了新的要求，例如无人驾驶汽车就要求超高可靠的通信服务保障，以避免可能发生的严重交通事故。再如，无人制造工厂需要大量的联网智能终端才可以协同完成复杂的产品自动化生产，这就对通信系统的速率提出了高要求。

9.1.2　6G 发展趋势

相较于 5G 移动通信技术已经提出的物联网、无人驾驶等新无线通信应用场景，6G 移动通信技术将更加深入地开拓这些场景，主要体现在以下方面。

（1）通过将卫星通信、陆地移动通信网等各种通信手段整合，构建一张能够无缝覆盖全球的移动通信网络。届时，不论身处大漠深处或大海汪洋，人们都能够使用移动通信终端进行联系。

（2）将通信频段大幅扩展至毫米波、太赫兹等极高频率，全面充分地使用电磁频谱。

（3）将移动通信技术与人工智能技术结合，提高网络的决策判断能力，进一步提升自动化和智能化水平。

（4）为实现无人驾驶等需要极高安全性和可靠性的应用场景，6G 网络的安全性也是一项重要的研究课题。

1．太赫兹技术

目前，业界对于太赫兹频段的划分主要有两种意见，第一种是从 0.1THz（100GHz）～10THz，第二种是从 0.3THz（300GHz）～10THz。可以看到，太赫兹频段包括了一部分毫米波频段，是电磁频谱中一段介于毫米波频段和红外线之间的极宽电磁频段。在之前一段相当长的时间内，因受到科学与技术发展的限制，其性质并未被人们完全探知，因而也被称为电磁频谱应用中的空隙。由于其丰富的空闲频谱资源，全世界愈发重视对太赫兹频段的研究。

最近一段时间以来，太赫兹光源的研制获得了极为快速的发展，设备质量日益稳定可靠，能够为太赫兹物理性质研究、检验测试和具体应用提供保障。因其频段特性，太赫兹频段可以广泛地应用于成像技术、危险品检测、射电设备、宽带通信、卫星以及雷达技术等领域。

在成像领域，太赫兹由于其极高的频率和极短的波长，非常适合于各种物品的成像，在安全检查、刑侦等应用方面具有非常巨大的应用潜力。

在医疗领域，太赫兹同样因其与生物分子和 DNA 分子的能级相契合，非常适用于很多疾病的病理诊断。同时，又由于其相较于 X 射线而言有着较低的能量，对人体造成的伤害要远低于 X 射线。这都意味着太赫兹频段在医疗领域有潜在的巨大商业契机。

在危险品检测领域，使用太赫兹频段可以对包括固体、液体和气体等物体形态的危险品进行检测。同时与成像技术结合还可以检测到隐藏在包裹或箱子内的炸药或其他危险化学品。

在通信领域，由于太赫兹频段存在着大量空闲的连续频谱，如果用于通信领域，其信号带宽和信道数量与现有频段相比有着极大的优势，非常适合超高速率的卫星通信和一定区域内的高速宽带移动通信。

在雷达和射电领域，由于太赫兹频段的波长极短，可以使雷达具有非常高的精确度，更加有利于雷达探测和定位。同时，太赫兹技术也适用于射电望远镜等天文技术领域。

2．空天地一体化技术

自从人类开始使用无线电技术和无线通信技术，基于不同网络架构的天基、地基等无线通信网络都得到了快速发展。但这些通信网络基本自成一体，相对封闭，与其他网络的互联互通性能较差，且不同网络的发展不平衡，地面移动通信网发展较为充分，已经发展至第 5 代移动通信网络，而卫星通信网由于成本等原因，直到近年来才获得了快速发展。如果将不同的移动通信网络进行比较，很容易分析出其优势与劣势。地基移动通信网的优点是成本可控，但缺点是无法覆盖大洋深处和沙漠深处等人迹稀少的区域。天基无线通信网络则有着覆盖范围广阔的优点，但有着构建成本较高的缺点。6G 中所提出的空天地一体化构想就是将不同架构的无线通信网络加以融合和整合，以构建一张能够无缝覆盖全球的高速无线通信网络。

空天地一体化网络的构成主要包括由高轨、低轨卫星构成的天基网络，由无人机和热气球等构成的空基网络，由无线通信基站和卫星终端、地面站构成的陆地移动通信网络。相较于目前不统一的无线网络构成，空天地一体化网络的优势显而易见。首先，其通过高轨与低轨卫星搭配组网的方式提供了不受地理环境影响和限制的高速无线网络，其中高轨卫星可以提升覆盖范围，低轨卫星可以提高通信容量。其次，由于空天地一体化网络整合了陆地与空基移动通信网络，因此在部署了搭载无线通信基站的无人机/热气球和地面无线通信基站的区域，可以不再使用成本高昂的卫星移动终端，实现了低成本和覆盖宽广区域的网络。

借助以上这些优势，空天地一体化网络可以为个人用户和机构用户随时随地提供高速无线移动通信服务，使用户拥有极好的业务体验。

对于个人用户而言，空天地一体化网络的应用场景如下。

1）边远与人口稀少地区的通信服务覆盖

长期以来，边远和人口稀少地区的移动通信网络建设一直是一个难以解决的问题。一方面，生活或旅行至该地区的人们有一定通信需求，且在某种程度上更甚于生活在通信网络发达地区的人们。另一方面，如果在这些地区都建立移动通信网络，巨大的投资和与之相比极少的营收回报使得运营商很难因为经济效益而在此类地区进行移动通信网络建设。如果采用天基或空基通信网络，由于覆盖范围的优势，则可以有效降低建设成本，同时也可以满足这类地区必要但少量的通信需求。

2）灾害救援

2008 年的中国四川汶川地震和 2011 年的东日本大地震使人们深刻地认识到了陆地移动通信网络在诸如地震之类的自然灾害发生时的脆弱性。同时也注意到了卫星通信网络等非陆地移动通信网络在自然灾害中的应用价值。例如，汶川地震时，由空降兵带入震中映秀镇的北斗卫星通信终端将震区的情况第一时间传送出来，为救援工作的及时有效开展奠定了基础。近年来，随着无人机产业的快速发展，为空基移动通信网络的建设创造了有利条件，成为一种可用于灾害救援且成本更加低廉的移动通信网络方案。

3）非陆地通信场景

随着移动通信应用愈发深入人们的日常生活与工作，人们也愈发离不开移动通信网络。但目前人们在乘坐飞机飞行和乘坐游轮漫游于大洋之上时，由于距离陆地移动通信网络较远，而通过卫星的通信能力又有限，因此无法获得令人满意的服务体验。未来，通过空天地一体化通信网络，用户无论位于空中或海上，都可以获得较高质量的通信服务，使其可以享受较好的娱乐和办公体验。

对于机构用户而言，空天地一体化网络的应用场景如下。

1）覆盖全球的低时延网络服务

对于个人用户而言，通信时延的高低并不是一个至关重要的问题。可能造成的最差影响也不过是视频播放卡顿或者游戏操作延迟。而对于机构用户而言，高延迟的通信业务服务有时是无法容忍甚至是致命的。例如，无人驾驶汽车必须在高速行驶的状态下随时做出正确的判断，否则就可能会造成重大交通事故。而在低时延通信服务方面，使用高轨和低轨卫星搭配组网的卫星通信网络有着显著的优势，其时延会比使用光纤通信快 15～100ms。该项优势很可能对机构用户，尤其是金融机构用户产生重要影响并带来大量利润。

2）无法铺设网络的地区的通信服务

对于一些由于矿藏位置特殊而位于无法铺设陆地网络地区的工矿企业，空天地一体化网络可以为其提供通信网络服务，便于其管理生产和与客户的及时沟通，提升管理效率和降低运营成本。

3）境外业务

随着我国企业实施"走出去"战略，越来越多的企业跨洋出海，纷纷在境外设立分公司和办事机构并开展业务。由于各种因素，我国的运营商无法在境外铺设陆地移动通信网络。因此，我国企业境外机构一般使用国外运营商的网络。随着网络安全因素的重要性愈发提高，可能需要通过国内的运营商提供网络服务。而空天地一体化网络可以使国内运营商无须在境外铺设陆地网络就为我国企业的境外机构提供网络服务。

9.1.3 其他无线通信终端技术发展趋势

1. 虚拟现实（VR）

多年前，电影《黑客帝国》风靡全球并引起人们的热议。影片描述了一个科幻的未来世界。在那个世界，人们都在一种类似于茧的装置中生活并由一个人工智能的庞大系统进行统一管理。与其说那些人生活在现实世界不如说他们只是在现实世界中熟睡并生活在由虚拟现实产生的"梦境"之中。在那个"梦境"里，人们拥有如同现实世界般的一切感受，但是并不会死亡，而是一次又一次重生。该片使人们第一次了解到虚拟现实技术的概念。

虚拟现实是一种由计算机系统创造出来的，使人们感受到一定真实性的模拟现实世界的环境。其利用现实世界的各种物体并将其数字化，而后在计算机中重新生成这些物体。通过视觉、听觉和其他的人体感觉器官设备，使人们感受到这个由计算机创建的电子世界。在虚拟现实世界中，人们可以通过自己的行为对周围的环境产生影响，如同身处真实世界一样。但其行为并不会对现实世界产生影响，因此赋予了人们更大的自由度。同时，虚拟现实除了模拟现实世界中的各种物体，也可以创造一些现实世界中并不存在只存在于人们想象之中的物体，如人们可以在虚拟世界中把恐龙当成自己的宠物等，丰富了人们在虚拟世界的体验。

由于虚拟现实是对现实世界进行一定真实性的模拟，带给人们不同的感受。因此涉及众多的领域和学科。主要的系统类型可以分为以下几类。

1）以交互程度分类

VR 系统按与用户交互程度分为非交互式 VR 系统和交互式 VR 系统。交互式 VR 系统可以进一步细分为单人交互式和群体交互式 VR 系统。非交互式 VR 系统类似于使用用户观看了一部更加身临其境的电影，所有场景都已事先安排妥当，用户行为无法对场景进行改变，只能被动跟随系统的场景变化。而在交互式 VR 系统中，用户不但可以沉浸于生成的虚拟环境之中，还可以与该环境中的物体，甚至处于同一环境中的其他用户进行互动。用户的行为会对环境和其他用户产生影响并得到可能产生的反馈，如同在虚拟环境中进行真实活动一样。

2）以系统用途分类

VR 系统也可以依据不同的用途进行分类，如娱乐性 VR 系统、验证性 VR

系统等。娱乐性 VR 系统主要用于个人用户的日常娱乐性活动，用户可以拥有身临其境的电影和游戏体验。验证性 VR 系统主要用于大型系统设计，如城市系统规划和设计，可以大幅降低设计成本，提高效率。此外，VR 系统还可以用于诸如大型客机飞行员的模拟训练、外科医生手术训练、士兵实战训练、宇航员维修训练等在现实世界成本较高且不易实现的训练场景。

2．物联网

作为 5G 技术中的重要应用场景，物联网获得了快速发展。它通过在各种物体上搭载无线通信模块与传感器，将物体变为小型智能无线终端。如搭载在水表上进行智能抄表与缴费，搭载在空调上进行智能温度调节等。物联网的出现深刻地改变了无线通信网络的概念，将无线通信网络的版图从传统意义上的人机间通信互联的范畴扩展到了人、机、物间的通信连接。今后，人们日常生活中的各种物品都可能是与通信网络相连接的一个小型终端。人们可以随时随地与各种物品进行必要的信息交换和控制。同时，这张包含着"万物"的巨型网络也可以从搜集的丰富信息中获得精准管理所需的必要数据，从而进行精准决策，提升管理效率，避免无谓的资源浪费。例如，通过道路两旁路灯上搭载的传感器传回的信息，网络可以对实时车流量进行判断，在深夜没有车辆经过时，可以关闭相应路段的路灯以节约能源。

物联网的应用范围非常广泛，可以为工业制造、农业耕作、环境监测、交通物流、安全保卫等各种领域建立不同特点、不同应用目的的智能物联网络，深入到人们工作生活的方方面面。目前，其应用较多的还是与人们日常生活息息相关的家居领域。此外，诸如智慧大棚在农业种植中的应用、智慧物流在交通物流领域中的应用，智慧交通在交通运输领域中的应用，都为提升相关领域的管理效率，改善与提高人们的生活水平和生活质量做出了贡献。未来随着物联网的联网范围不断扩大，物联网中的物品不断增多，这张连通着人、机、物的无形巨网将会为人类的生产力发展做出更大的贡献。下面将以智慧交通、智能家居、气候环境监测为例说明物联网的实际应用。

1）智慧交通

曾几何时，"要想富，先修路"是一句脍炙人口的口号。这句口号揭示出了交通对于经济发展和社会生产力发展所具有的重要作用。通过将物联网技术应用于交通领域，可以解决目前存在的很多问题，提升人们交通出行的便利性，进而间接地提升劳动生产效率。例如，通过物联网技术搭建的智慧交通网络可以及时将当前道路情况告知车辆驾驶人员并结合目的地为驾驶员规划最佳路线方案。又如，通过物联网搭载在公交车上的智能通信模块，人们可以通过手机等智能终端得到实时公交到站信息，从而更有效率地利用时间。相似的应用也可以用于城市停车领域，方便人们及时了解目的地附近的车位情况，避免到达目的地附近时因找不到停车位而等待。在不远的将来，随着物联网技术的更加成熟和应用范围不断扩大，有可能会出现覆盖一定区域的智能交通系统，对道路车流进行统一的管理，从而进一步提升交通通行效率。

2）智能家居

物联网技术在家居领域的应用逐步形成了智能家居场景。这个场景也是物联网技术最早和目前较为成熟的应用场景。其主要目的是为了使人们的家居生活更为舒适与便捷。例如，智能空调可以通过远程通信控制，在人们到家之前就可以将室内温度调节至适宜范围。智能电表、智能水表和智能燃气表等设备可以自动记录家庭中的用电、用水和用气数据，免去了人工查表的工作量。燃气热水器通过加装一氧化碳等危险气体感应器，可以在危险气体超标时自动切断热水器的燃气供应，确保使用人员安全。此外，诸如智能秤、智能跑步机等可以自动监测人们的各项生理健康指标，在指标不佳时发出预警。诸如智能摄像头、智能门锁等可以在家中无人时随时监控家中情况和保证家中安全。随着智能化网络的进一步发展，还可能出现更加智能化的家居网络，如根据光强自动开启或关闭窗帘等。人们的家居生活将会因智能家居而更加舒适、便捷和高效率。

3）气候环境监测

技术发展的同时也带来了气候与环境的变化，近一段时期以来，气候和环境变化加剧，如地震引发的海啸等自然灾害频发。通过使用物联网技术，可以为气候和环境变化提供提前预警。通过在海洋、山地、森林、沙漠等不同地形地貌环境中铺设物联网络，可以监测相应地形地貌中含水量、温湿度等各项环境指标的变化情况，为可能发生的地质灾害做出判断，让人们提前进行准备。同时，监测得到的各项环境数据也可以用于环境分析，为改善自然环境提供数据基础支撑。

3. 车联网

5G 技术也同样适合应用于车联网。车联网，顾名思义，即将通信技术应用于汽车从而使其联网并变为网络中的智能终端，以提高开车出行的效率和降低驾驶人员的疲劳程度。同时，也可以为车内乘客提供网络服务，为乘客在车内进行上网浏览、视频音乐的在线播放下载等活动奠定网络基础，提升乘客在旅途中的娱乐体验。5G 技术的三大应用场景：高传输速率、低网络时延和大网络容量，非常适用于车联网应用。高传输速率可以为车内娱乐系统如高清视频、高保真音乐等提供稳定的传输网络，减少视频或音频卡顿。低网络时延可以为车辆的自动驾驶提供更为安全的网络保障，避免因为时延过大而造成车辆在遇到紧急情况时无法做出刹车等必要操作。大网络容量则意味着较高的可联网车辆数量，可以为道路环境搜集到更多的车辆样本数据，从而更有利于网络侧掌握实时道路交通情况，协调车辆通行，避免事故，最终达到提高道路通行效率的目的。

车联网通信类别主要包括车辆通信（V2V）、车辆与行人间通信（V2P）、车辆与交通基础设施间通信（V2I）、车辆与云端通信（V2N），并通过上述通信最终达到车辆与任意通信设备的通信（V2X）。其中，V2V 通信可以保证车辆与车辆之间的安全距离，并在车辆并线时保证车间不发生碰撞等危险行为。V2P 通信可以保障车辆在遇到行人时能够及时规避或减速，避免造成严重交通事故。V2I 通信可以将车辆的车速等相关信息发送至路边的路灯和十字路的交通灯等基础设施，利于道路管理的同时也保证车辆能够按照交通法规正常行驶。V2N 通信可以将车辆相关信息上传至云端，从而便于道路通行效率提升，为车辆选择最佳行驶路线。未来，车联网通信可能还会涵盖更多道路因素，达成更为智能的车联网络，为人们更加快捷地驾车出行提供通信网络技术保障。

目前，包括特斯拉、宝马、奔驰等汽车企业，百度、阿里巴巴、腾讯等互联网企业和苹果、华为等通信企业都加入了车联网的建设热潮之中。汽车企业依靠其积累的汽车行业知识，互联网企业依靠其网络及 AI 应用技术，通信企业依靠其在通信行业长久的经验积累，各展所长，互补短板，共同为更好地实现汽车与其他通信设备的互联互通做出贡献。虽然车联网还面临着行政法规、营收模式、网络安全、宣传普及等很多方面的任务与挑战，但随着 5G 及 6G 技术的进一步发展与成熟和人们对于自动驾驶、智慧交通等新兴概念认知的不断提高与逐步接受。这些任务和挑战都会在相关产业的共同努力与合力攻关下得到满意的解决方案。

9.2　基础测量设备技术演进

9.2.1　综述

在电磁兼容测试中，大量使用电子测量仪器观测待测物的电磁兼容性能。电子测量仪器是以电子技术为基础，融合通信等多种技术构成的测量仪器仪表。随着 20 世纪电子技术的飞速发展，电子测量仪器自身和其所测量的领域都有了极大的拓展。20 世纪 50～60 年代，我国电子测量仪器迎来一次快速发展的时期，主要目标是满足国防军工产品的电子测量需求。改革开放后，电子测量仪器行业更是迈入飞速发展时期，在一些关键技术领域取得了突破性进展。随着通信技术日新月异的发展，待测产品的技术复杂度快速提升，传统的测量仪器已不能提供高效率的电磁兼容测试。下面将简单介绍电子测量设备发展趋势及主要厂商产品。

9.2.2　测量设备发展趋势

1．大带宽测量

为了满足用户对于 4K 超高清视频、VR/AR 虚拟现实等应用，需要超高传输速率支撑的数据业务。5G 定义了增强移动宽带场景，通过采用更大带宽的方式满足高数据速率的传输，未来拟采用的毫米波频段的带宽甚至可能达到数百兆赫兹。这就对频谱仪可测量的带宽范围提出了挑战。目前，主流频谱仪厂商产品的分辨率带宽可以达到 10MHz 左右，比较先进的产品可以达到 40MHz。如果待测设备的发射信号带宽超过了频谱仪的分辨率带宽，则需要使用频谱仪的功率积分功能选件才能满足大带宽信号的测量。

2．动态范围

随着无线通信技术不断向高频段发展，电磁波的空间传播损耗也不断增大，这对于电磁兼容测试中的辐射发射测量仪表的底部噪声指标提出了要求。另一方面，测量仪表也需要考虑大信号有可能使频谱仪饱和。因此，动态范围指标就变得至关重要。目前，国际上的主流厂商产品都可以达到 100dB 左右的动态范围。当仪表的动态范围无法满足需求时，则需要采用滤波器滤除主频信号。

3．频率范围

随着无线电应用不断向电磁频谱的高端和低端扩展，对于测量仪器的频率范围也提出了更高的要求。例如 5G-Advnaced 和 6G 预期采用的毫米波频段，就要求相应测量仪器的频率范围达到 60GHz 以上。目前，包括思仪公司、是德科技公司和罗德与施瓦茨公司在内的主流仪表厂商均已推出了 67GHz 的产品，搭配外接混频器等设备，可以将测量的频率范围扩展至 200GHz 以上。

9.2.3　主要厂商及产品

1．罗德与施瓦茨公司

罗德与施瓦茨提供种类齐全的 EMC 及场强测试设备，从独立仪器到定制化交钥匙测试暗室。EMI 及 EMS 测试仪器和系统可确定电磁干扰的成因及影响，并确保符合相关的 EMC 标准。EMC 测试解决方案支持所有针对辐射杂散以及音频突破测量的相关的商业、汽车、军事、航空航天标准以及 ETSI 和 FCC 标准。主要的产品包括 FSW 系列频谱仪、SMW 系列信号源、EMC32 测试软件、BBA 系列功率放大器、ESW 系列测量接收机等。

2．是德科技公司

是德科技公司最早创立于 20 世纪 30 年代，其前身是惠普公司。20 世纪 90 年代，惠普公司将其测试测量业务部门整合成立了安捷伦公司。2013 年，安捷伦公司又拆分为两家公司，是德科技公司成立。目前，是德科技公司的测量仪器包括频谱仪、示波器、综测仪等各类仪器，其中较有代表性的型号为 X 系列信号分析仪。

3．AR 公司

美国 AR 公司成立于 1969 年，最初位于美国西海岸的华盛顿州，后总部搬到了东海岸的宾夕法尼亚州桑德顿技术开发区。主要从事射频和微波放大器的生产制造，产品包括宽带高功率固态射频放大器和微波放大器、高效小型化行波管放大器、对数周期天线和高增益喇叭天线、EMC 测试设备、混合射频功率放大器模块和软件，场强监视器等设备。

4．BONN 公司

德国 BONN 公司成立于 1975 年，一直从事射频模块和系统的设计和生产工作，可以提供满足 CE 认证和 VDE 安规认证要求，满足工业、科学、医疗、汽车、IT 业等各个领域测试要求的测试测量设备。其功率放大器的性能可以覆盖 9kHz～40GHz，1mW～20kW，功放的种类包括固态、行波管、混合型、脉冲、EMI 低噪声放大等各种类型，共有 500 多个品种。所有功放全部采用模块化设计，射频模块、电源模块和控制模块都是独立安装在各自的箱体中，可以防止不同信号间的相互干扰，确保设备可靠工作。

5．施瓦茨贝克公司

施瓦茨贝克公司是德国一家精密电磁兼容测量技术制造商，从事电磁兼容测量设备生产已有 60 多年。其主要产品为辐射发射和辐射抗扰测量天线、人工电源网络、脉冲限幅器、电流钳、电压探头和耦合去耦网络、功率吸收钳等产品。

参 考 文 献

[1] 许晔. 5G 发展前景与商用进程[D]. 北京：中国科学技术发展战略研究院，2020.

[2] 吕哲. 5G 终端电磁兼容测试研究[D]. 太原：中国电子科技集团公司第三十三研究所，2021.

[3] 田开波. 空天地一体化网络技术展望[D]. 北京：中国移动通信有限公司研究院，2021.

[4] 王征. 5G 车载终端应用与展望[D]. 北京：中国信息通信研究院泰尔终端实验室，2020.

[5] 冯伟. 6G 技术发展愿景与太赫兹通信[D]. 镇江：江苏大学物理与电子工程学院，2021.

[6] 莫淑红. 5G 移动通信技术下的物联网时代研究[D]. 平凉：中移铁通有限公司平凉分公司，2021.

[7] 单月晖. 电子测量仪器行业发展综述[D]. 北京：军委装备发展部某中心，2021.